Elemente der Mathematik

EdM

RHEINLAND-PFALZ

9. Schuljahr
Lösungen

Herausgegeben von
Heinz Griesel
Helmut Postel
Friedrich Suhr
Werner Ladenthin
Matthias Lösche

Schroedel
westermann

ELEMENTE DER MATHEMATIK 9
Rheinland-Pfalz
Lösungen zum Schülerband Best.-Nr. 88524

Herausgegeben und bearbeitet von
Prof. Dr. Heinz Griesel, Prof. Helmut Postel, Friedrich Suhr, Werner Ladenthin, Matthias Lösche

Bearbeitet von
Julia Berlin-Bonn, Lutz Breidert, Gabriele Dybowski, Dr. Beate Goetz, Bodo Paul Hoffmann,
Reinhard Kind, Werner Ladenthin, Matthias Lösche, Kerstin Schäfer, Thomas Sperlich, Friedrich Suhr,
Prof. Dr. Hans-Georg Weigand, Ulrike Willms

Für Rheinland-Pfalz bearbeitet von
Hermann-Josef Keul, Michael Meyer

westermann GRUPPE

Druck A[6] / Jahr 2021
Alle Drucke der Serie A sind parallel verwendbar.

Redaktion: Lena Schenk, Claus Peter Witt
Umschlagentwurf: LIO Design GmbH, Braunschweig
Zeichnungen: Birgit und Olaf Schlierf, Lachendorf
Druck und Bindung: Westermann Druck GmbH, Braunschweig

ISBN 978-3-507-**88526**-4

Inhaltsverzeichnis

Bildquellenverzeichnis:
|iStockphoto.com, Calgary: imetlion Titel.

Bleib fit im Umgang mit Termen und Gleichungen

9 **1. a)** Einsetzen von 12 m für die Variable x:
David: $A = (6+4) \cdot 12 - 4 \cdot (12-6) = 96\,m^2$
Emelie: $A = 6 \cdot 12 + 4 \cdot 6 = 96\,m^2$
Frank: $A = (6+4) \cdot 6 + 6 \cdot (12-6) = 96\,m^2$

b) David berechnet zuerst ein großes Rechteck mit den Seitenlängen x und 10 m und subtrahiert danach den Ausschnitt links unten (Seitenlängen 4 m und $x - 6$ m).

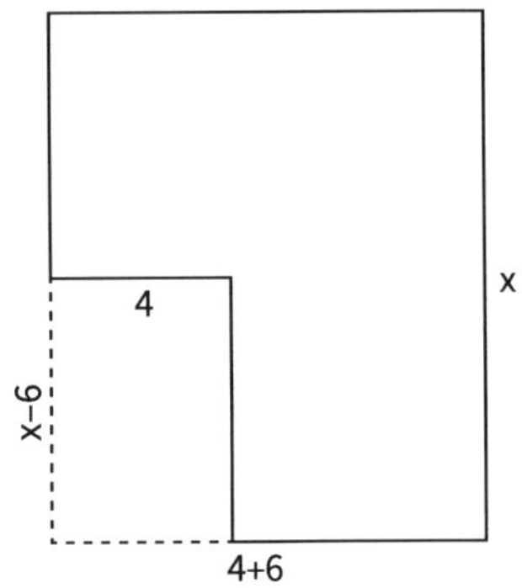

Emelie „zerlegt" das Schwimmbecken in zwei nebeneinander liegende Rechtecke und addiert danach die Teilergebnisse.

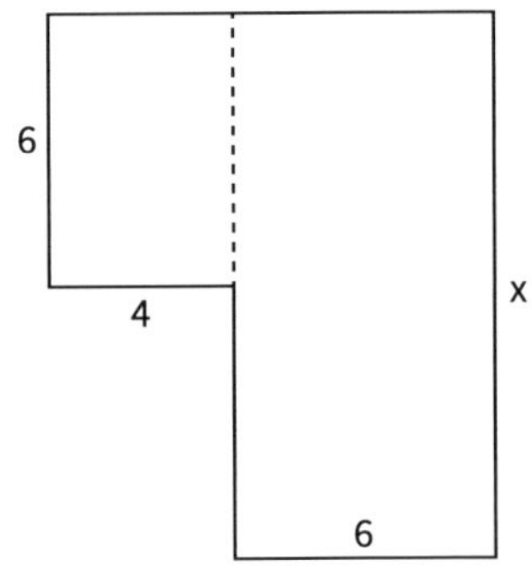

Frank berechnet ebenfalls nebeneinander liegende Rechtecke und addiert deren Teilergebnisse.

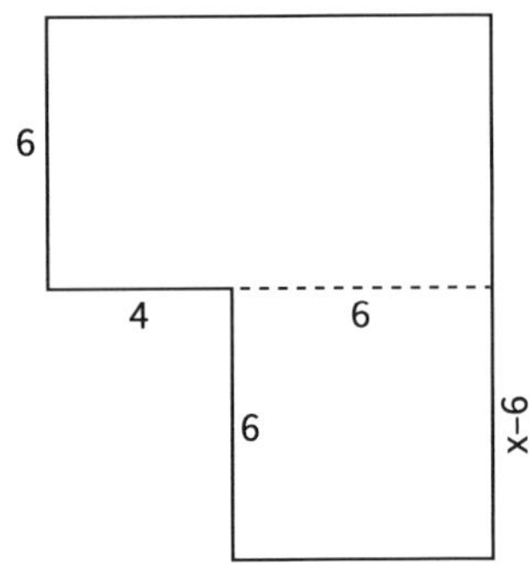

c) Umformen: David: $A = 6x + 4x - 4x + 24 = 6x + 24$
Emilie: $A = 6x + 4 \cdot 6 = 6x + 24$
Frank: $A = 36 + 24 + 6x - 36 = 6x + 24$

d) $120\,cm^2 = 6x + 24$; $L = \{16\}$
Die rechte Seite muss 16 m lang sein.

10

2. **a)** -5 **b)** 5

3. **a)** $19z^2 + 16z - 23$ **b)** $3{,}2x^2 - 3{,}6x - 0{,}8$

4. **a)** $-2x + 12$
b) $2a + 10b$
c) $xy + 3x + y - 3$
d) $-x^2 + 9x - 20$
e) $63x + 6y$
f) $6x^2 - 2x$

5. **a)** $L = \left\{\frac{2}{3}\right\}$
b) $L = \{2{,}8\}$
c) $L = \{-2\}$
d) $L = \{8\}$
e) $L = \left\{-\frac{17}{13}\right\}$
f) $L = \left\{-\frac{2}{3}\right\}$
g) $L = \{5\}$
h) $L = \{-1\}$

6. Die linke und die rechte Seite der Gleichung sind identisch.

7. Druckfehler in der 1. Auflage: Gleichung $3x + 5(x - 2) = 38$
Ja, die Gleichung passt zur Situation.
x gibt den Eintrittspreis eines Erwachsenen an.
Eintrittspreis eines Erwachsenen: 6 €
Eintrittspreis eines Jugendlichen: 4 €

8. x: Punktzahl im drittletzten Test
y: Punktzahl im vorletzten Test
z: Punktzahl im letzten Test
$z = y - 3,\ y = y,\ x = y + 2$
$62 = y + 2 + y + y - 3 = 3y - 1$
$y = \frac{63}{3} = 21$

drittletzter Test:	23 Punkte → Note 1
vorletzter Test:	21 Punkte → Note 1 – 2
letzter Test:	18 Punkte → Note 2

Bleib fit im Umgang mit linearen Funktionen

11

1. a) Wertetabelle
   b) $y = \frac{3}{4}x - 2$
   c) $x \rightarrow x : 3$
   d) Jeder Zahl wird ihre Gegenzahl zugeordnet.
   e) $f(x) = -\frac{3}{2}x - 2$

2. a)

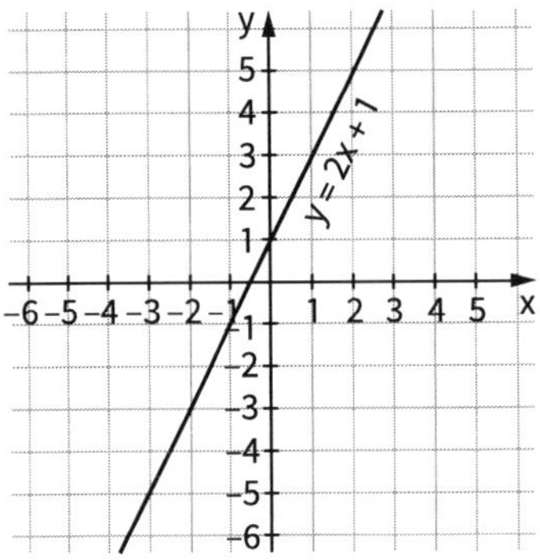

b)

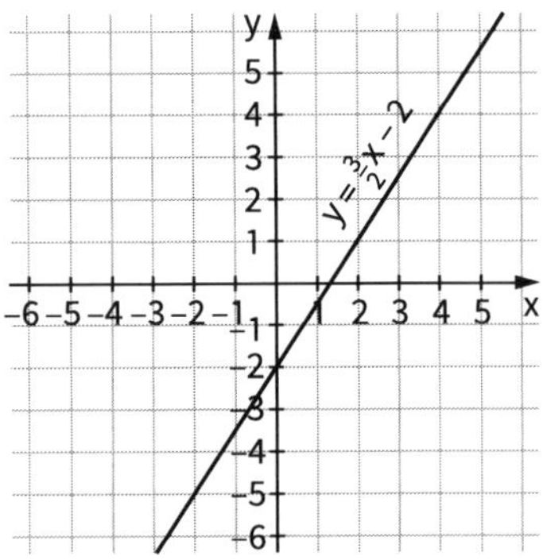

c)

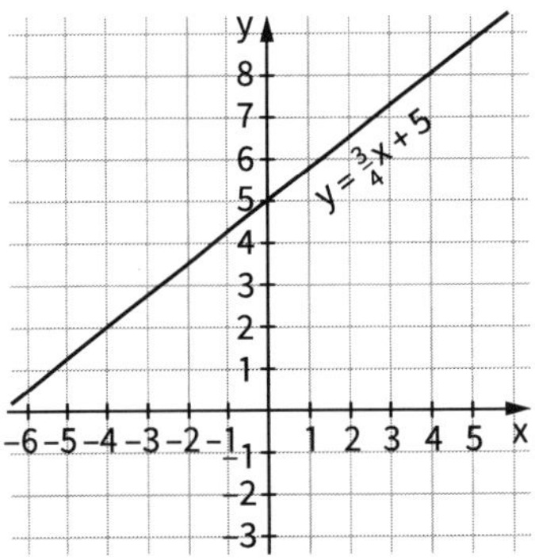

d)

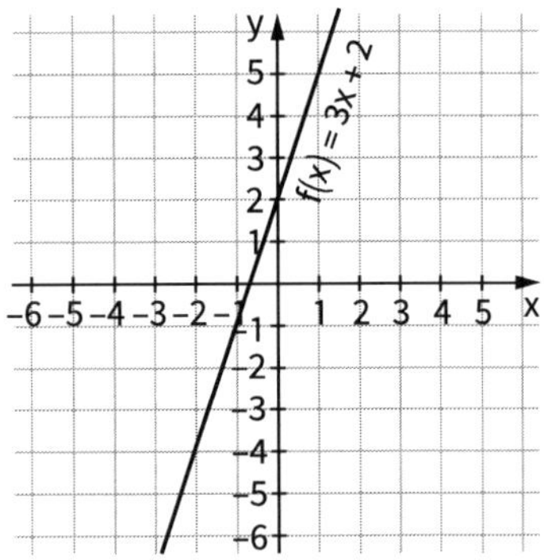

e)

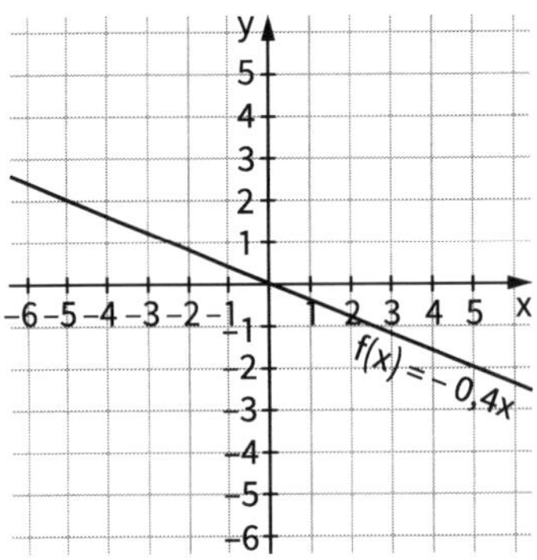

f)

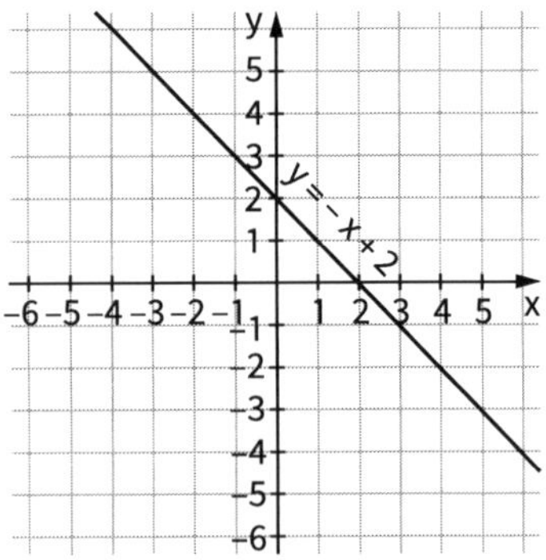

11 **2.** g)

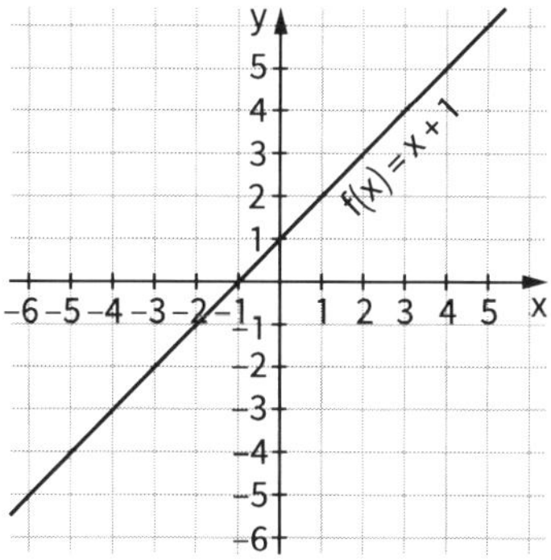

h)

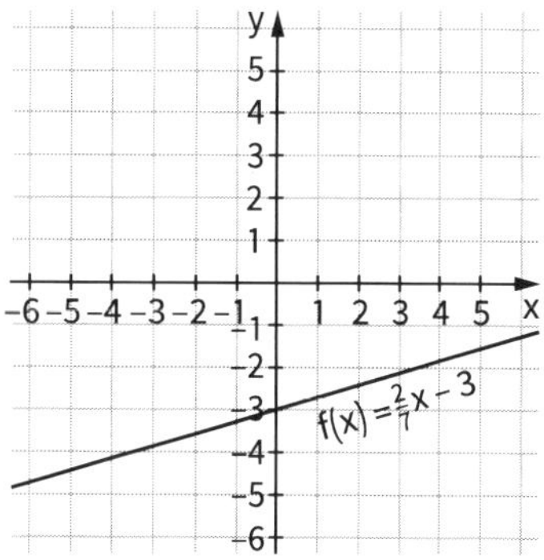

i)

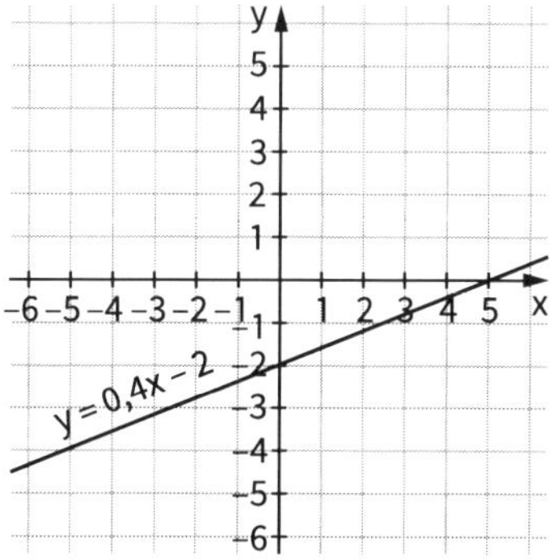

j)

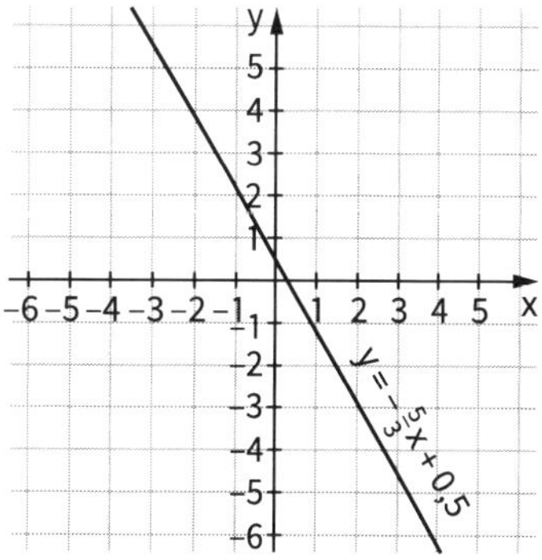

k)

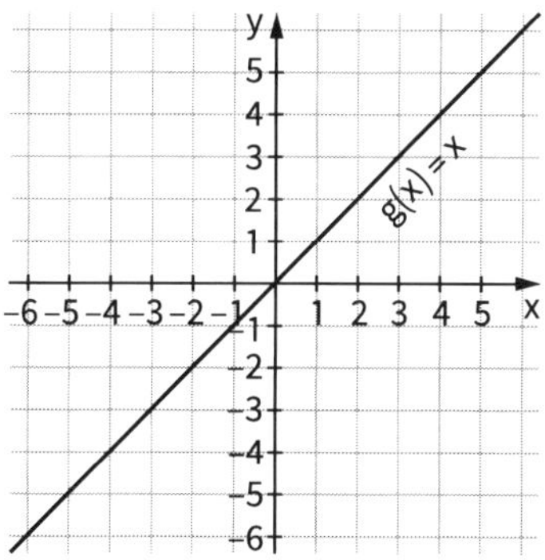

l)

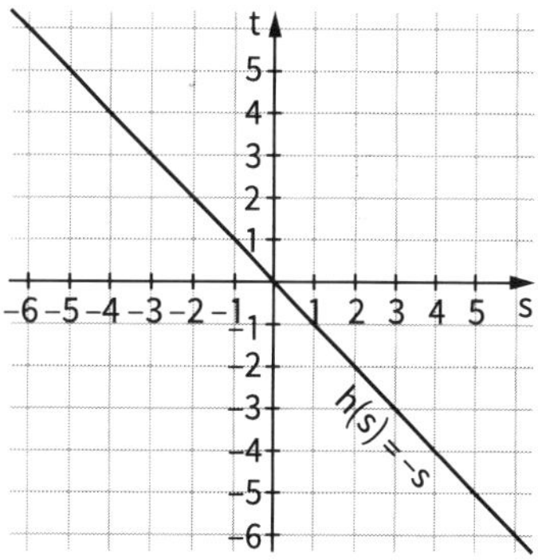

12 **3.** a) (1) $x - y = 2$
(2) $\frac{1}{4}x + y = 1$

b) (1) $\frac{1}{2}x - y = 3$
(2) $x + y = 2$

c) (1) $\frac{1}{2}x - y = \frac{1}{2}$
(2) $x + y = 1$

12

4. **a)** $f(x) = -3x + 20$

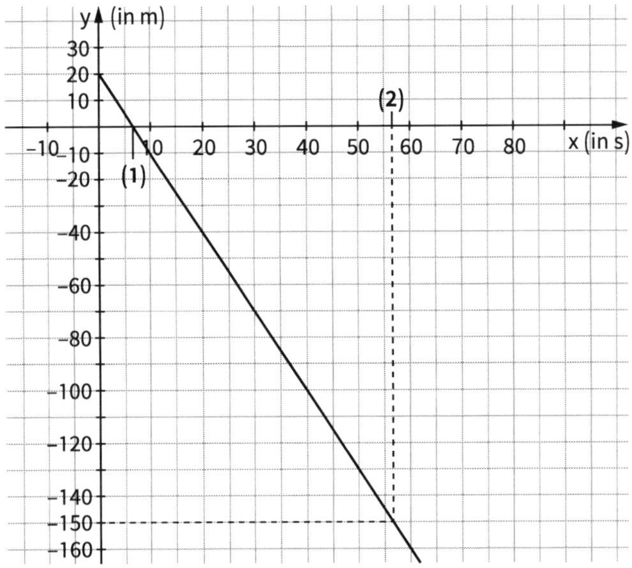

b) (1) $f(x) = -3x + 20$

$0 = -3x + 20$

$x = \frac{20}{3} = 6{,}7$

Der Korb ist nach 6,7 s auf dem Boden.

(2) $f(x) = -3x + 20$

$-150 = -3x + 20$

$x = \frac{170}{3} = 56{,}7$

Der Korb ist nach 56,7 s ganz unten.

5. **a)** Nullstelle $x = 1{,}75$

b) Die y-Werte sind bei (1) um eine Einheit größer geworden und bei (2) um 3 Einheiten kleiner.

6. **a)** Ja, die drei Punkte liegen auf einer Geraden: $y = -\frac{4}{7}x + 4$.

b) Nein, denn auf $y = \frac{5}{8}x + 0$ liegt der Punkt $(-3\,|\,-1{,}875)$.

7. **a)** Ja, die drei Punkte liegen auf der Geraden: $y = \frac{1}{2}x + 5$.

b) Nein, denn auf $y = \frac{2}{5}x + \frac{13}{5}$ liegt der Punkt $(8\,|\,5{,}8)$.

8. **a)** $m = -1;\ y = -x + 5$ **b)** $m = +\frac{1}{5};\ y = \frac{1}{5}x - 2$ **c)** $m = -\frac{3}{2};\ y = -\frac{3}{2}x - \frac{1}{2}$

9. $x = \frac{27}{2} = 13{,}5$

12

10.

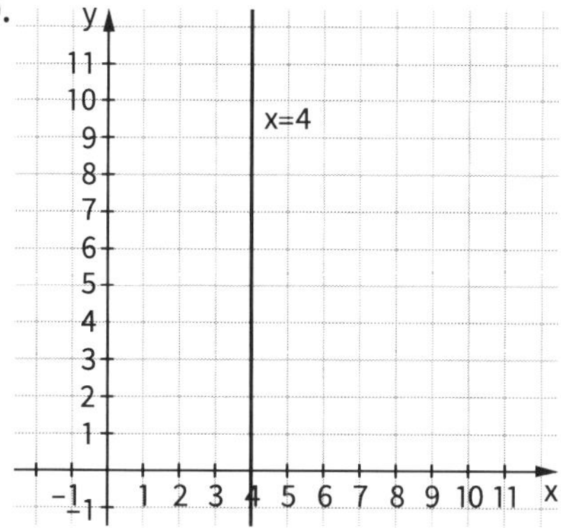

11. b gibt an, an welcher Stelle der Graph die y-Achse schneidet.
m ist die Steigung des Graphen. Daraus ergibt sich ein Graph durch die beiden Punkte (0 | b) und (1 | b + m).

12. $y = 1{,}3\,x + 2$
Die errechneten Preise stimmen nicht mit den tatsächlichen Preisen überein, da die Taxameter auch im Stau oder beim Halten an einer roten Ampel weiterlaufen.

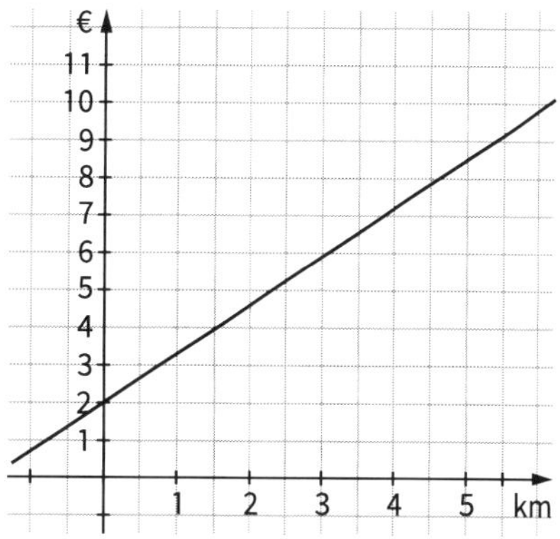

1. Lineare Gleichungssysteme

13 **Einstiegsseite:**

Auf der linken Waage sind links zwei Bücher und die Katze und rechts sieben Marmeladengläser.
Auf der rechten Waage sind links ein Buch und die Katze und rechts fünf Marmeladengläser.
Der Unterschied zwischen den beiden linken Waagschalen ist das eine Buch.
Der Unterschied zwischen den beiden rechten Waagschalen sind zwei Marmeladengläser. Ein Buch wiegt also so viel wie zwei Marmeladengläser, also $1\,000\,g = 1\,kg$.
Wenn man nun auf der linken Waage von der linken Waagschale die beiden Bücher wegnimmt, sodass dort nur noch die Katze ist, dann muss man auf der rechten Waagschale vier Marmeladengläser wegnehmen, damit die Waage im Gleichgewicht bleibt. Es bleiben dann drei Marmeladengläser, die genauso schwer sind wie die Katze. Die Katze wiegt also $1\,500\,g = 1{,}5\,kg$.
Die Probe an der rechten Waage zeigt, dass die Überlegung richtig ist:
$1\,500\,g + 1\,000\,g = 2\,500\,g = 5 \cdot 500\,g$

Lernfeld: Geraden mit System

14 **1. Auftrag: Vielfältige Lösungen**

Hier sollen erste (systematische) Erfahrungen mit Lösungen in Form von Zahlenpaaren gemacht werden (eine Gleichung mit zwei Variablen). Auch eine sinnvolle Veranschaulichung soll gefunden werden, wenn viele Lösungspaare dargestellt werden müssen. Zur Kontrastierung wird auch ein Problem mit nur einer Variablen und einer eindeutigen Lösung integriert.

→ Da der Geldbetrag 36 Cent gerade ist und die Vielfachen von 2 Cent auch gerade sind, müssen die Vielfachen von 5 Cent auch gerade sein. Die Anzahl der 5-Cent-Münzen ist also gerade. Man erhält folgende Möglichkeiten:
  $18 \cdot 2$ Cent $+ 0 \cdot 5$ Cent $= 36$ Cent
  $13 \cdot 2$ Cent $+ 2 \cdot 5$ Cent $= 36$ Cent
  $8 \cdot 2$ Cent $+ 4 \cdot 5$ Cent $= 36$ Cent
  $3 \cdot 2$ Cent $+ 6 \cdot 5$ Cent $= 36$ Cent

→ Keine Lösungen

14 **1. Auftrag:** Fortsetzung

→ Beispiele:
$a = 10;\ b = 30$
$a = 5;\ b = 50$
$a = 15;\ b = 10$
$a = 1;\ b = 66$
$a = 0{,}1;\ b = 69{,}6$
Die Lösungen sind die Punkte auf der Strecke $\overline{PQ}$ mit $P(0|70)$ und $Q(17{,}5|0)$. Da a und b beide positiv sind, gehören die Endpunkte P und Q nicht zu den Lösungen. PQ ist die Gerade mit der Gleichung $b = 70 - 4a$.

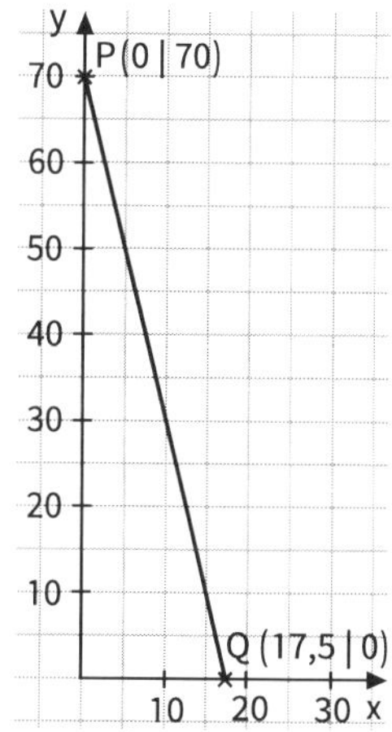

→ Die quadratische Säule hat die Maße a, b = a und c = 3 a. Für 280 cm Draht erhält man a = 14 cm, b = 14 cm und c = 3 a = 42 cm.

→ Man arbeitet mit zwei Variablen und erhält jeweils Zahlenpaare als Lösung.

2. Auftrag: Gegenseitige Lage von Geraden im Koordinatensystem

Hier werden Teile der ersten Aufgabe (Veranschaulichung von Lösungspaaren) weitergeführt, indem eine zweite Gerade hinzugenommen wird (zwei Gleichungen mit zwei Variablen). Die Umkehrung der ersten Aufgabe wird bei einer relativ einfachen kontextfreien Problemstellung thematisiert und soll mit den Möglichkeiten eines DGS oder eines GTR untersucht werden.

→ Es gibt drei Fälle:
1. Fall: Die Geraden schneiden sich (unterschiedliche Steigungen).
2. Fall: Die Geraden sind parallel zueinander, aber nicht identisch (gleiche Steigung, aber verschiedene y-Achsenabschnitte).
3. Fall: Die Geraden sind identisch (gleiche Steigung und gleicher y-Achsenabschnitt).

→ Beispiele: $y = -2x + 11$; $y = -x + 8$; $y = 5$; $y = x + 2$; $y = 2x - 1$; $y = 3x - 4$
Es gibt unendlich viele Geradengleichungen, deren zugehörige Geraden durch P verlaufen.

3. Auftrag: Vergleichen lohnt sich

Dies ist eine Standardaufgabe für dieses Kapitel. Sie ist aber ganz offen gestellt. Im Team können mehrere Vorgehensweisen diskutiert werden. Durch die ersten beiden Aufgaben sind rechnerische und grafische Verfahren vorbereitet. Bei Tarif Eco bezieht sich die angegebene Grundgebühr auf ein Jahr, bei Tarif Hyper auf einen Monat.

→ Wir zeichnen für jeden Tarif den zugehörigen Graphen in ein gemeinsames Koordinatensystem. Da die Abrechnungen für den Stromtarif jährlich erfolgen, erhalten wir die folgenden Funktionsgleichungen:
Tarif Eco: $y = 0{,}175x + 52$
Tarif Hyper: $y = 0{,}164x + 8{,}50 \cdot 12 = 0{,}164x + 102$
(Graphen siehe nächste Seite.)

14 **3. Auftrag:** Fortsetzung

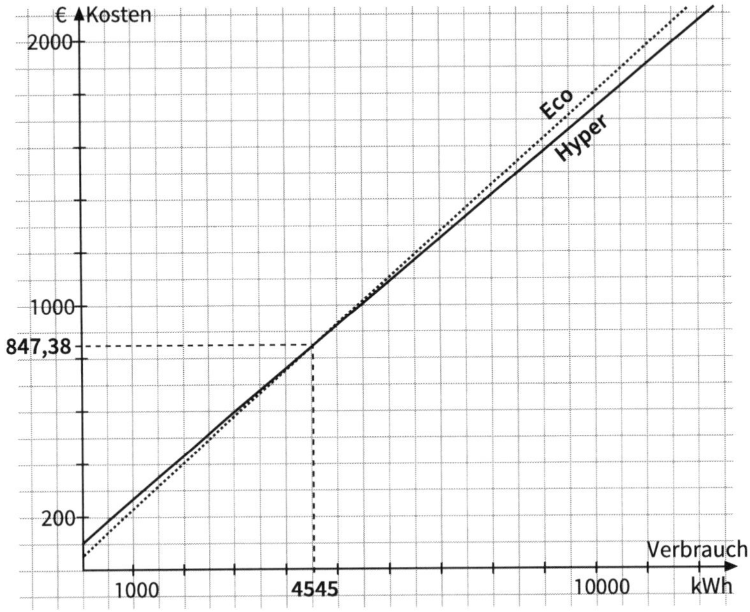

Aus dem Bild liest man ab:
Für einen jährlichen Verbrauch bis zu etwa 4 545 kWh ist der Tarif Eco günstiger, bei einem höheren Verbrauch Tarif Hyper. Bei etwa 4 545 kWh kosten beide Tarife gleich viel, nämlich 847,38 €. Die Angabe 1 kWh für einen halben Tag ist etwa richtig (Fernsehgerät 100 W bis 120 W).

→ Keine Lösungen

1.1 Lineare Gleichungen der Form $a \cdot x + b \cdot y = c$

15 **Einstieg:**
Je größer die Länge des Auslaufes ist, desto kleiner ist die Breite.
x: Länge des Auslaufes
y: Breite des Auslaufes
Gleichung: $y = 10 - 2x$

18 **3.** P_2, P_3 und P_6

4. **a)** Fall (1) trifft zu, denn alle Einsetzungen für x und y führen auf die falsche Aussage $0 = 1$.
b) Fall (4) trifft zu, denn alle Einsetzungen für x und y führen auf die wahre Aussage $1 = 1$.

18

5. a) $4x + 8y = 40$

b) $(2|4)$, $(6|2)$, $(3|3{,}5)$, $\left(\frac{1}{2}\middle|\frac{19}{4}\right)$ sind Lösungen der Gleichung.

c) $y = -\frac{1}{2}x + 5$

d) (1) x muss kleiner als 10 sein. Wenn x den Zahlenwert 10 hat, hat y den Zahlenwert 0.

(2) y muss kleiner als 5 sein. Wenn y den Zahlenwert 5 hat, hat x den Zahlenwert 0.

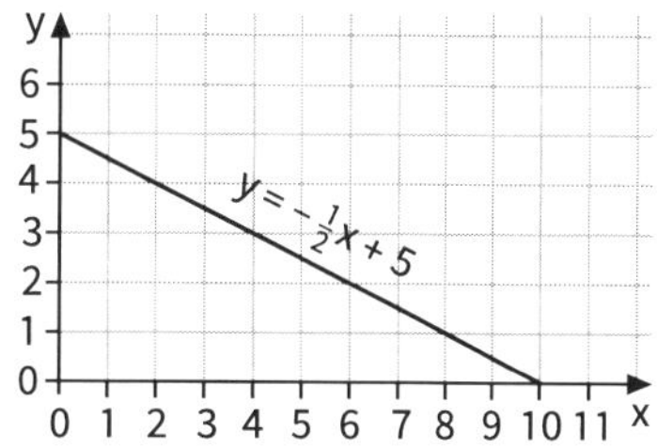

6. a) $(4|4)$, $(-1|9)$ b) $\left(0\middle|\frac{1}{4}\right)$ c) $(1|-6)$, $(2|0)$ d) $(4|4)$, $(-1|9)$

7. Lösungen sind z. B.: $(0|0{,}6)$, $(-1{,}5|0)$ und $(1|1)$.
Keine Lösungen sind z. B.: $(1|0)$ und $(2|2)$.

8. a)

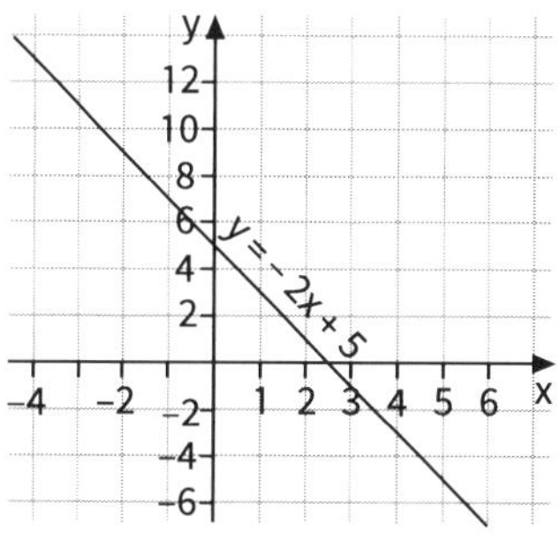

b)

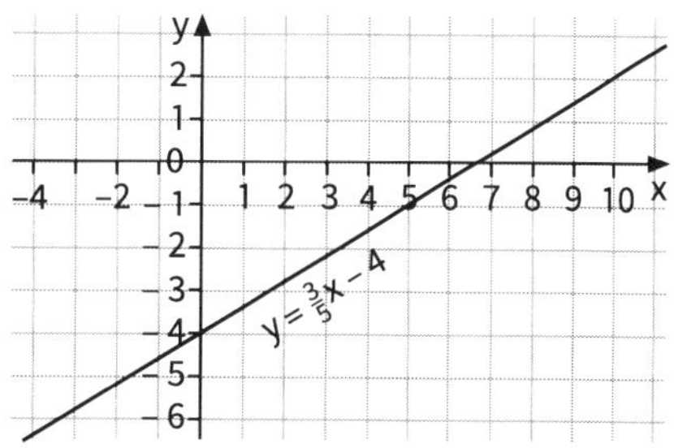

c)

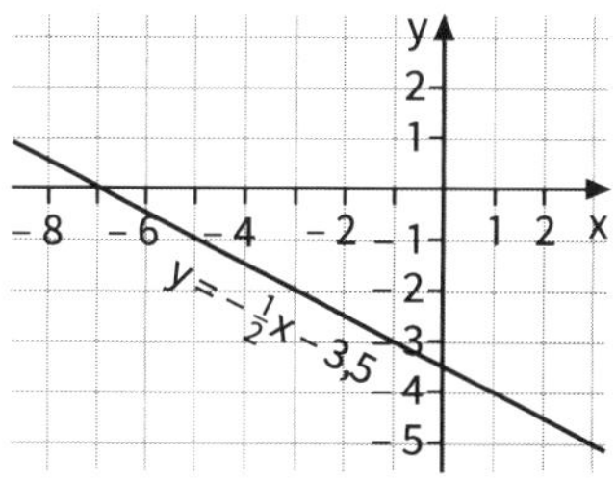

d)

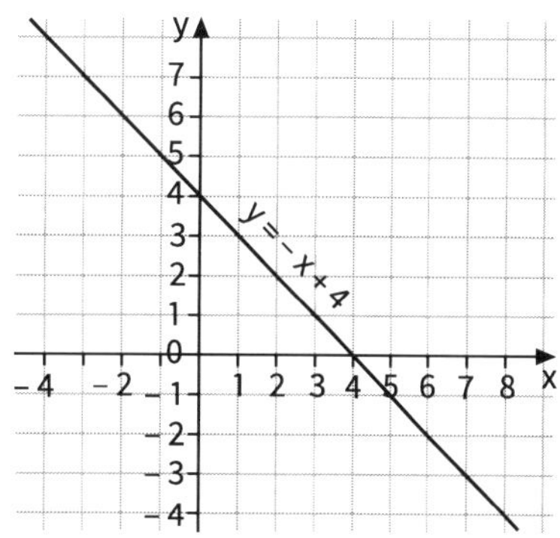

9. $(-2|5{,}7)$ ist gerundet richtig. Der genaue Wert ist $\left(-2\middle|5\frac{2}{3}\right)$.
$(0|5)$ ist richtig.
$(4{,}3|2)$ ist falsch. Richtig ist gerundet $(4{,}3|3{,}6)$ oder $(9|2)$.
$(-1|5{,}3)$ ist gerundet richtig. Der genaue Wert ist $\left(-1\middle|5\frac{1}{3}\right)$.
$(1{,}5|4{,}5)$ ist richtig.
$(5|3{,}5)$ ist falsch. Richtig ist gerundet $(5|3{,}3)$ bzw. genau $\left(5\middle|3\frac{1}{3}\right)$ oder $(4{,}5|3{,}5)$.

19

10. s → t

$t = \frac{3}{2}s - 6 = 1{,}5s - 6$

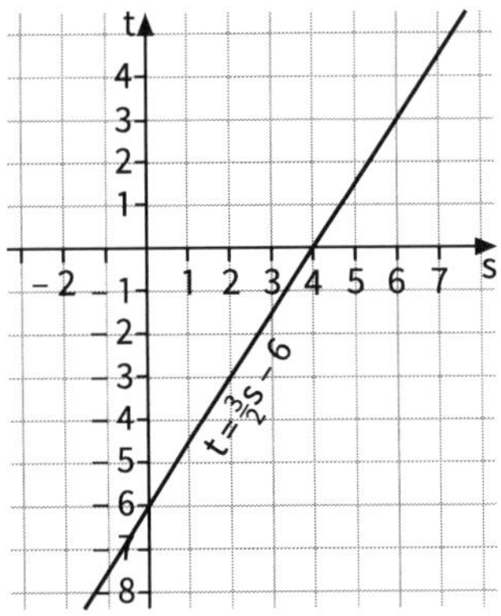

t → s

$s = \frac{2}{3}t + 4$

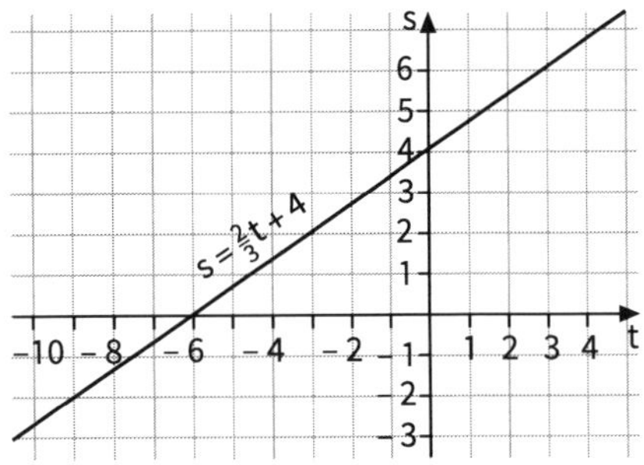

Beide Geraden schneiden die Achsen bei 4 und – 6, nur vertauscht.
Spiegelt man die erste Gerade an der Funktion $y = x$, so erhält man die zweite Gerade.

11. a) $y = 4x + 5$ y-Achse: $(0 \mid 5)$ x-Achse: $(-1{,}25 \mid 0)$
b) $y = -0{,}8x + 1$ y-Achse: $(0 \mid 1)$ x-Achse: $(1{,}25 \mid 0)$
c) $y = \frac{1}{3}x$ y-Achse: $(0 \mid 0)$ x-Achse: $(0 \mid 0)$
d) $y = -2x + 3$ y-Achse: $(0 \mid 3)$ x-Achse: $(1{,}5 \mid 0)$

12. a) P_5, P_6 und P_7 **b)** P_1 **c)** P_3 **d)** P_2 und P_7
(P_4 gehört zu keinem der vier Graphen.)

13. a) $(0 \mid 1)$; $(1 \mid 0)$; $(1 \mid 0)$; $(-5 \mid 6)$; $(-0{,}2 \mid 1{,}2)$; $(1{,}6 \mid -0{,}6)$
b) $(0 \mid 0)$; $(0 \mid 0)$; $(1 \mid 0{,}4)$; $(15 \mid 6)$; $(-0{,}2 \mid -0{,}08)$; $(-1{,}5 \mid -0{,}6)$
c) $(0 \mid 6)$; $(4 \mid 0)$; $(1 \mid 4{,}5)$; $(0 \mid 6)$; $(-0{,}2 \mid 6{,}3)$; $(4{,}4 \mid -0{,}6)$
d) $(0 \mid 12)$; $(-4 \mid 0)$; $(1 \mid 15)$; $(-2 \mid 6)$; $(-0{,}2 \mid 11{,}4)$; $(-4{,}2 \mid -0{,}6)$

14. *Beispiele:* $3x + 2y = 0$ $4x + 7y = -13$ $5x - 2y = 16$

15. –

19 **16.** x: Anzahl der Weizenbrötchen
y: Anzahl der Vollkornbrötchen
Gleichung: $0{,}30\,x + 0{,}50\,y = 24$
Drei Lösungen sind z. B.: (80 | 0); (0 | 48) und (70 | 6), also 80 Weizenbrötchen oder 48 Vollkornbrötchen oder 70 Weizenbrötchen und 6 Vollkornbrötchen.
Funktionsgleichung: $y = -0{,}6\,x + 48$

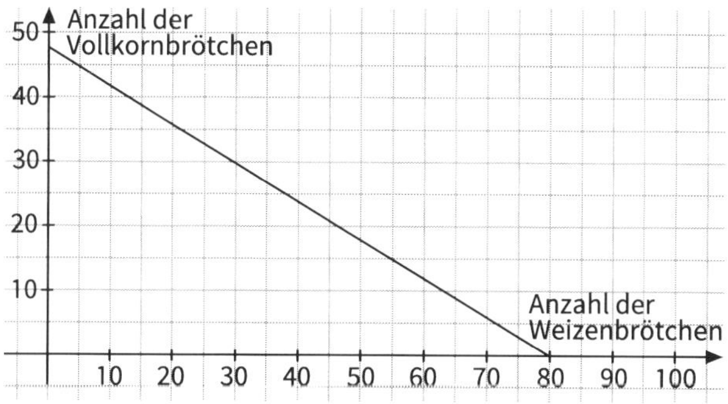

17. a) 20 €; 40 €; 50 €; 60 € und 70 €

b) x: Anzahl der 20-€-Scheine
y: Anzahl der 50-€-Scheine
Gleichung: $20\,x + 50\,y = 430$
Der Betrag 430 € ist nur mit einem 50-€-Schein, mit drei, mit fünf oder mit sieben 50-€-Scheinen zu erreichen.
Alle Möglichkeiten sind (1. Koordinate für die 20-€-Scheine und 2. Koordinate für die 50-€-Scheine): (4 | 7), (9 | 5), (14 | 3), (19 | 1)

c) Ja, z. B. (– 1 | 9) und (1 | 8,2), da die Werte nur natürliche Zahlen sein können.

18. *Team 1 und 5:*
Funktionsgleichung $y = -3$. Alle Zahlenpaare mit der – 3 als 2. Koordinate sind Lösungen.
Team 2 und 6:
$x = 2{,}5$ ist keine Funktion. Alle Zahlenpaare mit 2,5 als 1. Koordinate sind Lösungen.
Team 3 und 7:
Funktionsgleichung $y = 0$. Alle Punkte auf der x-Achse sind Lösungen.
Team 4 und 8:
$x = 0$ ist keine Funktion. Alle Punkte auf der y-Achse sind Lösungen.

20 **19. a)** Die Gerade geht durch (2 | 3) und (0 | 3). Lineare Gleichung: $0\,x + y = 3$, also $y = 3$.

b) Die Gerade geht durch (2 | 3) und (2 | 0). Lineare Gleichung: $x + 0\,y = 2$, also $x = 2$.

Beide Geraden sind Graphen linearer Gleichungen, aber $x = 2$ ist keine Funktionsgleichung.

20 **20. a)** $(5|2)$ und $(5|-1)$
b) $(-12|-1)$ und $(5|-1)$
c) Kein Zahlenpaar ist Lösung.
d) $(1|5)$
e) Kein Zahlenpaar ist Lösung.

21. a) $0x + y = 6$ Gerade durch: $(0|6)$; $(1|6)$
b) $x + 0y = 2$ Gerade durch: $(2|0)$; $(2|1)$
c) $0x + y = -1{,}5$ Gerade durch: $(0|-1{,}5)$; $(1|-1{,}5)$
d) $x + 0y = -5{,}5$ Gerade durch: $(-5{,}5|0)$; $(-5{,}5|1)$
e) $6x + 0y = 9$ Gerade durch: $(1{,}5|0)$; $(1{,}5|1)$
f) $0x - 2y = 1$ Gerade durch: $(0|-0{,}5)$; $(1|-0{,}5)$

22. a) $0x + y = 1{,}5$; $y = 1{,}5$
b) $0x + y = -0{,}5$; $y = -0{,}5$
c) $x + 0y = 1{,}5$; $x = 1{,}5$
d) $s + 0t = -2$; $s = -2$

In a) und b) wird jedem Wert x genau ein Funktionswert y zugeordnet.
Die Geraden zu a) und b) gehören zu einer linearen Funktion.
Die Geraden zu c) und d) gehören nicht zu einer linearen Funktion, denn den Werten $x = 1{,}5$ in c) bzw. $s = -2$ in d) werden unendlich viele Funktionswerte zugeordnet.

23. –

24. –

25. a) **(1)** $y = -7$ **(2)** $x = 4$ **b)** **(1)** $y = 5{,}3$ **(2)** $x = -1{,}9$

26. $0x + y = 0$, also $y = 0$ für die x-Achse und $x + 0y = 0$, also $x = 0$ für die y-Achse.

27. Beide Aussagen sind falsch, da $0x + 0y = 0$ keine Gerade als Graph hat.

1.2 Systeme linearer Gleichungen – Grafisches Lösungsverfahren

21 **Einstieg:**
Man geht von der Annahme aus, dass die Kerzen gleichmäßig abbrennen.
Man erhält die Funktionsgleichungen:
x: abgelaufene Zeit (in h) nach Beobachtungsbeginn
y: Höhe der Kerzen (in cm)
Dünne Kerze: $y = -3{,}5x + 12$
Dicke Kerze: $y = -2{,}5x + 9$
Die zugehörigen Geraden schneiden sich im Punkt $S(3|1{,}5)$.
3 Stunden später, also um 5 Uhr, sind beide Kerzen 1,5 cm lang.

23 **2.** **(1)** $L = \{(3|2)\}$; die Geraden schneiden sich.
(2) $L = \{\ \}$; beide Geraden sind parallel zueinander.
(3) $L = \{(x|y) \mid y = -2x - 4\}$; die Geraden sind identisch.

24 **3.** x: Gasverbrauch (in m^3);
y: Gesamtkosten (in €)

Gleichungssystem: $\left| \begin{array}{l} y = 0{,}6\,x + 10 \\ y = 0{,}4\,x + 15 \end{array} \right|$

$L = \{(25\,|\,25)\}$

Familie Siede hat im April 25 m^3 Gas verbraucht und muss 25 € bezahlen.

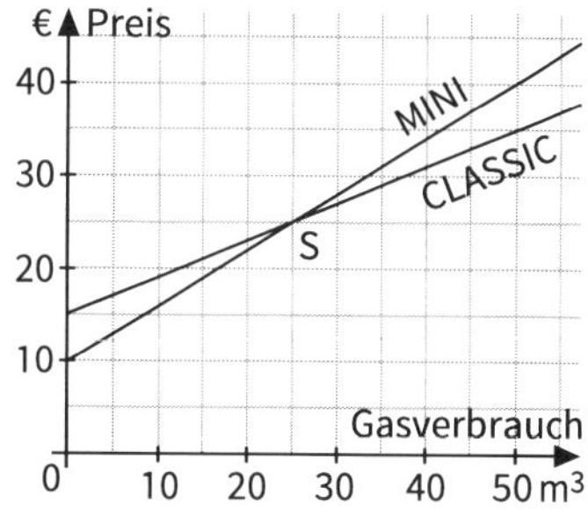

4. x: Anzahl der Karten für Erwachsene;
y: Anzahl der Karten für Jugendliche

Gleichungssystem: $\left| \begin{array}{r} 10\,x + 5\,y = 700 \\ x + \quad y = 100 \end{array} \right|$ $\quad L = \{(40\,|\,60)\}$

Es wurden 40 Karten an Erwachsene und 60 Karten an Jugendliche verkauft.

5. $(2\,|\,2)$

6. **a)** $y = -x + 1$ und $y = 1{,}5x + 6$
Probe für $S(-2\,|\,3)$:
$-2 = 1 - 3$
und
$6 \cdot (-2) + 24 = 4 \cdot 3$

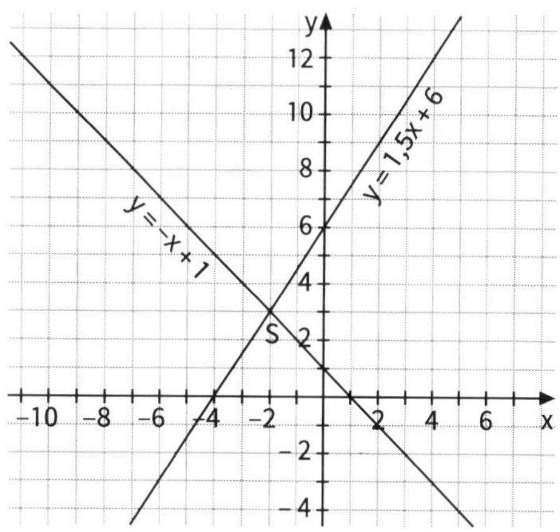

b) $y = 3x + 4$ und $y = 0{,}5x + 1{,}5$
Probe für $S(-1\,|\,1)$:
$6 \cdot (-1) = 2 \cdot 1 - 8$
und
$8 \cdot 1 - 12 = 4 \cdot (-1)$

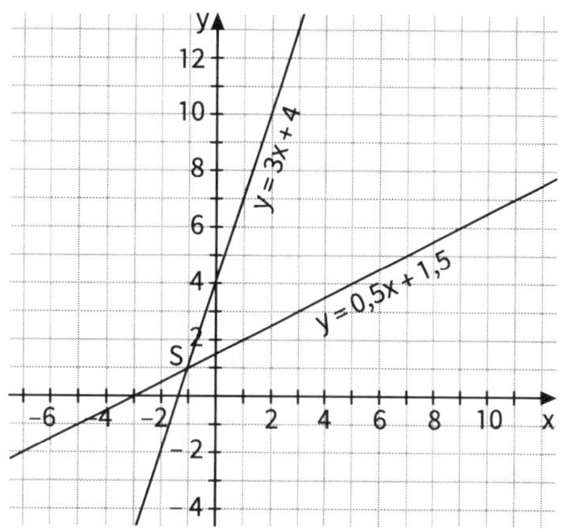

24

6. **c)** $y = -2x + 1{,}5$ und $y = 5$
Probe für $S(-1{,}75\,|\,5)$:
$5 + 2 \cdot (-1{,}75) = 1{,}5$
und
$2 \cdot 5 = 10$

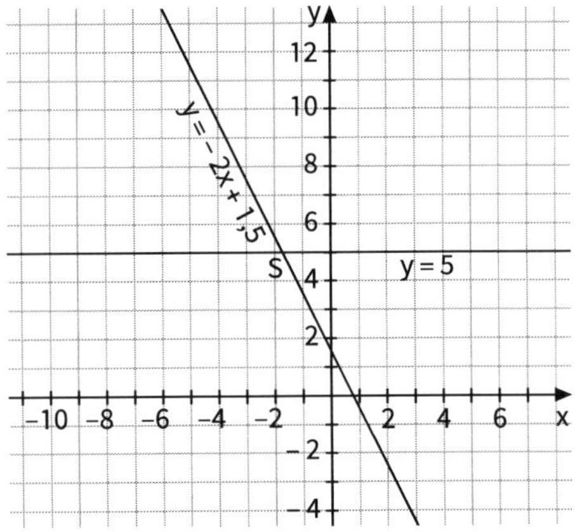

d) $x = 3$ und $y = 0{,}5x + 3$
Probe für $S(3\,|\,4{,}5)$:
$\frac{1}{2} \cdot 3 - \frac{3}{2} = 0$
und
$2 \cdot 4{,}5 - 3 = 6$

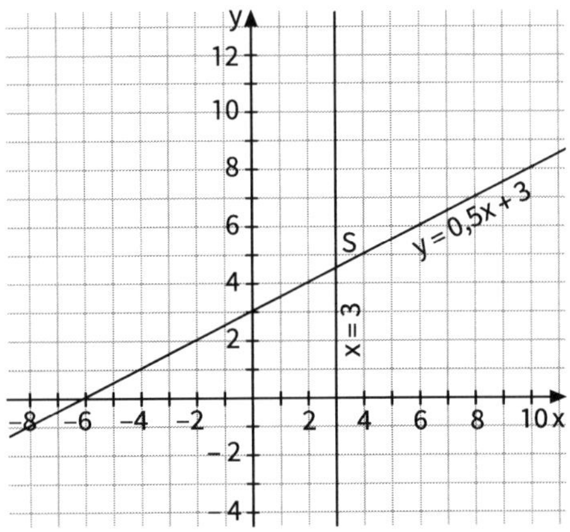

e) $y = -0{,}5x + 4$ und $x = 3$
Probe für $S(3\,|\,2{,}5)$:
$3 + 2 \cdot 2{,}5 = 8$
und
$2 \cdot 3 = 6$

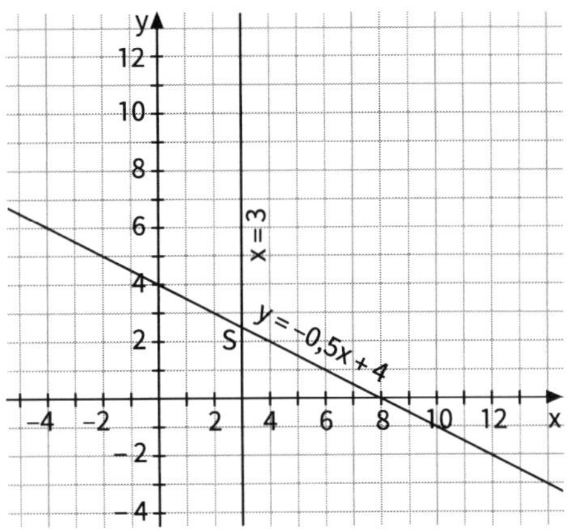

24 **6. f)** $y = -0{,}5x + 1{,}5$ und $y = -x + 1$
Probe für $S(-1|2)$:
$-1 + 2 \cdot 2 = 3$
und
$-1 + 2 = 1$

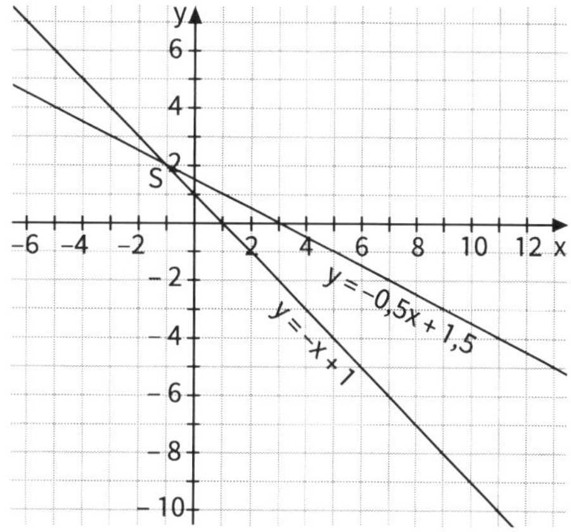

g) $q = \frac{3}{4}p - 1$ und $q = -2p + 10$
Probe für $S(4|2)$:
$3 \cdot 4 - 4 \cdot 2 = 4$
und
$2 \cdot 4 + 2 = 10$

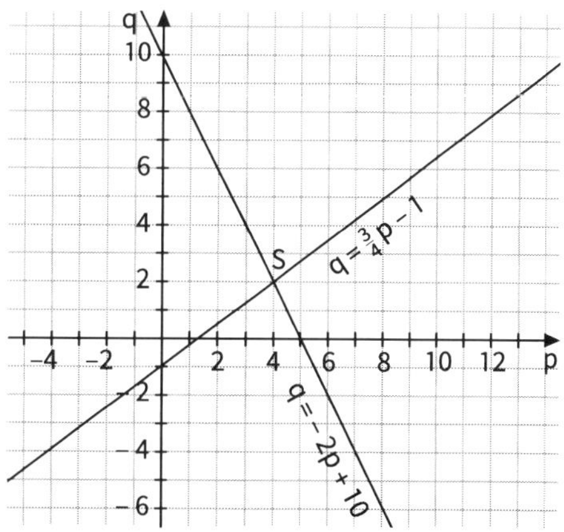

h) $s = -r$ und $s = 2r + 3$
Probe für $S(-1|1)$:
$-1 + 1 = 0$
und
$(-2) \cdot (-1) + 1 = 3$

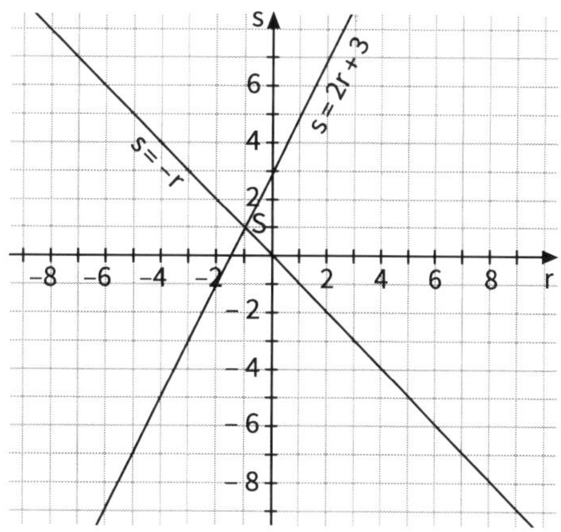

7. x: Anzahl der Dreibettzimmer; y: Anzahl der Fünfbettzimmer.

Gleichungssystem: $\left| \begin{array}{l} 3x + 5y = 145 \\ x + y = 35 \end{array} \right|$ $\quad L = \{(15|20)\}$

Die Jugendherberge hat 15 Drei- und 20 Fünfbettzimmer.

24 8. Das Gleichungssystem hat nur eine Lösung, und zwar das Zahlenpaar $(2\,|\,-1)$.

25 9. a) $L = \left\{\left(2\frac{1}{8}\,\middle|\,2\frac{5}{8}\right)\right\} = \{(2{,}125\,|\,2{,}625)\}$

b) $L = \left\{\left(\frac{332}{255}\,\middle|\,-\frac{54\,481}{25\,500}\right)\right\} \approx \{(1{,}3019\,|\,-2{,}136)\}$

c) $L = \left\{\left(\frac{770}{711}\,\middle|\,\frac{343}{711}\right)\right\} \approx \{(1{,}0829\,|\,0{,}4824)\}$

d) $L = \{(1{,}2\,|\,6{,}6)\}$

10. a) Die Funktionsgleichungen der beiden Geraden sind $y = 2x$ und $y = x + 3$. Stefan hat die erste Gerade falsch gezeichnet. Er hat die Gerade zu $y = -2x$ gezeichnet.
Die richtige Lösungsmenge ist dann $L = \{3\,|\,6\}$.

b) Die Funktionsgleichungen der beiden Geraden sind $y = -x + 4$ und $y = 2x - 1$. Stefan hat die zweite Gerade falsch gezeichnet. Er hat die Gerade zu $y = -2x + 2$ gezeichnet.
Die richtige Lösungsmenge ist dann $L = \left\{1\frac{2}{3}\,\middle|\,2\frac{1}{3}\right\}$, also ungefähr $L = \{1{,}7\,|\,2{,}3\}$.

c) Die Funktionsgleichungen der beiden Geraden sind $y = -\frac{2}{3}x + 2$ und $y = -\frac{1}{2}x - 2$. Die Geraden sind nicht parallel zueinander, schneiden sich also in einem Punkt. Stefan hätte seine Zeichnung im 3. Quadranten erweitern müssen.
Die richtige Lösungsmenge ist dann $L = \{24\,|\,-14\}$.

11. a) $\left|\begin{array}{l} y = 0{,}5x + 1{,}5 \\ y = 0{,}5x + 1{,}25 \end{array}\right|$ 2. Fall (parallel)

b) $\left|\begin{array}{l} y = -2x + 2{,}5 \\ y = -2x + 2{,}5 \end{array}\right|$ 3. Fall (identisch)

c) $\left|\begin{array}{l} y = -2x + 6 \\ y = -1{,}5x + 4 \end{array}\right|$ 1. Fall; Schnittpunkt $S(4\,|\,-2)$

d) $\left|\begin{array}{l} y = 0{,}5x - \frac{1}{3} \\ y = 0{,}5x + \frac{1}{3} \end{array}\right|$ 2. Fall (parallel)

e) $\left|\begin{array}{l} y = 0{,}5x - 1{,}5 \\ y = \frac{4}{9}x - \frac{4}{3} \end{array}\right|$ 1. Fall; Schnittpunkt $S(3\,|\,0)$

f) $\left|\begin{array}{l} y = \frac{1}{9}x \\ y = \frac{2}{3}x - 2 \end{array}\right|$ 1. Fall; Schnittpunkt $S(3{,}6\,|\,0{,}4)$

g) $\left|\begin{array}{l} v = 3u - 6 \\ v = \frac{1}{3}u - 2 \end{array}\right|$ 1. Fall; Schnittpunkt $S(1{,}5\,|\,-1{,}5)$

h) $\left|\begin{array}{l} t = -\frac{1}{3}s + 2 \\ t = -\frac{1}{3}s + 1{,}5 \end{array}\right|$ 2. Fall (parallel)

25

12. **(1)** rot: $(1|0)$; $(-1|-1)$
blau: $(1{,}5|-2)$; $(0|1)$
$\begin{vmatrix} y = 0{,}5x - 0{,}5 \\ y = -2x + 1 \end{vmatrix}$
$L = \{(0{,}6|-0{,}2)\}$

(2) rot: $(1|-1)$; $(-2|-2)$
blau: $(0|1)$; $(1{,}5|1{,}5)$
$\begin{vmatrix} y = \frac{1}{3}x - \frac{4}{3} \\ y = \frac{1}{3}x + 1 \end{vmatrix}$
$L = \{\ \}$

(3) rot: $(0|1)$; $(2|0)$
blau: $(0|1)$; $(2|0)$
$\begin{vmatrix} y = -0{,}5x + 1 \\ y = -0{,}5x + 1 \end{vmatrix}$
$L = \{(x|y) \mid y = -0{,}5x + 1\}$

(4) rot: $\left(\frac{3}{2}\middle|y\right)$
blau: $(0|2)$; $(-1{,}5|3)$
$\begin{vmatrix} x = \frac{3}{2} \\ y = -\frac{2}{3}x + 2 \end{vmatrix}$
$L = \{(1{,}5|1)\}$

13. *Beispiele:*
(1) $2x - 5y = 4$ **(2)** $2x + 5y = 3$ **(3)** $4x - 10y = 6$

Das kann ich noch!

A) **1)** $102\,g \cdot 0{,}04 = 4{,}08\,g$. Es sind $4{,}08\,g \approx 4\,g$ Fett.
2) $\frac{400}{1250} = \frac{8}{25} = 0{,}32 = 32\,\%$. 32 % der Bäume sind Nadelbäume.
3) $865{,}26\,€ : 0{,}19 = 4554\,€$. Herr Brandt verdient 4554 €.
4) $6{,}63\,€ : 0{,}85 = 7{,}80\,€$. Sonst kostet der Zirkel 7,80 €.

1.3 Gleichsetzungsverfahren

26

Einstieg:
Die Geraden schneiden sich im Punkt $S\left(1\frac{2}{3}\middle|\frac{2}{3}\right)$. Das kann man nur ungenau ablesen. Rechnerisch erhält man:

$x - 1 = -2x + 4 \quad |+2x+1$
$3x = 5 \quad |:3$
$x = \frac{5}{3}$

Eingesetzt in die 1. bzw. 2. Gleichung erhält man daraus $y = \frac{2}{3}$.
$L = \left\{\left(1\frac{2}{3}\middle|\frac{2}{3}\right)\right\}$

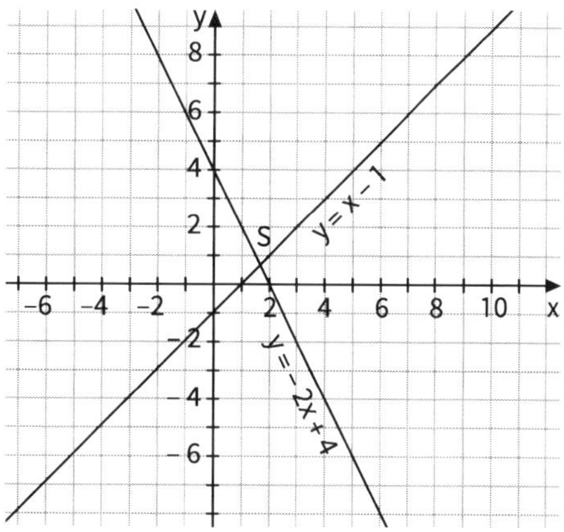

27

2. **a)** $L = \{(3|-5)\}$ **b)** $L = \{(2|-4)\}$ **c)** $L = \{(6{,}5|-3{,}5)\}$ **d)** $L = \{(5{,}6|2{,}9)\}$

3. **a)** $L = \{(5|1{,}8)\}$ **b)** $L = \{(10|-7)\}$ **c)** $L = \{(2|0)\}$ **d)** $L = \{(3|5)\}$

27 4. a) $L=\{(8\,|\,5)\}$ d) $L=\{(11\,|\,-2)\}$ g) $L=\{(0{,}4\,|\,1{,}3)\}$

b) $L=\left\{\left(\frac{5}{7}\,\middle|\,-3\frac{1}{7}\right)\right\}$ e) $L=\{(11\,|\,29)\}$ h) $L=\left\{\left(1\,\middle|\,\frac{1}{6}\right)\right\}$

c) $L=\{(12\,|\,6)\}$ f) $L=\left\{\left(-2\frac{2}{3}\,\middle|\,-1\frac{2}{3}\right)\right\}$

1.4 Einsetzungsverfahren

28 1. a) $L=\{(2\,|\,-8)\}$ c) $L=\{(2\,|\,-1)\}$

b) $L=\{(-1{,}5\,|\,-2{,}5)\}$ d) $L=\{(-3{,}5\,|\,-0{,}5)\}$

2. a) $L=\left\{\left(4\,\middle|\,2\frac{1}{7}\right)\right\}$ b) $L=\left\{\left(\frac{1}{2}\,\middle|\,69\right)\right\}$ c) $L=\{(-2\,|\,-3)\}$ d) $L=\{(-7\,|\,-1)\}$

1.5 Additionsverfahren

29 **Einstieg:**

x: Preis für 1 Tasse Kaffee (in €)

y: Pfand für 1 Kaffeetasse (in €)

$$\left|\begin{array}{l} 3x+3y=6{,}60 \\ 5x-3y=3{,}00 \end{array}\right|$$

Man erkennt sofort, dass man für 8 Tassen Kaffee 9,60 € bezahlen muss, denn das Pfandgeld hebt sich auf. Man könnte auch beide Gleichungen addieren:

$(3x+3y)+(5x-3y)=8x$ sowie $6{,}60+3{,}00=9{,}60$.

Das Zahlenpaar $(1{,}2\,|\,1)$ ist Lösung des Gleichungssystems. Eine Tasse Kaffee kostet 1,20 €. Je Tasse wird ein Pfand von 1,00 € erhoben.

30 2. a) $L=\{(2\,|\,1)\}$ d) $L=\{(4\,|\,-3)\}$ g) $L=\{(-4\,|\,-2)\}$

b) $L=\{(-2\,|\,1)\}$ e) $L=\{(5\,|\,1)\}$ h) $L=\left\{\left(\frac{2}{3}\,\middle|\,0\right)\right\}$

c) $L=\{(-3\,|\,4)\}$ f) $L=\{(-2\,|\,3)\}$ i) $L=\{(0{,}5\,|\,0)\}$

31 3. a) $L=\{(-2\,|\,3)\}$ c) $L=\{(0\,|\,-1{,}25)\}$ e) $L=\left\{\left(-\frac{1}{2}\,\middle|\,-\frac{1}{2}\right)\right\}$

b) $L=\{(3\,|\,2)\}$ d) $L=\{(0{,}5\,|\,4)\}$ f) $L=\{(2\,|\,6)\}$

4. $L=\{3\,|\,2\}$; $L=\{-2\,|\,3\}$; $L=\{-2\,|\,0\}$

5. a) $L=\{(27\,|\,-15)\}$ d) $L=\{(40\,|\,56)\}$ g) $L=\left\{\left(6\,\middle|\,4\frac{2}{3}\right)\right\}$

b) $L=\{(11\,|\,8)\}$ e) $L=\{(8\,|\,5)\}$ h) $L=\{(1\,|\,2)\}$

c) $L=\{(10\,|\,3)\}$ f) $L=(\{-0{,}75\,|\,6{,}75)\}$

6. a) $L=\{(9\,|\,7)\}$ b) $L=\{(1\,|\,0{,}5)\}$ c) $L=\{(10\,|\,21)\}$ d) $L=\{(1{,}1\,|\,2{,}2)\}$

1.6 Sonderfälle beim rechnerischen Lösen

32 **Einstieg:**

Team 1 und 5: $L = \{\ \}$. Die Geraden sind parallel zueinander.

Team 2 und 6: $L = \left\{(x\,|\,y)\,\middle|\,y = -\frac{1}{2}x + \frac{1}{2}\right\}$. Die Geraden sind identisch.

Team 3 und 7: $L = \left\{(x\,|\,y)\,\middle|\,y = -\frac{1}{8}x + \frac{3}{4}\right\}$. Die Geraden sind identisch.

Team 4 und 8: $L = \{\ \}$. Die Geraden sind parallel zueinander.

33 2. (1) $L = \{\ \}$ Die Geraden sind parallel zueinander.

(2) $L = \left\{(x\,|\,y)\,\middle|\,y = \frac{1}{2}x - \frac{3}{2}\right\}$ Die Geraden sind identisch.

3. (1) $L = \left\{(x\,|\,y)\,\middle|\,y = \frac{1}{2}x + \frac{1}{4}\right\}$; z. B. $\left(0\,\middle|\,\frac{1}{4}\right), \left(-2\,\middle|\,\frac{3}{4}\right), \left(2\,\middle|\,1\frac{1}{4}\right)$

(2) $L = \{\ \}$

(3) $L = \{\ \}$

(4) $L = \{(x\,|\,y)\,|\,y = 6x\}$; z. B. $(0\,|\,0), (-1\,|\,-6), (1\,|\,6)$

(5) $L = \left\{(x\,|\,y)\,\middle|\,y = \frac{3}{2}x - 3\right\}$; z. B. $(0\,|\,-3), (-2\,|\,-6), (2\,|\,0)$

(6) $L = \left\{(x\,|\,y)\,\middle|\,y = -\frac{1}{2}x + \frac{3}{2}\right\}$; z. B. $(3\,|\,0), \left(0\,\middle|\,\frac{3}{2}\right), (1\,|\,1)$

4. a) Das Gleichungssystem wurde richtig gelöst, aber $L = \left\{(x\,|\,y)\,\middle|\,y = \frac{3}{2}x + \frac{3}{4}\right\}$.

b) Fehler: $0 = 8$ statt $0 = 0$; $L = \{\ \}$. Bei Milan fehlt in der Lösungsmenge das $y =$ bei $y = 5x + 2$.

c) Die Aufgabe ist falsch gelöst. Wenn man die zweite Gleichung mit –1 multipliziert, erhält man das Gleichungssystem $\left|\begin{array}{r} u + 2y = 0 \\ -u + 3y = 0 \end{array}\right|$.

Durch Addieren kommt man zu der Lösung: $L = \{(0\,|\,0)\}$.

5. (1) und L_c (2) und L_d (3) und L_b (4) und L_a (5) und L_e

1.7 Vermischte Übungen

34 1. a) $L = \{(3\,|\,-3)\}$

b) $L = \{\ \}$

c) $L = \{(u\,|\,v)\,|\,v = -0{,}5u + 1{,}5\}$

d) $L = \left\{\left(1\frac{4}{7}\,\middle|\,4\frac{5}{7}\right)\right\}$

e) $L = \left\{\left(-\frac{10}{3}\,\middle|\,\frac{4}{3}\right)\right\}$

f) $L = \{(-1\,|\,4)\}$

g) $L = \{(x\,|\,y)\,|\,y = -4x + 5\}$

h) $L = \{(-1\,|\,-2)\}$

i) $L = \{\ \}$

j) $L = \{(-15\,|\,-2{,}5)\}$

k) $L = \left\{\left(\frac{5}{9}\,\middle|\,2\frac{1}{6}\right)\right\}$

l) $L = \{(x\,|\,y)\,|\,y = 1{,}5x\}$

34

2. a) Im zweiten Gleichungssystem ist die zweite Gleichung falsch: $4x - 4x = 3$. Die Lösungsmenge ist richtig: $L = \{\ \}$
   b) Aus der ersten Gleichung im zweiten Gleichungssystem erhält man $x = 0$, also: $L = \{0 \mid 0\}$
   c) $L = \{(x \mid y) \mid y = 0{,}25x - 0{,}75\}$

3. a) $L = \{(1 \mid 7)\}$
   b) $L = \{(-3 \mid 4)\}$
   c) $L = \{(5 \mid 3)\}$
   d) $L = \{\ \}$
   e) $L = \{(2 \mid 4)\}$
   f) $L = \{(0{,}5 \mid 0{,}25)\}$
   g) $L = \left\{\left(1 \,\middle|\, -\frac{1}{3}\right)\right\}$
   h) $L = \{(2{,}5 \mid 1{,}5)\}$
   i) $L = \{(4 \mid -6)\}$

4. a) $L = \{(-2 \mid 4)\}$
   b) $L = \left\{(x \mid y) \mid y = \frac{1}{8}x + \frac{1}{2}\right\}$; $\left(0 \,\middle|\, \frac{1}{2}\right)$, $\left(-8 \,\middle|\, -\frac{1}{2}\right)$, $(4 \mid 1)$
   c) $L = \{(-85 \mid -1\,177)\}$
   d) $L = \left\{\left(-1\frac{2}{13} \,\middle|\, -\frac{27}{650}\right)\right\}$

5. a) $\left| \begin{array}{l} y = 2x + 4{,}7 \\ y = -7x + 4{,}7 \end{array} \right|$
   b) $\left| \begin{array}{r} 2x + y = 13{,}7 + 2x \\ 4x + 27{,}4 = 2y + 4x \end{array} \right|$
   c) $\left| \begin{array}{l} y = 2x + 5 \\ y = 2x + 9 \end{array} \right|$
   d) $\left| \begin{array}{l} y = 0 \\ x = -2{,}8 \end{array} \right|$
   e) $\left| \begin{array}{l} 2y = -x + 6 \\ \frac{1}{2}x = -y + 3 \end{array} \right|$
   f) $\left| \begin{array}{r} y = 3x \\ 1{,}5x - 0{,}3 = -y - 0{,}3 \end{array} \right|$

6. x: Anzahl der Hühner; y: Anzahl der Kaninchen
   Gleichungssystem: $\left| \begin{array}{r} x + y = 35 \\ 2x + 4y = 94 \end{array} \right|$; Lösungsmenge: $L = \{(23 \mid 12)\}$
   Es sind 23 Hühner und 12 Kaninchen.

Im Blickpunkt: Lösen linearer Gleichungssysteme mithilfe des GTR

35

1. –

2. –

36

3. a) $L = \{(-1 \mid -7)\}$
   b) $L = \{(-10{,}8 \mid 18{,}2)\}$
   c) $L = \left\{\left(\frac{199}{390} \,\middle|\, \frac{14}{195}\right)\right\}$
   d) $L = \left\{\left(6\frac{2\,468}{5\,385} \,\middle|\, -\frac{4\,066}{5\,385}\right)\right\} \approx \{(6{,}458 \mid -0{,}755)\}$

4. a) $\left| \begin{array}{l} 1x + 2y = 3 \\ 2x - 4y = 1 \end{array} \right|$ $L = \{\ \}$
   Sonderfall: keine Lösung des Gleichungssystems, da es keine x und y gibt, sodass $0x + 0y = 1$ erfüllt ist.
   b) $\left| \begin{array}{r} x + 2y = 3 \\ 4x + 8y = 12 \end{array} \right|$ $L = \{(x \mid y) \mid y = -0{,}5x + 1{,}5)\}$
   Sonderfall: unendlich viele Lösungen, die die Gleichung $y = -0{,}5x + 1{,}5$ erfüllen.

36 5. a) (1) $L = \{\ \}$

(2) $L = \{(x \mid y) \mid y = 0{,}25x + 1{,}5\}$

b) (1) $L = \left\{(x \mid y) \middle| y = \frac{2}{3}x - \frac{5}{3}\right\}$

(2) $L = \{\ \}$

(3) $L = \left\{\left(\frac{475}{709} \middle| -\frac{558}{709}\right)\right\} \approx \{(0{,}670 \mid -0{,}787)\}$

1.8 Modellieren mithilfe linearer Gleichungssysteme

37 **Einstieg:**

Man geht davon aus, dass alle Anzeigen eines Formats gleich viel kosten, es also z. B. keinen Mengenrabatt gibt.

x: Kosten einer Anzeige im Format XL (in €)

y: Kosten einer Anzeige im Format L (in €)

Gleichungssystem: $\begin{vmatrix} 4x + 8y = 15\,400 \\ 2x + 10y = 14\,000 \end{vmatrix}$

Lösungsmenge: $L = \{1\,750 \mid 1\,050\}$

Eine Anzeige im Format XL kostet 1 750 €, eine Anzeige im Format L kostet 1 050 €.

40 3. Wir gehen davon aus, dass an den Enden die Ecken im Winkel von 45° abgeschnitten werden.

x: Länge des Rahmens (in m)

y: Breite des Rahmens (in m)

(1) Gleichungssystem: $\begin{vmatrix} x = 2y \\ 2x + 2y = 3 \end{vmatrix}$

Lösungsmenge: $L = \{(1 \mid 0{,}5)\}$

Der Rahmen wird 1,00 m lang und 0,50 m breit.

(2) Gleichungssystem: $\begin{vmatrix} x = 3y \\ 2x + 2y = 3 \end{vmatrix}$

Lösungsmenge: $L = \left\{\left(\frac{9}{8} \middle| \frac{3}{8}\right)\right\} = \{(1{,}125 \mid 0{,}375)\}$

Der Rahmen wird 1,125 m lang und 0,375 m breit.

(3) Gleichungssystem: $\begin{vmatrix} x = 4y \\ 2x + 2y = 3 \end{vmatrix}$

Lösungsmenge: $L = \left\{\left(1\frac{1}{5} \middle| \frac{3}{10}\right)\right\} = \{(1{,}2 \mid 0{,}3)\}$

Der Rahmen wird 1,20 m lang und 0,30 m breit.

40

4. x: Basislänge (in cm)
y: Schenkellänge (in cm)

a) $\left| \begin{array}{r} x + 2y = 40 \\ y = x + 5 \end{array} \right|$

$L = \{(10 \mid 15)\}$

Die Basis ist 10 cm, die Schenkel sind 15 cm lang.

b) $\left| \begin{array}{r} x + 2y = 40 \\ y = x - 5 \end{array} \right|$

$L = \left\{\left(\frac{50}{3} \middle| \frac{35}{3}\right)\right\}$

Die Basis ist $16\frac{2}{3}$ cm ≈ 16,7 cm, die Schenkel sind $11\frac{2}{3}$ cm ≈ 11,7 cm lang.

5. x: Länge der 1. Strecke bzw. der Basis (in cm)
y: Länge der längeren Strecke bzw. des Schenkels (in cm)

$\left| \begin{array}{r} x + 24 = y \\ x + y = 44 \end{array} \right|$ $\quad L = \{(10 \mid 34)\}$

Im gesuchten gleichschenkligen Dreieck sind die Basis 10 cm und die Schenkel 34 cm lang.

6. x: Länge der kürzeren Seite (in cm)
y: Länge der längeren Seite (in cm)

a) $\left| \begin{array}{l} 2x + 2y = x + 10 \\ 2x + 2y = y + 5 \end{array} \right|$ $\quad L = \{(0 \mid 5)\}$

Es gibt kein Rechteck mit den geforderten Eigenschaften, denn ein Rechteck besitzt positive Seitenlängen.

b) $\left| \begin{array}{r} 2x + 2y = 20 \\ 2x + 2(y - 5) = 10 \end{array} \right|$ $\quad L = \{(x \mid y) \mid y = -x + 10\}$

Ja, alle Rechtecke mit einem Umfang von 20 cm haben diese Eigenschaft.

7. x: Seitenlänge der Quadrate der Grundfläche (in cm)
y: Länge der übrigen Kanten des Quaders (in cm)

$\left| \begin{array}{l} 8x + 4y = 88 \\ 16x + 2y = 88 + 28 \end{array} \right|$ $\quad L = \{(6 \mid 10)\}$

Der ursprüngliche Quader hat die Kantenlängen 6 cm, 6 cm, 10 cm.
Der zweite Quader hat die Kantenlängen 12 cm, 12 cm, 5 cm.

8. x, y: Länge der am rechten Winkel anliegenden Seiten (in cm)

$\left| \begin{array}{l} \frac{1}{2}xy = \frac{1}{2}(x + 2)(y + 2) - 14 \\ \frac{1}{2}xy = \frac{1}{2}(x - 2)(y - 2) + 10 \end{array} \right|$

$\left| \begin{array}{r} 12 = x + y \\ -12 = -x - y \end{array} \right|$ $\quad L = \{y = 12 - x \mid x, y > 2\}$

Die am rechten Winkel anliegenden Seiten müssen zusammen 12 cm lang sein.
Die kürzeste Seite muss länger als 2 cm sein.

40

9. x: Preis eines Weizenbrötchens (in €)
y: Preis eines Roggenbrötchens (in €)

$$\left|\begin{array}{l} 6x + 2y = 3{,}60 \\ 4x + 4y = 4{,}00 \end{array}\right| \qquad L = \{(0{,}4 \mid 0{,}6)\}$$

Ein Weizenbrötchen kostet 0,40 €, ein Roggenbrötchen 0,60 €.

10. x: Zinssatz für 12 000-€-Konto
y: Zinssatz für 8 000-€-Konto

$$\left|\begin{array}{l} 12\,000x + 8\,000y = 535 \\ 8\,000x + 12\,000y = 540 \end{array}\right| \qquad L = \{(0{,}02625 \mid 0{,}0275)\}$$

Die Zinssätze betragen 2,625 % und 2,75 %.

41

11. x: Arbeitspreis (in € pro kWh)
y: Grundgebühr (in €)

$$\left|\begin{array}{l} 426x + y = 146{,}08 \\ 458x + y = 156{,}64 \end{array}\right| \qquad L = \{(0{,}33 \mid 5{,}50)\}$$

Der Arbeitspreis beträgt 0,33 €, die Grundgebühr 5,50 €.

12. s: Entfernung von Andernach (in km)
t: Gefahrene Zeit (in h)

$$\left|\begin{array}{l} s = 14t \\ s = -16t + 15 \end{array}\right| \qquad L = \{(7 \mid 0{,}5)\}$$

Anja und Felix treffen sich nach 0,5 h = 30 min.
Sie sind dann 7 km von Andernach und 8 km von Koblenz entfernt.

13. s: Entfernung von New York (in sm)
t: Zeit, die das Frachtschiff unterwegs ist (in h)

$$\left|\begin{array}{l} s = 21t + 1{,}5 \cdot 24 \cdot 21 \\ s = 28t \end{array}\right| \qquad L = \{(3\,024 \mid 144)\}$$

Das Frachtschiff ist dann 144 Stunden, also 6 Tage, unterwegs, der Schnelldampfer $4\frac{1}{2}$ Tage.
Sie sind dann 3 024 sm, also etwa 5 600 km, von New York entfernt.

14. Der Sonderzug fährt mit einer Geschwindigkeit von 130 $\frac{\text{km}}{\text{h}}$.
t: Zeit, die der Güterzug unterwegs ist (in h)
s: Entfernung von Lüneburg bis zum Überholpunkt

$$\left|\begin{array}{r} 60t = s \\ 100\left(t - \frac{1}{6}\right) = s \end{array}\right| \qquad L = \left\{\left(\frac{5}{12} \middle| 25\right)\right\}$$

Der Überholpunkt ist 25 km von Lüneburg entfernt. Der Sonderzug überholt den Güterzug um 9.32 Uhr. Der Güterzug ist dann 25 Minuten unterwegs, der Sonderzug 15 Minuten.

41

15. s: Entfernung von Worms (in km)
v: Geschwindigkeit des 2. Autos $\left(\text{in } \frac{\text{km}}{\text{h}}\right)$

$$\begin{vmatrix} s = 4 \cdot 80 \\ s = -4v + 520 \end{vmatrix} \qquad L = \{(320 \mid 50)\}$$

Das zweite Auto fährt mit der Geschwindigkeit 50 $\frac{\text{km}}{\text{h}}$. Der Treffpunkt ist 320 km von Worms und 180 km von Dresden entfernt.

16. t_1: Zeit, die der Radfahrer aus Bernkastel-Kues unterwegs ist (in h)
t_2: Zeit, die der Radfahrer aus Enkirch unterwegs ist (in h)

$$\begin{vmatrix} 6 = 20 \cdot t_1 \\ 6 = -18 \cdot t_2 + 22 \end{vmatrix} \qquad L = \left\{\left(\frac{3}{10} \,\middle|\, \frac{8}{9}\right)\right\}$$

Der Radfahrer aus Bernkastel-Kues ist bis zum Treffpunkt $\frac{3}{10}$ h = 18 min unterwegs, der Radfahrer aus Enkirch $\frac{8}{9}$ h = 53 min 20s.
Sie treffen sich um 10.18 Uhr. Der Radfahrer aus Enkirch ist also um 9:24:40 Uhr, also um 9.25 Uhr abgefahren.

17. a) w: Weg des Mopedfahrers bis zum Überholpunkt (in km)
f: Fahrzeit des Mopedfahrers bis zum Überholpunkt (in h)
Der Radfahrer fährt $\frac{5}{6}$ h später als der Mopedfahrer los.

$$\begin{vmatrix} w = 35f \\ w - 34 = 15 \cdot \left(f - \frac{5}{6}\right) \end{vmatrix} \qquad L = \{37{,}625 \mid 1{,}075\}$$

Der Überholpunkt ist 37,625 km von Morbach und 3,625 km von Kappel entfernt. Die Fahrzeit des Mopedfahrers beträgt 1 h 4 min 30 s, die des Radfahrers 14 min 30 s.

b) f: Fahrzeit des Mopedfahrers bis zum Überholpunkt (in h)
t: Zeit, die der Radfahrer früher bzw. später als der Mopedfahrer losfährt

$$\begin{vmatrix} 35f = 60 \\ 15(f - s) = 26 \end{vmatrix} \qquad L = \left\{1\frac{5}{7} \,\middle|\, \frac{2}{105}\right\}$$

Der Mopedfahrer ist dann $1\frac{5}{7}$ h ≈ 1 h 42 min 51 s gefahren.
Der Radfahrer muss $\frac{2}{105}$ h = 1 min 20 s vor dem Mopedfahrer losfahren.

42

18. e: Entfernung von Cochem bis zum Treffpunkt (in km)
f: Fahrzeit von Cochem bis zum Treffpunkt (in h)
Michael fährt 45 km in 3 h, also $15\frac{km}{h}$.
Anne fährt 19 km in $1\frac{3}{4}$ h, also $10\frac{6}{7}\frac{km}{h}$.

$$\left|\begin{array}{r} 15f = e \\ 10\frac{6}{7}\left(f - \frac{1}{2}\right) = 45 - e \end{array}\right| \qquad L = \left\{\frac{4155}{181} \middle| \frac{277}{181}\right\} \approx \{22{,}956\ 1{,}53\}$$

Sie würden sich ungefähr um 16.30 Uhr treffen. Der Treffpunkt wäre ungefähr 23 km von Cochem und ungefähr 22 km von Traben-Trarbach entfernt. Der Treffpunkt läge also zwischen Cochem und Zell. Da Anne nur bis zum 19 km entfernten Zell fährt, können sie sich also nicht zwischen Zell und Cochem treffen.

19. x: Eigengeschwindigkeit der Schiffe $\left(\text{in } \frac{km}{h}\right)$
y: Strömungsgeschwindigkeit $\left(\text{in } \frac{km}{h}\right)$

$$\left|\begin{array}{l} (x + y) \cdot \frac{35}{60} = 10 \\ (x - y) \cdot \frac{60}{60} = 10 \end{array}\right| \qquad L = \left\{\left(13\frac{4}{7} \approx 13{,}6 \middle| 3\frac{4}{7} \approx 3{,}6\right)\right\}$$

Die Geschwindigkeit der Schiffe beträgt ungefähr $13{,}6\frac{km}{h}$, die Strömungsgeschwindigkeit ungefähr $3{,}6\frac{km}{h}$.

20. x: Länge der Autoschlange (in km)
y: Geschwindigkeit der Autos $\left(\text{in } \frac{km}{h}\right)$

$$\left|\begin{array}{l} (200 - y) \cdot \frac{1}{60} \cdot 3\frac{1}{2} = x \\ (200 + y) \cdot \frac{1}{60} \cdot 2\frac{1}{2} = x \end{array}\right| \qquad L = \left\{\left(9\frac{13}{18} \middle| 33\frac{1}{3}\right)\right\}$$

Die Autoschlange ist ungefähr 9,7 km lang. Die Autos fahren mit ungefähr $33\frac{km}{h}$.

21. x: Eigengeschwindigkeit des Flugzeuges $\left(\text{in } \frac{km}{h}\right)$
y: Windgeschwindigkeit $\left(\text{in } \frac{km}{h}\right)$

$$\left|\begin{array}{l} (x - y) \cdot 1\frac{40}{60} = 360 \\ (x + y) \cdot 1\frac{30}{60} = 360 \end{array}\right| \qquad L = \{(228 \mid 12)\}$$

Das Flugzeug fliegt mit $228\frac{km}{h}$. Die Windgeschwindigkeit beträgt $12\frac{km}{h}$.

42

22. x: Länge (in Handbreiten)
y: Breite (in Handbreiten)

$$\left|\begin{matrix} \frac{1}{4}y + x = 7 \\ y + x = 10 \end{matrix}\right| \qquad L = \{(6|4)\}$$

Die Länge beträgt 6 Handbreiten, die Breite 4 Handbreiten.

23. x, y: Geldbetrag, den jeder hat (in Pfennig)

$$\left|\begin{matrix} x + 1 = y - 1 \\ 2(x - 1) = (y + 1) \end{matrix}\right| \qquad L = \{(5|7)\}$$

Einer besitzt 5 Pfennig, der andere 7 Pfennig.

Auf den Punkt gebracht: Verschiedene Verfahren zum Lösen von Gleichungssystemen: Tabelle, Graph oder Gleichung?

44

1. a) Wenn man zu einer Zahl $\frac{2}{3}$ der Zahl addiert und davon $\frac{1}{3}$ der Summe subtrahiert, erhält man 10.
Lösung: $x = 9$

b) *Ansatz:* $x + \frac{2}{3}x - \frac{1}{3}x = 10$
Lösung: $x = 7{,}5$

2. Man kann diese Aufgabe grafisch lösen. Der erste Paddler hat eine Geschwindigkeit von $8{,}5\,\frac{km}{h} - 3\,\frac{km}{h} = 5{,}5\,\frac{km}{h}$.
Der Treffpunkt ist nach knapp 2 Stunden nicht ganz 11 km vom Start entfernt.

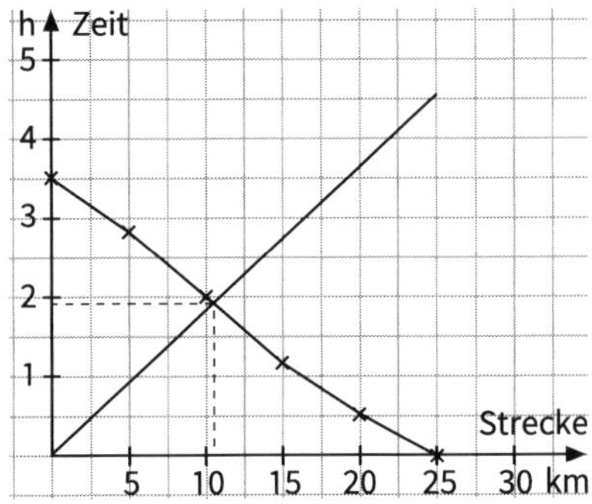

44 **3.** Druckfehler in der 1. Auflage: Tage 14 bis 17 werden Tage 13 bis 16.

Tag	Höhe der Weizenpflanze (in cm)	Höhe der Feuerbohne (in cm)
0	0,0	0,0
1	0,5	0,6
2	0,9	1,2
3	1,5	1,8
4	1,7	2,4
5	2,4	3,0
6	4,6	3,6
7	5,2	4,2
8	8,8	4,8
9	10,6	5,4
10	11,7	6,0
11	15,7	6,6
12	16,7	7,2
13	19,9	7,8
14	20,3	8,4
15	20,4	9,0
16	20,4	9,6

Weizenpflanze und Feuerbohne sind zwischen dem 5. und dem 6. Tag gleich hoch.

1.9 Systeme von mehr als zwei linearen Gleichungen mit mehr als zwei Variablen

45 **Einstieg:**

x: Alter des Mannes (in Jahren)
y: Alter des Sohnes (in Jahren)
z: Alter des Enkels (in Jahren)

$$\left| \begin{array}{l} x + y = 109 \\ y + z = 56 \\ x + z = 85 \end{array} \right| \qquad L = \{(69\,|\,40\,|\,16)\}$$

Der Mann ist 69, der Sohn 40 und der Enkel 16 Jahre alt.

46 **1.** **(1)** $L = \{\ \}$ **(2)** $L = \{/\}$

2. **a)** $L = \{(2\,|-1\,|\,1)\}$
b) $L = \{(3\,|-4\,|\,2)\}$
c) $L = \{(-1\,|\,3\,|-2)\}$
d) $L = \{(3\,|\,2\,|\,5)\}$
e) $L = \{(1\,|\,2\,|\,3)\}$
f) $L = \{(2\,|\,0\,|-2)\}$

46 **3.** a) $L=\{(x|y|z)\,|\,z=5+y \text{ und } x=1-y\}$

b) $L=\{\ \}$

c) $L=\left\{\left(x\left|-\frac{11}{7}\right|z\right)\middle|\,x=-3z+\frac{41}{7}\right\}$

d) $L=\{\ \}$

4. a) $L=\{(4|1|2|3)\}$

b) $L=\{(4|0|1|3)\}$

c) $L=\{(1|2|-2|3)\}$

d) $L=\left\{\left(2\left|3\right|\frac{1}{2}\right|-\frac{1}{3}\right)\right\}$

5. x: Preis Kenia-Kaffee (in € pro kg)
y: Preis Costa-Rica-Kaffee (in € pro kg)
z: Preis Mexiko-Kaffee (in € pro kg)

$$\left|\begin{aligned} 65x+35y&=721{,}25\\ 90z+10x&=569\\ 20z+25y+55x&=675{,}75\end{aligned}\right| \qquad L=\{(5{,}375\,|\,10{,}625\,|\,5{,}725)\}$$

100 kg Kenia-Kaffee kosten 537,50 €, 100 kg Costa-Rica-Kaffee kosten 1 062,50 € und 100 kg Mexiko-Kaffee kosten 572,50 €.

47 **6.** x: Eiweißmenge in g
y: Kohlenhydratmenge in g
z: Fettmenge in g

$$\left|\begin{aligned} 17x+17y+39z&=9200\\ 17x&=\tfrac{1}{10}\cdot 9200\\ 39z&=\tfrac{1}{5}\cdot 9200\end{aligned}\right| \qquad L=\left\{\left(54\tfrac{2}{17}\,\middle|\,378\tfrac{14}{17}\,\middle|\,47\tfrac{7}{39}\right)\right\}$$

Ein Erwachsener sollte täglich ungefähr 54 g Eiweiß, 379 g Kohlenhydrate und 48 g Fett essen.

7. x: Rotweinflaschenpreis (in €)
y: Roseweinflaschenpreis (in €)
z: Weißweinflaschenpreis (in €)

$$\left|\begin{aligned} x+y+z&=18\\ 2x+2y+z&=30\\ 2x+y+z&=25\end{aligned}\right| \qquad L=\{(7|5|6)\}$$

Die Rotweinflasche kostet 7 €, die Roseweinflasche 5 € und die Weißweinflasche 6 €.

8. x: Alter der Mutter (in Jahren)
y: Alter der ältesten Tochter (in Jahren)
z: Alter der jüngeren Tochter (in Jahren)

$$\left|\begin{aligned} x&=2(y+z)\\ y&=2z\\ x+9&=3(z+9)\end{aligned}\right| \qquad L=\{(36|12|6)\}$$

Die Mutter ist 36, die ältere Tochter 12 und die jüngere 6 Jahre alt.

47

9. x: Alter vom Vater z: Alter von Sophie
y: Alter der Mutter u: Alter von Jan

$$\left| \begin{aligned} x + y + z + u &= 96 \\ x + u &= y + z \\ (x-3) + (z-3) &= y + u \\ (x-2) + (y-2) &= 3(z+u) \end{aligned} \right| \quad L = \{(38 \mid 35 \mid 13 \mid 10)\}$$

Der Vater ist 38, die Mutter 35, Sophie 13 und Jan 10 Jahre alt.

10. x: Hunderterziffer
y: Zehnerziffer
z: Einerziffer

$$\left| \begin{aligned} x + y + z &= 15 \\ 2y &= 3(x+z) \\ 10y + z &= 5(10x + y) \end{aligned} \right| \quad L = \{(1 \mid 9 \mid 5)\}$$

Die gesuchte Zahl heißt 195.

11. u, v, x, y, z: Anzahl der Schafe in den Ställen 1, 2, 3, 4, bzw. 5

$$\left| \begin{aligned} u + v + x + y + z &= 100 \\ u + v &= 50 + 2 \\ v + x &= 40 + 3 \\ x + y &= 30 + 4 \\ y + z &= 30 \end{aligned} \right| \quad L = \{(27 \mid 25 \mid 18 \mid 16 \mid 14)\}$$

In den 5 Ställen stehen 27, 25, 18, 16 bzw. 14 Schafe.

12. u, v, x, y: Gewichte der Teilsorten, die in der neuen Müslimischung dazukommen in kg
u: Gewicht der zusätzlichen Weizen- und Roggenflocken (in kg)
v: Gewicht der zusätzlichen Cornflakes (in kg)
x: Gewicht der zusätzlicher Rosinen/Trockenobst (in kg)
y: Gewicht der zusätzlichen Nüsse und Mandeln (in kg)
z: Gewicht der neuen Mischung (in kg)

$$\left| \begin{aligned} u + 400 &= z \cdot 50\,\% \\ v + 350 &= z \cdot 20\,\% \\ x + 150 &= z \cdot 24\,\% \\ y + 100 &= z \cdot 6\,\% \end{aligned} \right|$$

Da u, v, x und y alle größer oder gleich null sind, folgt

$$\left| \begin{aligned} 400 &\le z \cdot 50\,\% \\ 350 &\le z \cdot 20\,\% \\ 150 &\le z \cdot 24\,\% \\ 100 &\le z \cdot 6\,\% \end{aligned} \right| \quad \text{und somit} \quad \left| \begin{aligned} 800 &\le z \\ 1\,750 &\le z \\ 625 &\le z \\ 1\,667 &\le z \end{aligned} \right|$$

Die neue Mischung muss also mindestens 1 750 kg schwer sein.
Mit $z = 1\,750$ lautet die Lösungsmenge für obiges Gleichungssystem
$L = \{(475 \mid 0 \mid 270 \mid 5 \mid 1\,750)\}$.
Die hinzuzufügende Mindestmenge sind 475 kg Weizen- und Roggenflocken, 270 kg Rosinen und Trockenobst sowie 5 kg Nüssen und Mandeln.
Die Menge der Cornflakes bleibt gleich.

Im Blickpunkt: Lineares Optimieren

48

1. a) x: Erbsenanbaufläche (in Ar)
y: Spargelanbaufläche (in Ar)
z: Maximaler Gewinn (in €)
Die Kosten pro Ar betragen für Erbsen 200 € und für Spargel 100 €. Insgesamt dürfen die Kosten aber 16 000 € nicht überschreiten. Man erhält damit die Ungleichung $200x + 100y \le 16000$.
Der Zeitaufwand pro Ar beträgt bei Erbsen 3 h und bei Spargel 6 h. Insgesamt dürfen aber 420 h nicht überschritten werden. Man erhält damit die Ungleichung $3x + 6y \le 420$.
Da die zur Verfügung stehende Ackerfläche begrenzt ist (90 Ar), erhält man für die Anbaufläche die Ungleichung $x + y \le 90$.
Insgesamt erhält man also das folgende Ungleichungssystem:

$$\left| \begin{array}{rrr} 200x + & 100y \le & 16000 \\ 3x + & 6y \le & 420 \\ x + & y \le & 90 \end{array} \right|$$

b) Wenn man die Ungleichungen nach y auflöst, erhält man das folgende Ungleichungssystem:

$$\left| \begin{array}{l} y \le -\ \ 2x + 160 \\ y \le -0{,}5x + \ 70 \\ y \le -\ \ \ x + \ 90 \end{array} \right|$$

Die zugehörigen Gleichungen $y = -2x + 160$, $y = -0{,}5x + 70$ und $y = -x + 90$ gehören zu linearen Funktionen. Im Bild des Schülerbandes sind diese Geraden eingezeichnet. Zahlenpaare, die die Bedingungen des Ungleichungssystems (≤-Zeichen) erfüllen, liegen alle unterhalb oder auf diesen Geraden. Das markierte Gebiet umfasst alle Lösungen dieses Ungleichungssystems.

48

1. c) Wir lösen die Gleichung $80x + 100y = z$ nach y auf:
$y = -\frac{8}{10}x + \frac{z}{100}$
$= -0{,}8x + 0{,}01z$
Für $z = 5000$, $z = 6000$, $z = 2500$ und $z = 11000$ erhalten wir folgende Gleichungen:
$y = -0{,}8x + 50z$
$y = -0{,}8x + 60z$
$y = -0{,}8x + 25z$
$y = -0{,}8x + 110z$
Die Geraden sind alle zueinander parallel.

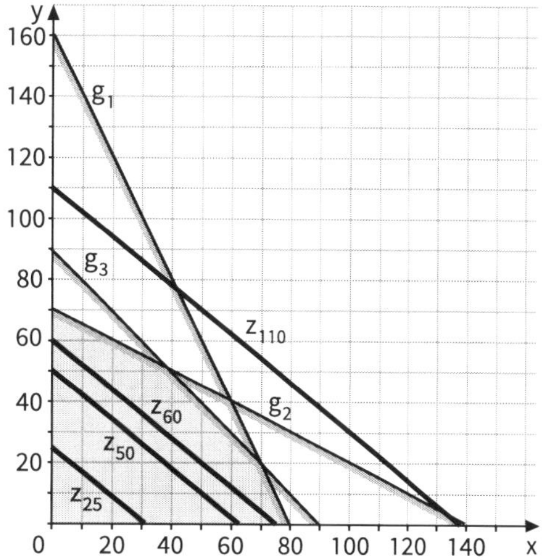

Alle Punkte auf diesen Geraden, die in dem markierten Gebiet liegen, sind Möglichkeiten für die Kosten und den Zeitaufwand, um den entsprechenden Gewinn zu erzielen. Da die Gerade, die zu einem Gewinn von 11 000 € gehört, keinen gemeinsamen Punkt mit dem markierten Gebiet besitzt, kann man diesen Gewinn nicht erreichen.

d) Man verschiebt eine zu $z = 80x + 100y$ parallele Gerade (Steigung $m = -0{,}8$) so, dass der Achsenabschnitt möglichst groß wird und die Gerade das markierte Gebiet nur noch in einem Punkt oder entlang einer Seite schneidet.
Man erhält dann den größtmöglichen Gewinn.
In diesem Beispiel verläuft die Gerade durch den Punkt C(40 | 50).
Der zugehörige Gewinn ist:
$z = 80\,€ \cdot 40 + 100\,€ \cdot 50$
$= 8200\,€$.

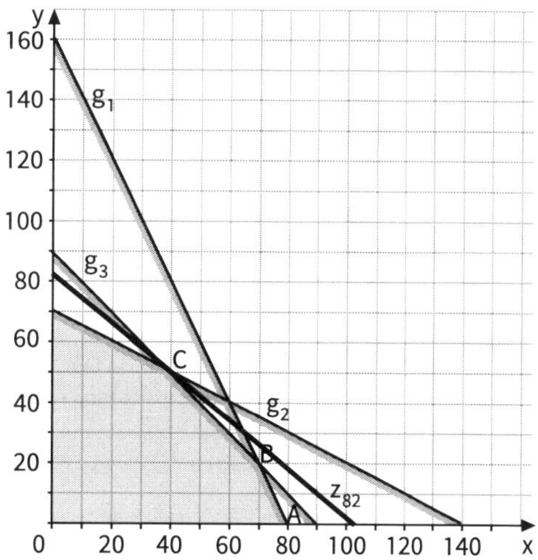

e) Es gilt nun $z = 100x + 100y$, also $y = -x + \frac{z}{100} = -x + 0{,}01z$.
Diese Gerade hat die gleiche Steigung wie die Gerade zu $y = -x + 90$.
Alle Punkte auf der Strecke $\overline{BC}$ ergeben dann den größtmöglichen Gewinn:
Für den Punkt B zum Beispiel: $z = 100\,€ \cdot 70 + 100\,€ \cdot 20 = 9000\,€$.
Weitere Punkte sind $P_1(70 | 20)$, $P_2(40 | 50)$, $P_3(60 | 30)$, $P_4(50 | 40)$.

49 **2.** x: Anzahl der CD-Player
y: Anzahl der DVD-Rekorder
z: Gewinn (in €)
x und y sind natürliche Zahlen. Wir erhalten das Ungleichungssystem:

$$\left|\begin{array}{r} x \le 500 \\ y \le 700 \\ x + y \le 900 \end{array}\right| \text{ bzw. } \left|\begin{array}{ll} x \le & 500 \\ y \le & 700 \\ y \le & -x + 900 \end{array}\right|$$

$z = 15x + 20y$, also $y = -\frac{3}{4}x + \frac{z}{20}$

Man erhält den größtmöglichen Gewinn für den Punkt P (200 | 700).
Die Firma sollte 200 CD-Player und 700 DVD-Rekorder täglich produzieren.
Der Gewinn beträgt dann $z = 15\,€ \cdot 200 + 20\,€ \cdot 700 = 17\,000\,€$.

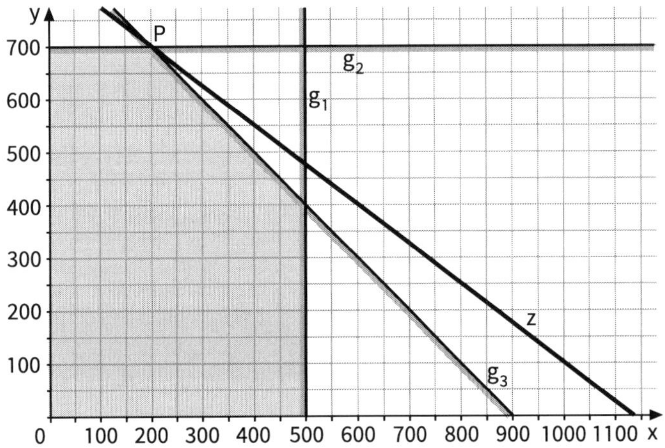

3. x: Anzahl der Fördertage in Grube I
y: Anzahl der Fördertage in Grube II
z: Kosten (in €)
x und y sind natürliche Zahlen. Wir erhalten das Ungleichungssystem:

$$\left|\begin{array}{r} 9x + 3y \ge 18 \\ 3x + 3y \ge 12 \\ 6x + 18y \ge 36 \end{array}\right| \text{ bzw. } \left|\begin{array}{l} y \ge -3x + 6 \\ y \ge -\ \ x + 4 \\ y \ge -\frac{1}{3}x + 2 \end{array}\right|$$

$z = 18 \cdot 300x + 24 \cdot 240y$,
also $y = -\frac{15}{16}x + \frac{z}{5760}$.

Wir suchen hier die geringsten Kosten. Diese erhalten wir im Punkt P (3 | 1).
Die Gesellschaft lässt 3 Tage in Grube I und 1 Tag in Grube II fördern.
Die Kosten für eine Woche liegen dann bei
$z = 18 \cdot 300\,€ \cdot 3 + 24 \cdot 240\,€ \cdot 1 = 21\,960\,€$.

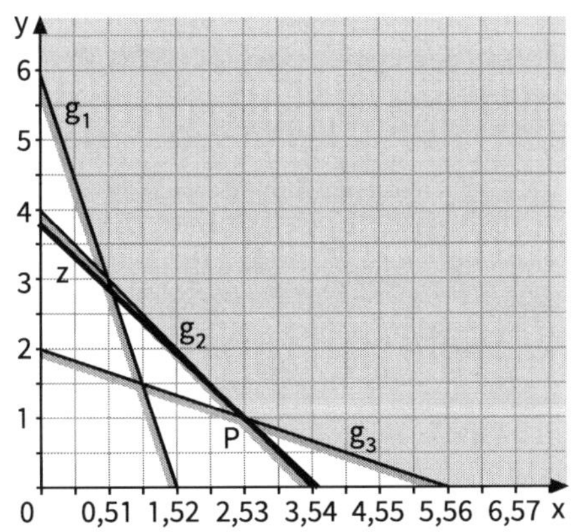

88603_228_N_3

50

4. x: Anzahl der 10-Personen-Zelte
y: Anzahl der 8-Personen-Zelte
z: Anzahl Personenplätze
x und y sind natürliche Zahlen.
Wir erhalten das Ungleichungssystem:

$$\left|\begin{array}{r} x \le 5 \\ y \le 7 \\ 300x + 200y \le 1\,600 \end{array}\right| \text{ bzw. } \left|\begin{array}{ll} x \le & 5 \\ y \le & 7 \\ y \le & -1{,}5x + 8 \end{array}\right|$$

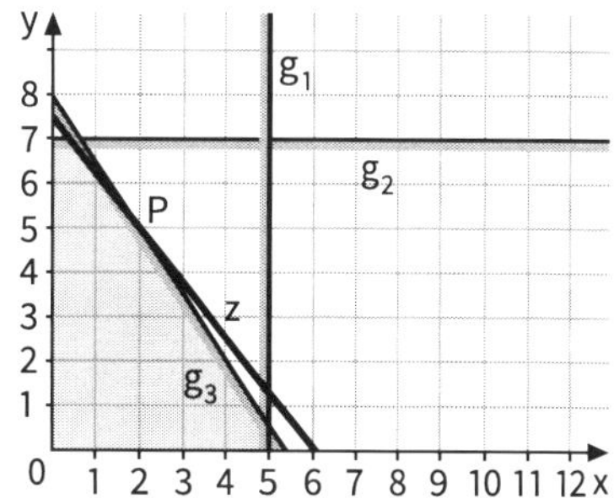

$z = 10x + 8y$, also $y = -\frac{5}{4}x - \frac{z}{8}$

Man erhält die größtmögliche Anzahl für den Punkt P(2|5).
Es sollten zwei 10-Personen-Zelte und fünf 8-Personen-Zelte gekauft werden.
Es können dann $z = 10 \cdot 2 + 8 \cdot 5 = 60$ Jugendliche untergebracht werden.

5. x: Anzahl der Lieferungen von Firma A
y: Anzahl der Lieferungen von Firma B
z: Kosten (in €)
x und y sind natürliche Zahlen.
Wir erhalten das Ungleichungssystem:

$$\left|\begin{array}{r} x \ge 1 \\ y \ge 1 \\ 4x + 2y \ge 20 \\ 3x + 6y \ge 24 \end{array}\right| \text{ bzw. } \left|\begin{array}{ll} x \ge & 1 \\ y \ge & 1 \\ y \ge & -2x + 10 \\ y \ge & -0{,}5x + 4 \end{array}\right|$$

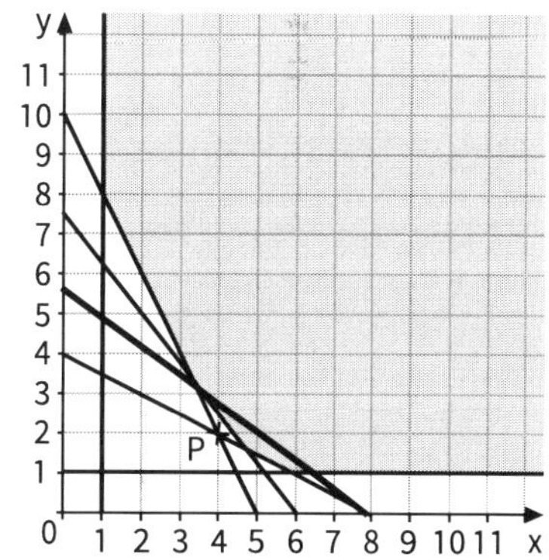

$z = 500x + 700y$, also $y = -\frac{5}{7}x + \frac{z}{700}$

Wir suchen hier die geringsten Kosten.
Diese erhalten wir im Punkt P(4|2).
Das Unternehmen sollte 4 Lieferungen bei Firma A und 2 Lieferungen bei Firma B bestellen. Die Kosten betragen dann
$z = 500\,€ \cdot 4 + 700\,€ \cdot 2 = 3\,400\,€$.

6. x: Anzahl der Becher mit Kaffee
y: Anzahl der Becher mit Tee
z: Gewinn (in €)
x und y sind natürliche Zahlen.
Wir erhalten das Ungleichungssystem:

$$\left|\begin{array}{r} x + y \le 500 \\ y \le x \\ x \le 2y \end{array}\right| \text{ bzw. } \left|\begin{array}{ll} y \le & -x + 500 \\ y \le & x \\ x \le & 2y \end{array}\right|$$

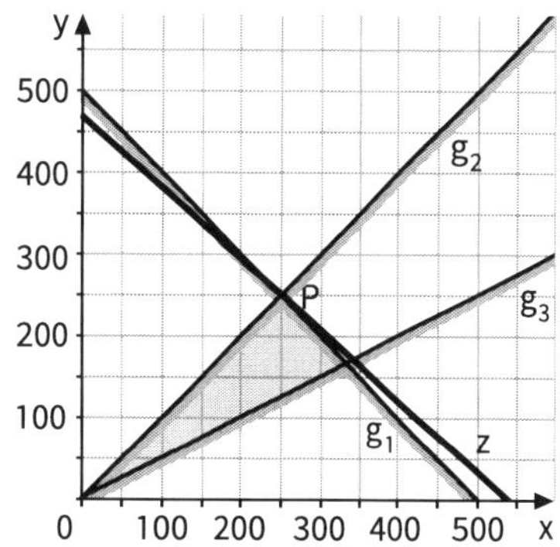

$z = 0{,}70x + 0{,}80y$, also $-\frac{7}{8}x + \frac{10}{8}z$

Man erhält den größtmöglichen Gewinn für den Punkt P(250|250).
Die Klasse sollte 250 Becher Kaffee und 250 Becher Tee bereitstellen
Der Gewinn beträgt dann $z = 0{,}70\,€ \cdot 250 + 0{,}80\,€ \cdot 250 = 375\,€$.

50 **7.** x: Anzahl der Fahrräder Blizzard pro Woche
y: Anzahl der Fahrräder Tourado pro Woche
z: Verdienst pro Woche (in €)
x und y sind natürliche Zahlen. Wir erhalten das Ungleichungssystem:

$$\left|\begin{array}{l} 50x + 20y \le 400 \cdot 60 \\ \quad x + \quad y \le 500 \\ 30x + 60y \le 500 \cdot 60 \end{array}\right| \quad \text{bzw.} \quad \left|\begin{array}{l} y \le -2{,}5x + 1000 \\ y \le - \quad x + 500 \\ y \le -0{,}5x + 500 \end{array}\right|$$

$z = 40x + 80y$, also $y = -0{,}5x + \frac{z}{80}$

Man erhält den größtmöglichen Gewinn für den Punkt $P\left(333\frac{1}{3}\middle|166\frac{2}{3}\right)$.

Da die Firma nur ganze Fahrräder ausliefern kann, sollte sie 333 Fahrräder vom Typ Blizzard und 167 Fahrräder vom Typ Tourado pro Woche herstellen.
Der Verdienst beträgt dann
$z = 40\,€ \cdot 333 + 80\,€ \cdot 167 = 22\,680\,€$.

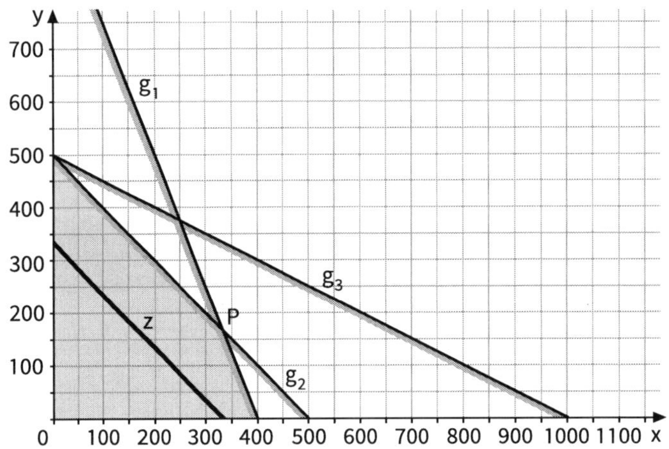

50

8. x: Nutzfläche für Möhren (in ha)
y: Nutzfläche für Kartoffeln (in ha)
z: Einnahmen (in €)
x und y sind natürliche Zahlen. Wir erhalten das Ungleichungssystem:

$$\begin{vmatrix} x + y \leq 14 \\ x \leq 6{,}5 \\ 60x + 20y \leq 450 \\ 50x + 30y \leq 450 \end{vmatrix} \text{ bzw. }$$

$$\begin{vmatrix} y \leq -x + 14 \\ x \leq 6{,}5 \\ y \leq -3x + 22{,}5 \\ y \leq -\frac{5}{3}x + 15 \end{vmatrix}$$

$z = 20\,000x + 11\,000y$, also

$y = -\frac{20}{11}x + \frac{z}{11\,000}$

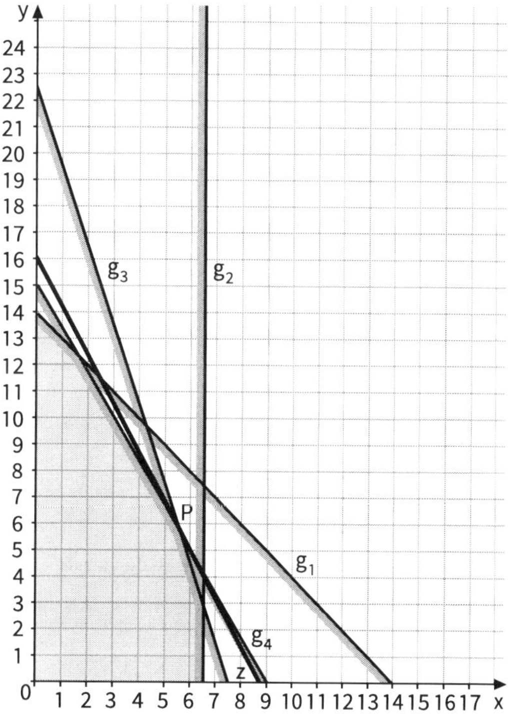

Es müssen 5,625 ha mit Möhren und 5,625 ha mit Kartoffeln bepflanzt werden. Die Einnahmen betragen dann

$z = 20\,000\,€ \cdot 5{,}625 + 11\,000\,€ \cdot 5{,}625 = 174\,375\,€.$

Man erhält den größtmöglichen Gewinn für P (5,625 | 5,625).

9. Ungleichungssystem:

$$\begin{vmatrix} x \geq 1 \\ x \leq 6 \\ y \leq 5 \\ y \leq -x + 8 \\ y \leq -2x + 13 \end{vmatrix}$$

$z = 18x + 10y$, also

$y = -1{,}8x + 0{,}1z$

z wird am größten für den Punkt P (5 | 3).

Dann gilt:

$z = 18 \cdot 5 + 10 \cdot 3 = 120$

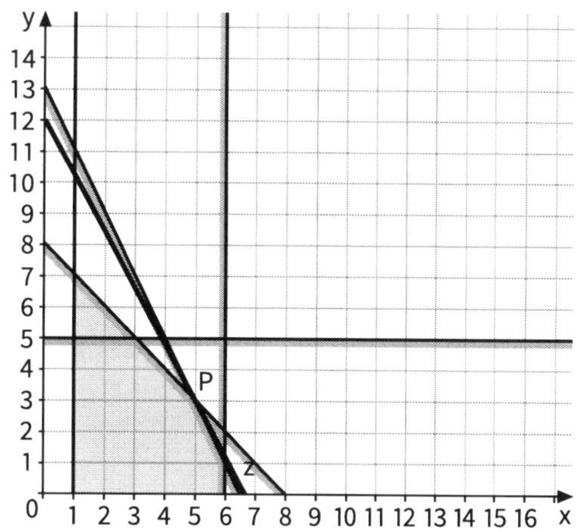

1.10 Aufgaben zur Vertiefung

51

1. –

2. x: anfangs geliehener Geldbetrag (in €)
   y: Zinssatz
   Zinsen nach dem ersten Jahr: $x \cdot y = 4800$
   Zinsen nach dem zweiten Jahr: $(x - 5000) \cdot y = 4600$, also
   $x \cdot y - 5000\,y = 4600$
   Einsetzen von 4800 für $x \cdot y$ ergibt: $4800 - 5000\,y = 4600$, also $y = 0{,}04$
   Für x erhält man dann: $x = 4800 : 0{,}04 = 120\,000$
   Die Hypothek betrug ursprünglich 120 000 €, der Zinssatz beträgt 4 %.

3. Das Gleichungssystem ist kein lineares System, da die beiden Gleichungen den Term $x \cdot y$ enthalten. Es ist aber dennoch mit dem Einsetzverfahren lösbar, indem man in der 2. Gleichung für $x \cdot y$ die rechte Seite der 1. Gleichung einsetzt: $2(3 + 2x) - 8 = 3x$
   $L = \{(2 \mid 3{,}5)\}$

4. a) $\left| \begin{array}{r} 4x^2 - 4x + y + 3 = 4x^2 + 3x + 3y - 1 \\ 5x + 36y^2 + 24y + 4 = 36y^2 - 14y + 80 \end{array} \right|$
   $\left| \begin{array}{r} -7x - 2y = -4 \\ 5x + 38y = 76 \end{array} \right|$ $\quad L = \{(0 \mid 2)\}$

   b) $\left| \begin{array}{r} -9x^2 + y + 4 = -9x^2 + 9x + 3y \\ -10y - 3 = 45x - 23 \end{array} \right|$
   $\left| \begin{array}{r} -9x - 2y = -4 \\ -45x - 10y = -20 \end{array} \right|$ $\quad L = \{(x \mid y) \mid y = -4{,}5x + 2\}$

5. Nach Bernds Vorstellung ist das Gleichungssystem nicht lösbar, da man mit dem Gleichsetzungsverfahren nur eine Gleichung erhält, die aber immer noch zwei Variablen besitzt.
   $L = \left\{\left(\frac{2}{7} \middle| -\frac{1}{7}\right)\right\}$

6. Das Subtraktionsverfahren ist eigentlich das Additionsverfahren.
   Das Einsetzungsverfahren ist bei genauerer Betrachtung ein Gleichsetzungsverfahren.
   Somit hat Anja Recht.

7. a) $a = -3$; $b = 51$
   b) $a \neq 19$; sonst beliebig; $b = -15$
   c) $a = 19$; $b = -15$; $L = \left\{(x \mid y) \middle| y = \frac{1}{5}x - \frac{19}{5}\right\}$

51 **8.** *Eine Lösung:* Die Geraden müssen sich schneiden, also $m \neq -2$ und t beliebig.
Keine Lösung: Beide Geraden müssen die gleiche Steigung haben, d. h. $m = -2$ und t kann beliebig sein, nur $t \neq +3$.

Unendlich viele Lösungen: Beide Geraden müssen identisch sein, d. h. gleiche Steigung und gleichen Achsenabschnitt, also $m = -2$ und $t = +3$.

9. x: monatlicher Verbrauch in kWh
y: Gesamtkosten in €

(1) $0{,}10x + 2{,}50 = y$ **(2)** $0{,}09x + 4{,}50 = y$ **(3)** $0{,}07x + 10{,}50 = y$

$\left|\begin{array}{r} 0{,}10x + 2{,}50 = y \\ 0{,}09x + 4{,}50 = y \end{array}\right|$: $L = \{(200 \mid 22{,}5)\}$

$\left|\begin{array}{r} 0{,}10x + 2{,}50 = y \\ 0{,}07x + 10{,}50 = y \end{array}\right|$: $L = \{266{,}66 \mid 29{,}16)\}$

$\left|\begin{array}{r} 0{,}09x + 4{,}50 = y \\ 0{,}07x + 10{,}50 = y \end{array}\right|$: $L = \{300 \mid 31{,}5)\}$

Am günstigsten ist Tarif A bei 0 – 200 kWh, Tarif B bei 200 – 300 kWh und Tarif C bei mehr als 300 kWh Verbrauch.

52 **10. a)** $L = \{(5 \mid 2 \mid 9 \mid 3 \mid 7)\}$
Lichtstrahl I durchleuchtet die Glaszylinder a und b mit einer Gesamtdämpfung von 7, daraus folgt $a + b = 7$ usw.

b) (1) $\left|\begin{array}{l} a + c = 6 \\ a + b = 7 \\ b + c = 5 \end{array}\right|$ $L = \{(4 \mid 3 \mid 2)\}$

(2) $\left|\begin{array}{l} a + b = 9 \\ c + d = 5 \\ a + d = 8 \\ a + c = 7 \end{array}\right|$ $L = \{(5 \mid 4 \mid 2 \mid 3)\}$

(3) $\left|\begin{array}{r} a + b = 5 \\ a + c = 4 \\ a + d = 9 \\ b + d = 8 \\ c + d + e = 14 \end{array}\right|$ $L = \{(3 \mid 2 \mid 1 \mid 6 \mid 7)\}$

(4) $\left|\begin{array}{r} a + c = 5 \\ a + d + f = 12 \\ b + c = 8 \\ b + d + g = 12 \\ c + d + e = 10 \\ c + g = 3 \\ e + g = 4 \end{array}\right|$ $L = \{(3 \mid 6 \mid 2 \mid 5 \mid 3 \mid 4 \mid 1)\}$

2. Ähnlichkeit

55 **Einstiegsseite:**
Der Durchmesser der Erde beträgt 12 742 km. Wenn man davon ausgeht, dass das Modell einen Durchmesser von ungefähr 40 cm hat, dann wurde die Erde etwa auf $\frac{1}{30\,000\,000}$ verkleinert.
Eine Zelle hat etwa einen Durchmesser von 10 Mikrometer. 1 Mikrometer ist ein Millionstel Meter. Der Durchmesser liegt also bei $\frac{1}{1\,000}$ cm. Die vergrößerte Zelle hat etwa einen Durchmesser von 30 cm bis 50 cm, im Mittel also etwa 40 cm.
Die Zelle wurde dann um etwa das 40 000-fache vergrößert.

Lernfeld: Gleiche Form – andere Größe

56 → Für die Berechnung des Volumens werden die Innenmaße genommen, wobei für Verstärkungen des Containerrahmens immer etwas weniger Volumen zur Verfügung steht.

Typ	Außenmaße L/B/H	Innenmaße L/B/H	Volumen
20 Fuß	69,6 mm/28 mm/29,8 mm	67,9 mm/28 mm/27,4 mm	50,6 cm^3
40 Fuß	140 mm/28 mm/29,8 mm	138,4 mm/28 mm/27,4 mm	106,2 cm^3

→ Am Anfang des 20. Jahrhunderts wurde für Modelleisenbahnen die *Nenngröße 0* eingeführt. Die Normalspurweite von 1 435 mm wurde auf die Modell-Spurweite 32 mm verkleinert (Maßstab 1 : 45). Mitte des Jahrhunderts gab es dann Bestrebungen, die Modelleisenbahnen zu verkleinern, damit sie nicht so viel Platz in Anspruch nehmen. Darüber hinaus sind die Materialkosten dann auch entsprechend niedriger. Man halbierte die Spurweite. Man nannte diesen Vorläufer der H0- Eisenbahnen noch 00-Norm. Danach wurde aber bei uns die H0-Norm mit dem Maßstab 1 : 87 am verbreitesten.

→ Ungefähre Länge im Modell 4,20 m, ungefähre Breite im Modell 0,59 m und ungefährer Tiefgang im Modell 0,18 m.
Das Schiff ist oberhalb des Wassers bis zum oberen Aufbau etwa 15 Container hoch, das sind laut Tabelle etwa $15 \cdot 6\,m = 90\,m$. Im Modell sind das also etwa 1,03 m.
Vom Kiel bis zum oberen Aufbau ist das Containerschiff also etwa 1,20 m hoch.

→ Hamburg ist gut 755 km^2 groß. Das entspricht etwa einem Quadrat mit der Seitenlänge 28 km. Im Modell wäre das ein Quadrat mit einer Seitenlänge von ungefähr 322 m, also einer Fläche von etwa 100 000 m^2, also etwa 10 ha.

2.1 Ähnliche Vielecke

57 **Einstieg:**
Keine Lösungen

59 **2.** Bild im Format 6 cm × 8 cm: $l = 1\frac{1}{3}b$
Bild im Format 20 cm × 25 cm: $l = 1{,}25\,b$

60 **3.** (1)
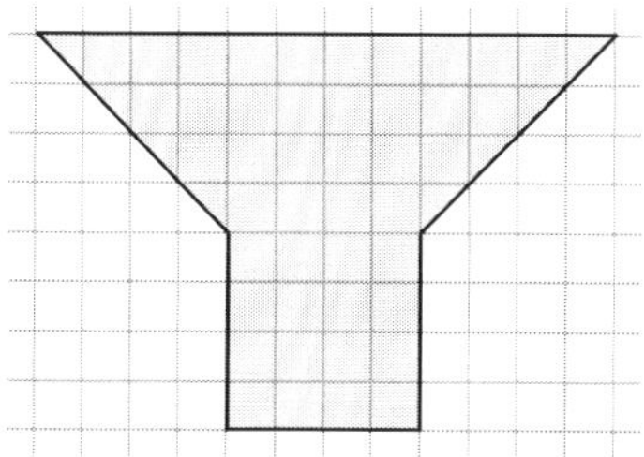

(2)
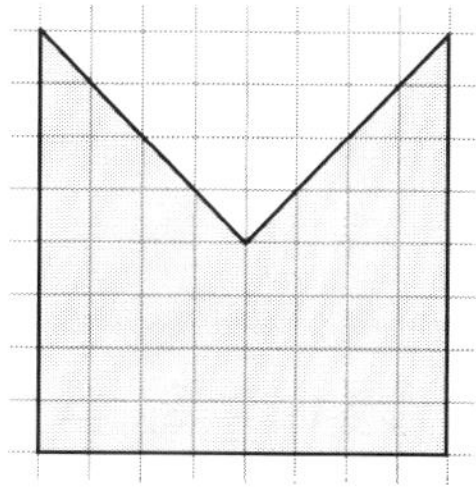

(3)
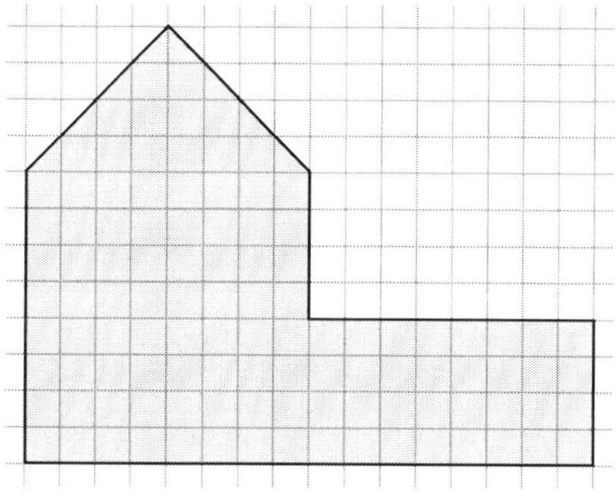

(4)
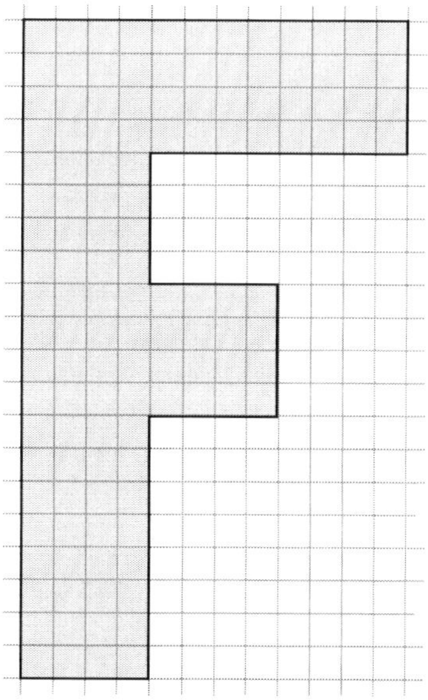

60 3. (5)

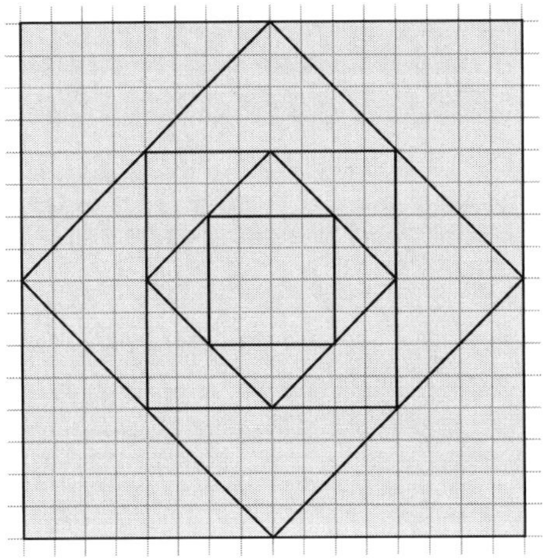

4. Der Begriff „ähnlich" bei Mutter und Tochter bezieht sich nur auf das Aussehen bzw. die Gleichheit bestimmter Merkmale, z. B. Augenfarbe, Gesichtsform u. ä., beschreibt aber keine (mathematische) Gesetzmäßigkeit.

5. (1) Nicht ähnlich da $\alpha = 69°$, $\alpha' = 63°$
   (2) Ähnlich, Faktor $\frac{3}{4}$
   (3) Nicht ähnlich, $\frac{a}{a'} = \frac{2}{3}$; $\frac{b}{b'} = \frac{1}{2}$
   (4) Ähnlich, Faktor $\frac{1}{2}$

6. –

7. Figur A und Figur B: $k = 1$ Figur D und Figur E: $k = \frac{1}{2}$

61 8. a) (1) Wahr; $|A'B'| = |B'C'| = |C'D'| = |D'A'| = k \cdot |AB|$
   (2) Falsch; Gegenbeispiel: $a' = 8\,cm$; $b' = 4\,cm$; $a = 4\,cm$; $b = 1\,cm$
   Dann ist $a' = 2 \cdot a$, aber $b' = 4 \cdot b$.
   (3) Wahr; $|A'B'| = |B'C'| = |C'A'| = k \cdot |AB|$
   b) –

9. Bei zueinander kongruenten Vielecken sind entsprechende Seiten gleich lang. Der Ähnlichkeitsfaktor ist $k = 1$.

10. (1) $\frac{4}{7}$ (2) $\frac{6}{2} = 3$ (3) $\frac{8}{8} = 1$

61 **11.** *Beispiele:*

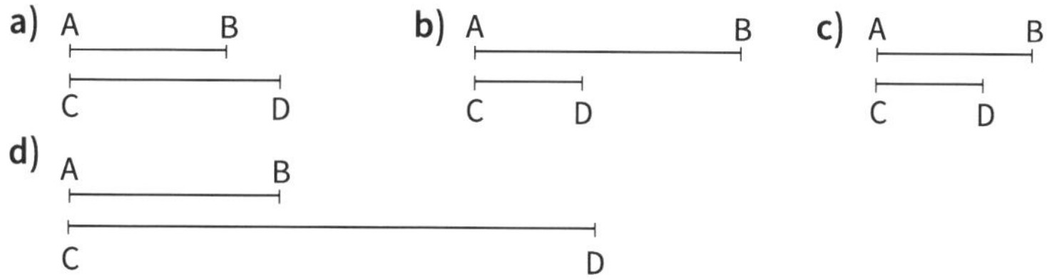

12. a) **(1)** $|AB|:|CD| = 5:2$
(2) $|AB|:|CD| = 2:5$
(3) $|AB|:|CD| = 1:1 = 1$
(4) $|AB|:|CD| = 1:7$

b) **(1)** $a = \frac{2}{3}b$

$b = \frac{3}{2}a$

(2) $a = \frac{b}{\sqrt{2}} = \frac{b\sqrt{2}}{2} = \frac{1}{2}b\sqrt{2}$

$b = \frac{2a}{\sqrt{2}} = \frac{2a\sqrt{2}}{2} = \sqrt{2}\,a$

13. a) **(1)** $|XY| = 1{,}5\,\text{m}$
(2) $|XY| = \frac{6\sqrt{3}}{5}\,\text{m} \approx 2{,}08\,\text{m}$

b) **(1)** $|UV| = 20\,\text{cm}$
(2) $|UV| = 16\sqrt{3}\,\text{cm} \approx 27{,}7\,\text{cm}$

14. Ein DIN-A4-Blatt hat eine Höhe von 29,7 cm.
Folgende Maßstäbe sind zu wählen.

Kölner Dom:	1:528	(genauer: 1:528,6195)
Eiffelturm:	1:1 077	(genauer: 1:1 077,441)

15. 1 Pikometer = 1 pm $\cdot 10^{12}$ = 1 m
(1) 8 000 000
(2) 640 000 000

16. a und b sind Seiten des Vielecks F und r und s entsprechende Seiten des Vielecks G.
Wenn F und G zueinander ähnlich sind, gilt: Entsprechende Winkel sind gleich groß und nach der Definition auf Seite 58 des Schülerbandes gilt: $\frac{a}{r} = \frac{b}{s}$.
Multiplikation beider Seiten mit $\frac{s}{a}$ ergibt: $\frac{s}{r} = \frac{b}{a}$.
Umgekehrt: Wenn (1) und (2) des Satzes auf Seiten 59 des Schülerbandes gelten, ist $\frac{b}{a} = \frac{s}{r}$, also auch $\frac{r}{a} = \frac{s}{b}$. Daraus folgt $r = \frac{s}{b} \cdot a = k_1 \cdot a$ mit $k_1 = \frac{s}{b}$ und $s = \frac{r}{a} \cdot b = k_2 \cdot b$ mit $k_2 = \frac{r}{a}$. Wegen $\frac{r}{a} = \frac{s}{b}$ ist aber auch $k_1 = k_2$. Damit sind beide Bedingungen der Definition erfüllt und somit F und G ähnlich zueinander.

61 *Das kann ich noch!*

A) 1) Nullstelle: $x_0 = -\frac{1}{3}$

2) Nullstelle: $x_0 = 2$

3) Nullstelle: $x_0 = 3$

4) Nullstelle: $x_0 = 12$

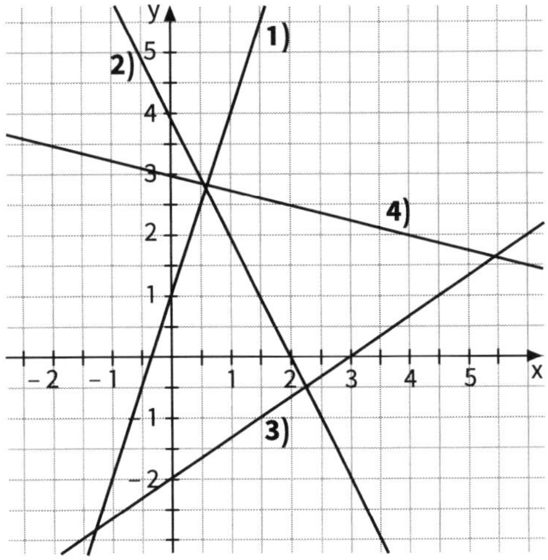

B) Funktionsgleichung: $y = -x + 2$
Nullstelle: $x_0 = 2$
y-Achsenabschnitt: $y = 2$

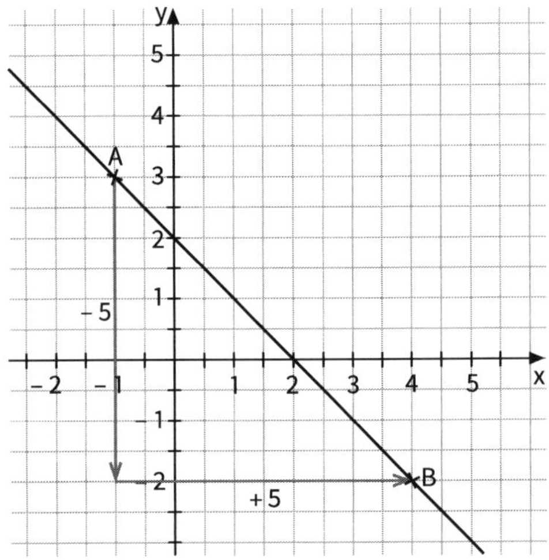

62

17. a) In Wirklichkeit ist der Wagen ungefähr 24,5 m lang.

b) Die Länge beträgt ungefähr 153 mm [111 mm].

c) Das Maß im Modell beträgt 7 mm [12 mm; 5 mm].

d) Die Länge beträgt ungefähr 160 mm [117 mm].

18. a) $\frac{a}{b} = \frac{r}{t}$; $\frac{a}{c} = \frac{r}{s}$; $\frac{c}{b} = \frac{s}{t}$

b) $\frac{m}{n} = \frac{u}{v}$; $\frac{m}{o} = \frac{u}{w}$; $\frac{o}{n} = \frac{w}{v}$

c) $\frac{d}{a_2} = \frac{b}{a_1}$; $\frac{e}{a_2} = \frac{c}{a_1}$; $\frac{e}{d} = \frac{c}{b}$

19. a) $b' = 12\,cm$; $c' = 18\,cm$

b) $a' = 1\,cm$; $b' = 1{,}5\,cm$

c) $c' = 13{,}5\,cm$; $b' = 10{,}5\,cm$

d) $b = 120\,mm$; $c = 120\,mm$

62

20. Richtig wäre: $\frac{4}{d} = \frac{3}{5}$; $d = \frac{4 \cdot 5}{3} = 6\frac{2}{3}$

21. (1) 9 cm und 13,5 cm bzw. 9 cm und 6 cm
(2) 5 cm und 7,5 cm bzw. 5 cm und $3\frac{1}{3}$ cm

2.2 Flächeninhalt bei zueinander ähnlichen Vielecken

64

1. a) Der Flächeninhalt des größeren Fotos beträgt 2 400 cm².
Der Flächeninhalt des kleinen Fotos beträgt 600 cm².
Damit ist der Flächeninhalt des großen Fotos viermal größer als der des kleinen Fotos. Fair wäre daher ein Preis von 1,80 €.
b) Gesamtlänge der Leiste für das größere Poster: 200 cm
Gesamtlänge der Leiste für das kleinere Poster: 100 cm
Die Gesamtlänge für die Leiste des größeren Posters ist doppelt so lang wie für das kleinere Poster.
c) Bei zwei zueinander ähnlichen Rechtecken sind die Seitenlängen des zweiten Rechtecks jeweils um mit dem Faktor k multiplizierte Seitenlängen des ersten Rechtecks.
$u_1 = 2 \cdot (a + b)$ $\quad$ $u_2 = 2 \cdot (k \cdot a + k \cdot b) = 2 \cdot k \cdot (a + b)$
d) Da bei ähnlichen Vielecken ebenfalls alle Seiten mit dem Ähnlichkeitsfaktor k vergrößert werden, gilt:
$u_1 = a + b + c + \ldots + z$
$u_2 = k \cdot a + k \cdot b + k \cdot c + \ldots + k \cdot z = k \cdot (a + b + c + \ldots + z)$

2. *1. Möglichkeit:* Berechne die Seitenlängen des Rechtecks A′B′C′D′ und daraus den Flächeninhalt A′.
2. Möglichkeit: Berechne den Flächeninhalt $A = 25{,}74\,cm^2$ von Rechteck ABCD und damit den Flächeninhalt A′ von Rechteck A′B′C′D′ mit $A' = k^2 \cdot A$.
a) $a' = 26{,}4\,cm$
$b' = 15{,}6\,cm$
$A' = 411{,}84\,cm^2$
b) $a' = 3{,}3\,cm$
$b' = 1{,}95\,cm$
$A' = 6{,}435\,cm^2$
c) $a' = 4{,}4\,cm$
$b' = 2{,}6\,cm$
$A' = 11{,}44\,cm^2$
d) $a' = 9{,}9\,cm$
$b' = 5{,}85\,cm$
$A' = 57{,}915\,cm^2$

3. a) 540 cm² $\quad$ b) 38,4 cm² $\quad$ c) 303,75 cm² $\quad$ d) 135 cm²

4. a) $k = \frac{3}{4}$ $\quad$ b) $k = \frac{2}{3}$ $\quad$ c) $k = \frac{1}{2}$ $\quad$ d) $k = 2$

5. a) 2 : 1 $\quad$ b) 4 : 3 $\quad$ c) 2 : 3 $\quad$ d) 3 : 5

6. a) Vergrößert um 44 % $\quad$ b) Verkleinert um 51 %

Im Blickpunkt: Volumen bei zueinander ähnlichen Quadern

65 1. a) bis c)

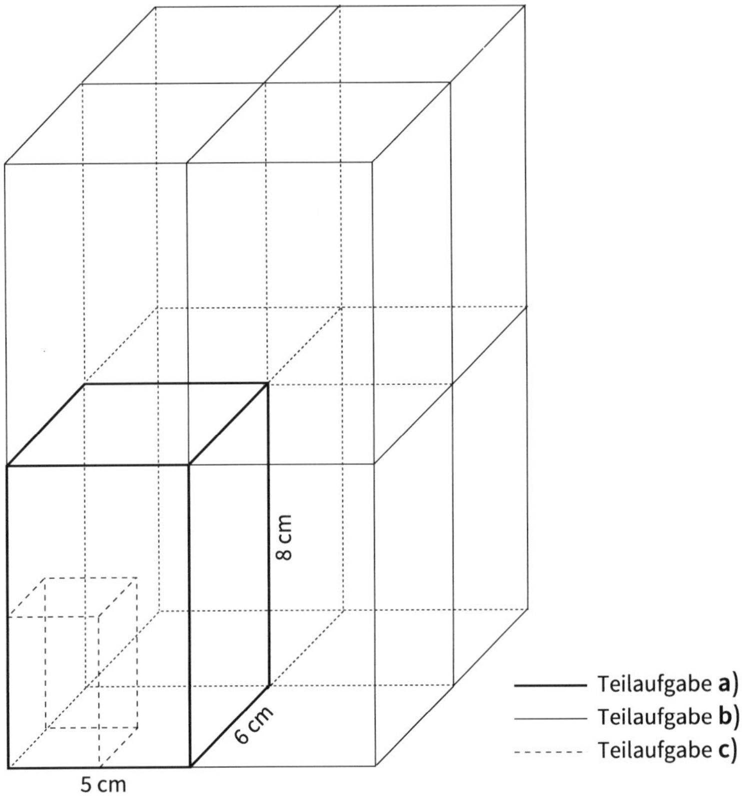

d) $V_a = 240\,cm^3$
$V_b = 2a \cdot 2b \cdot 2c = 8\,abc = 1\,920\,cm^3 = 8 \cdot V_a$
$V_c = \frac{1}{2}a \cdot \frac{1}{2}b \cdot \frac{1}{2}c = \frac{1}{8}abc = 30\,cm^3 = \frac{1}{8} \cdot V_a$

2. Man erhält dann den vergrößerten Quader (siehe Bild zur Lösung von Aufgabe 1.) Wenn man die Kantenlängen des Quaders wie in Aufgabe 1 b) verdoppelt, verachtfacht sich das Volumen des Quaders.

3. $V = a \cdot b \cdot c$ $\quad a' = 3a$ $\quad b' = 3 \cdot b$ $\quad c' = 3 \cdot c$
$V' = a' \cdot b' \cdot c' = 3 \cdot a \cdot 3 \cdot b \cdot 3 \cdot c = 27 \cdot a \cdot b \cdot c = 27V$
Weder Lena noch Max haben Recht. Da alle Kantenlängen verdreifacht werden, vergrößert sich das Volumen auf das 27-Fache: $3^3 = 27$

4. Für den Quader Q mit den Seitenlängen a, b, c und den Quader Q′ mit den Seitenlängen $k \cdot a$, $k \cdot b$, $k \cdot c$ gilt:
$V_Q = a \cdot b \cdot c$ und $V_{Q'} = (k \cdot a) \cdot (k \cdot b) \cdot (k \cdot c) = k^3 \cdot a \cdot b \cdot c = k^3 \cdot V_Q$

65 **5.** $O = 2 \cdot (ab + bc + ac)$ $\quad a' = 2a \quad b' = 2b \quad c' = 2c$

$O' = 2 \cdot (a'b' + b'c' + a'c') = 2 \cdot (4ab + 4bc + 4ac)$
$= 2 \cdot 4 \cdot (ab + bc + ac) = 4 \cdot O$

$O = 2 \cdot (ab + bc + ac)$ $\quad a' = \frac{1}{2}a \quad b' = \frac{1}{2}b \quad c' = \frac{1}{2}c$

$O' = 2 \cdot (a'b' + b'c' + a'c') = 2 \cdot \left(\frac{1}{4}ab + \frac{1}{4}bc + \frac{1}{4}ac\right)$
$= 2 \cdot \frac{1}{4} \cdot (ab + bc + ac) = \frac{1}{4} \cdot O$

6. **a)** Nein, denn der Quader für 2014 ist 8-mal so groß wie der Quader für 2013.

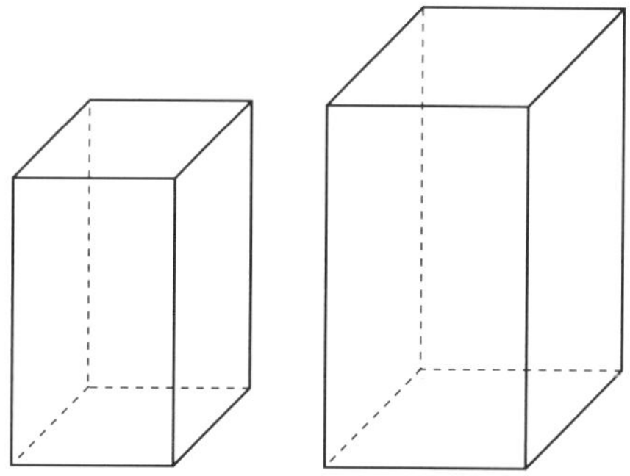

b) Das Volumen des Quaders vergrößert sich auf das 1,64-Fache.
Wir suchen eine Vergrößerungs-Faktor k, für den gilt: $k^3 = 1{,}64$.
Durch Probieren findet man: Der Faktor für die Verlängerung der Kanten ist ungefähr 1,18, denn $1{,}18^3 \approx 1{,}64$.

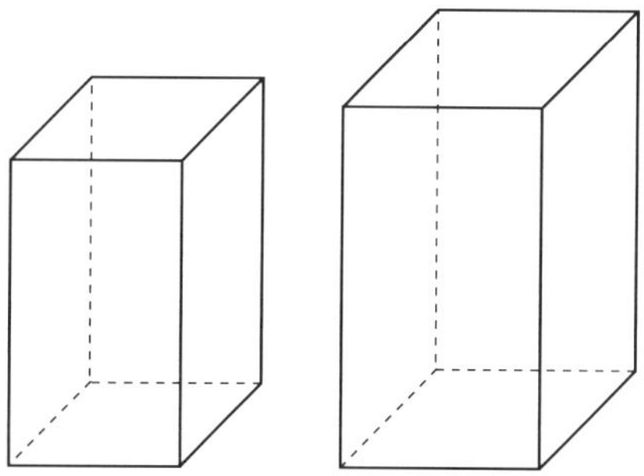

c) –

Auf den Punkt gebracht: Arbeit im Team organisieren

67 **Obere Arbeitsaufträge:**

a)

$A0 = 1\ m^2$	$a_1 = 118{,}9\,cm$	$b_1 = 84{,}1\,cm$
$A1 = 0{,}5\ m^2$	$a_2 = 84{,}1\,cm$	$b_2 = 59{,}5\,cm$
$A2 = 0{,}25\ m^2$	$a_3 = 59{,}5\,cm$	$b_3 = 42{,}0\,cm$
$A3 = 12{,}5\,dm^2$	$a_4 = 42{,}0\,cm$	$b_4 = 29{,}7\,cm$
$A4 = 625\,cm^2$	$a_5 = 29{,}7\,cm$	$b_5 = 21{,}0\,cm$
$A5 = 312{,}5\,cm^2$	$a_6 = 21{,}0\,cm$	$b_6 = 14{,}9\,cm$
$A6 = 156{,}25\,cm^2$	$a_7 = 14{,}9\,cm$	$b_7 = 10{,}5\,cm$

$k = \frac{\sqrt{2}}{2} \approx 0{,}707$

67 **Obere Arbeitsaufträge:**

b) Bedingung 3 ist erfüllt, da das Startvoraussetzung ist, Bedingung 2 ist erfüllt, da jedes nächst kleinere Rechteck einen halb so großen Flächeninhalt hat. Bedingung 1 ist erfüllt, da
$$\frac{a_0}{b_0} = \frac{a_1}{b_1} = \frac{a_2}{b_2} = \frac{a_3}{b_3} = \frac{a_4}{b_4} = \frac{a_5}{b_5} = \frac{a_6}{b_6} = \sqrt{2}$$

Untere Arbeitsaufträge:

a) Weil bei 141 % die zu kopierende Fläche verdoppelt und bei 71 % die Fläche halbiert wird, man also bei 141 % von DIN A4 auf DIN A3 vergrößern und umgekehrt bei 71 % von DIN A4 auf DIN A5 verkleinern kann.

b) Die Fläche wird 4-mal so groß, ist also DIN A2.

c) Faktor $\frac{\sqrt{2}}{4} \approx 0{,}35$ bzw. 35 %

2.3 Zentrische Streckung

68 **Einstieg:**

Siehe auch Aufgabe 1 mit Lösung auf Seite 68 des Schülerbandes und die Information auf Seite 69 des Schülerbandes.

69 **2.** Strecke und Bildstrecke sind zueinander parallel. Die Bildstrecke ist 2,5-mal so lang wie die Strecke. Winkel und Bildwinkel sind gleich groß. Der Flächeninhalt des Bilddreiecks ist $2{,}5^2 = 2{,}25$-mal so groß wie der Flächeninhalt des Dreiecks.

A′(−1 | 0); B′(11,5 | 0); C′(6,5 | 7,5)

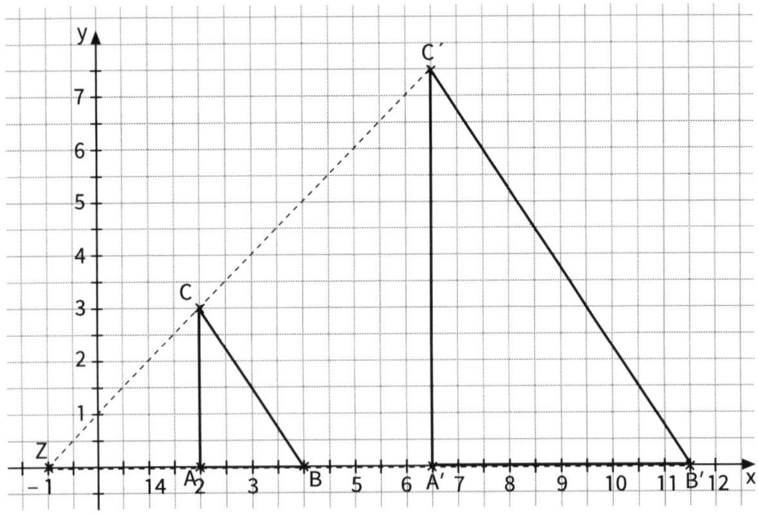

69

3. a)

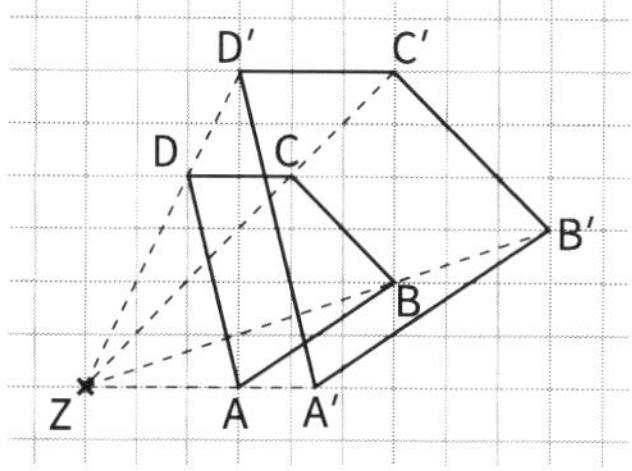

b) –

c) *Beispiele:*

(1)

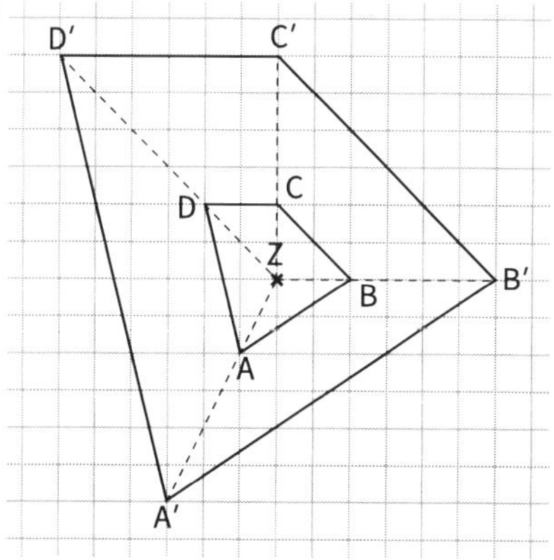

(2)

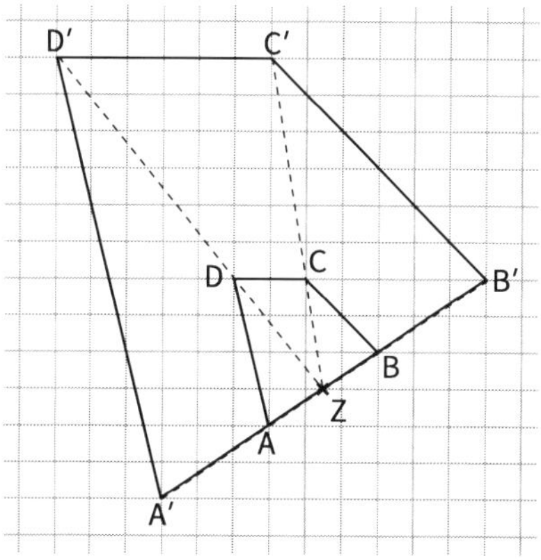

(3)

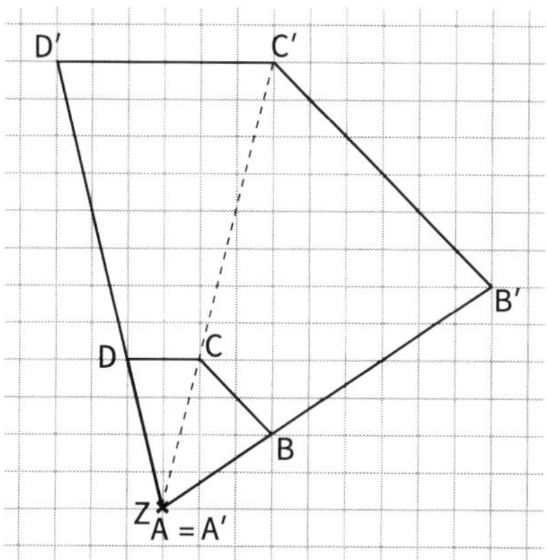

69 **4.** a) A′(−4|2), B′(8|2), C′(8|6), D′(0|10)

b) A′(−1|−1), B′(2|−1), C′(2|0), D′(0|1)

c) A′(−11|−3), B′(−3|4), C′(4|2), D′(−6|7)

70 **5.** a) $k = 1{,}5$ b) $k = 2$ c) $k = 0{,}5$

6. a) Z(2|−2); $k = 3$ b) Z(1|2); $k = 4$ c) Z(−4|4); $k = \frac{1}{2}$

7. a) Keine zentrische Streckung.

b) Zentrische Streckung mit Z(4|2); $k = \frac{1}{2}$.

c) Keine zentrische Streckung.

8. a) (1) $k = \frac{5}{3}$ (2) $k = \frac{3}{5}$ (3) $k = 1$

b) (1) Der Streckfaktor wird kleiner und nähert sich immer mehr der 1. Bei P = Q ist der Streckfaktor 1.

(2) Der Streckfaktor wird immer größer.

c) (1) $k = \frac{3}{5}$ (2) $k = \frac{5}{3}$ (3) $k = 1$

9. –

10. (1) Z ist der Schnittpunkt der Diagonalen; $k = 2$

(2) Es liegt keine zentrische Streckung vor, da für die Eckpunkte kein gemeinsames Streckzentrum gefunden werden kann.

(3) Es liegt keine zentrische Streckung vor, da für die Eckpunkte kein gemeinsames Streckzentrum gefunden werden kann.

(4) Z ist der Schnittpunkt der Diagonalen; $k = 2$

71 **11.** (1) Es liegt keine zentrische Streckung vor, da z. B. die Seite $\overline{AB}$ und die Seite $\overline{A'B'}$ nicht parallel zueinander sind.

(2) Es liegt keine zentrische Streckung vor, da z. B. α und α′ verschieden groß sind.

(3) Es liegt offenbar eine zentrische Streckung vor (siehe Bild rechts). Der gemeinsame Schnittpunkt Z der Geraden A′A, B′B und C′C ist das Streckzentrum, der Streckfaktor beträgt etwa 1,5.

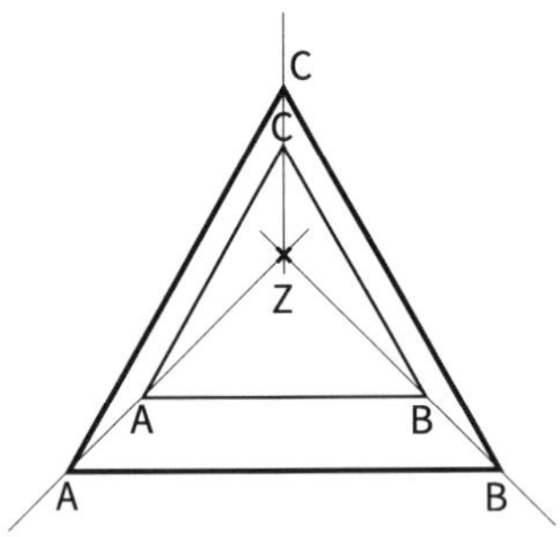

(4) Es liegt keine zentrische Streckung vor, denn: Die Strecke $\overline{A'D'}$ ist doppelt so lang wie die Strecke $\overline{AD}$, aber $\overline{A'B'}$ ist nicht doppelt so lang wie $\overline{AB}$.

71 **12.** Z(−2 | 9)
C′(−2 | 1)
k = 2

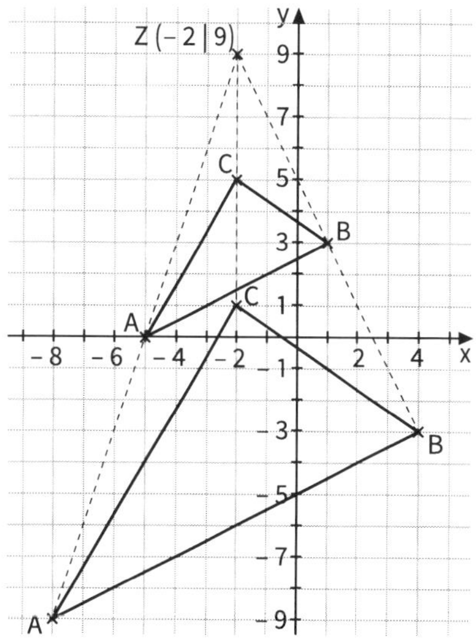

13. a = c = 12,5 cm
b = d = 6,25 cm   b′ = d′ = 6,0 cm
α = γ = 50°   α′ = γ′ = 50°
β = δ = 130°   β′ = δ′ = 130°

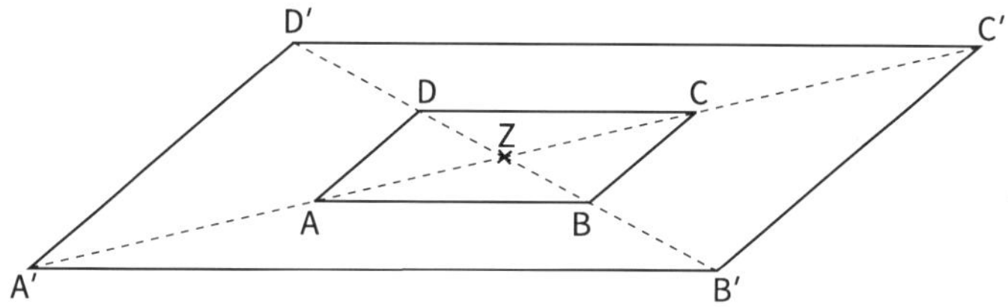

14. a) Der Streckfaktor ist $k' = \frac{1}{k}$, denn bei der Streckung von ABC auf A′B′C′ wird jede Länge mit dem Faktor k multipliziert, bei der Streckung von A′B′C′ auf ABC wird jede Länge mit dem Faktor $\frac{1}{k}$ multipliziert. Wegen $k \cdot \frac{1}{k} = 1$ wird insgesamt jede Länge mit 1 multipliziert. Da alle Strecken zueinander parallel sind und die Größe der Winkel erhalten bleibt, ist Dreieck A′B′C′ gleich dem Dreieck ABC.

b) Der Streckfaktor ist dann 1. Strecke und Bildstrecke sowie Winkel und Bildwinkel sind jeweils gleich lang bzw. gleich groß.

15. Alle Geraden durch das Streckzentrum sind Fixgeraden.

71

16. a) $a = \frac{2}{3} \cdot b$, also $a' = k \cdot a = k \cdot \frac{2}{3} \cdot b = \frac{2}{3} b \cdot k$.

Man erhält eine lineare Funktion durch den Ursprung.

Wertetabelle:

k	b	a'
0	3 cm	0 cm
0,5	3 cm	1 cm
1	3 cm	2 cm
1,5	3 cm	3 cm
2	3 cm	4 cm
3	3 cm	6 cm
4	3 cm	8 cm
5	3 cm	10 cm

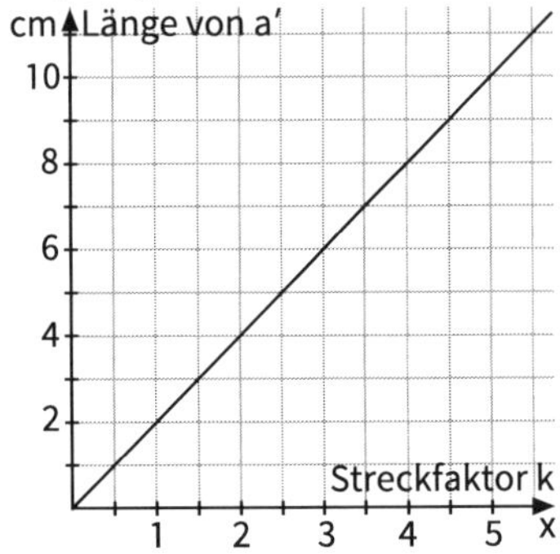

b) $A = a \cdot b$ und $a = \frac{2}{3} \cdot b$, also $A' = k^2 \cdot a \cdot b = k^2 \cdot \frac{2}{3} \cdot b \cdot b = \frac{2}{3} b^2 \cdot k^2$.

Wertetabelle:

k	b	A'
0	3 cm	0 cm^2
0,5	3 cm	1,5 cm^2
1	3 cm	6 cm^2
1,5	3 cm	13,5 cm^2
2	3 cm	24 cm^2
2,5	3 cm	37,5 cm^2
3	3 cm	54 cm^2
3,5	3 cm	73,5 cm^2
4	3 cm	96 cm^2

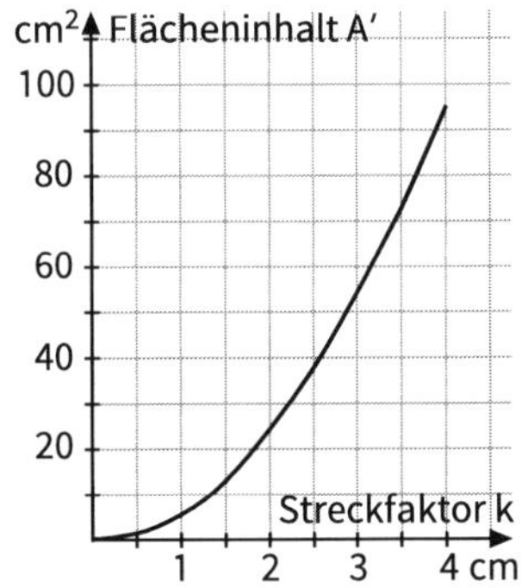

c) In Teilaufgabe a) ist der Graph gradlinig, in Teilaufgabe b) steigt der Graph schneller an.

Das kann ich noch!

A) **1)** 70,67 cm^3 **2)** 74,8 m^3 **3)** 103,68 m^3

B) **1)** 0,027 m^3 **3)** 4,3 l **5)** 2000 l

2) 5300 mm^3 **4)** 0,25 m^3 **6)** 2000 cm^3

2.4 Ähnlichkeit bei beliebigen Figuren

72 **Einstieg:**

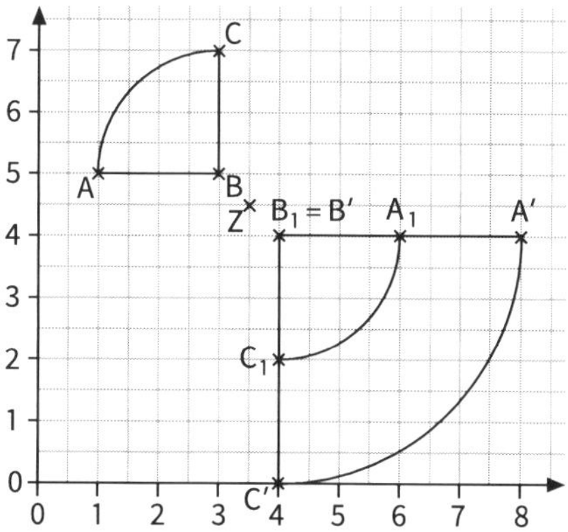

Der Viertelkreis ABC wird am Punkt Z (3,5 | 4,5) gespiegelt. Man erhält den Viertelkreis $A_1B_1C_1$. Dieser Viertelkreis wird dann mit dem Streckfaktor 2 am Streckzentrum B′ gestreckt. Man erhält dann den Viertelkreis A′B′C′ mit $B' = B_1$.
Man kann auch zunächst den Viertelkreis ABC mit dem Streckfaktor 2 am Streckzentrum B strecken und dann den erhaltenen Bildviertelkreis am Punkt Z spiegeln.

73 **2.** Mit Streckfaktor 1 erhalten wir eine zum Original kongruente Figur.
Damit ist die Bedingung laut Definition der Ähnlichkeit erfüllt und die Figuren sind somit zueinander ähnlich.

3. Z. B. durch Messen von Abständen zwischen markanten Punkten und durch Einzeichnen dieser Strecken und Messen der Winkel im Original und im Bild. Bei Ähnlichkeit muss der Winkel jeweils übereinstimmen.

4. **a)** Zueinander ähnlich
b) Nicht zueinander ähnlich, da die Halbkreisradien sich zwar verdoppelt haben, die offen liegenden Sehnenabschnitte jedoch gleich lang geblieben sind.
c) Nicht zueinander ähnlich, Mittelpunktswinkel ist verändert.
d) Zueinander ähnlich

2.5 Ähnlichkeitssatz für Dreiecke

74 **Einstieg:**
Die Dreiecke A (1) und B (1) sind ähnlich zueinander.
Die Dreiecke A (2) und B (2) sind ähnlich zueinander.
Die Dreiecke A (3) und B (3) sind ähnlich zueinander.
Die Dreiecke A (4) und B (4) sind ähnlich zueinander.

75

2. a) $\frac{a}{a^*} = \frac{b}{b^*} = \frac{c}{c^*}$
   b) $\frac{a}{c^*} = \frac{b}{a^*} = \frac{c}{b^*}$
   c) Nicht ähnlich zueinander.
   d) $\frac{a}{a^*} = \frac{b}{c^*} = \frac{c}{b^*}$
   e) Nicht ähnlich zueinander.
   f) $\frac{a}{c^*} = \frac{b}{b^*} = \frac{c}{a^*}$

3. Die Dreiecke ABC und DEC sind ähnlich zueinander, da sie sogar in der Größe von drei Winkeln übereinstimmen, denn:
   Die beiden Winkel bei C sind Stufenwinkel, also gleich groß.
   Die Winkel bei A und D sind Wechselwinkel an geschnittenen Parallelen, also gleich groß. Die Winkel bei B und E sind Wechselwinkel an geschnittenen Parallelen, also gleich groß.

4. (1)

$a \approx 2{,}8\,cm$	$a' \approx 2{,}1\,cm$
$b \approx 3{,}7\,cm$	$b' \approx 2{,}8\,cm$
$c = 4{,}8\,cm$	$c' = 3{,}6\,cm$
$\alpha = 35°$	$\alpha' = 35°$
$\beta = 50°$	$\beta' = 50°$
$\gamma = 95°$	$\gamma' = 95°$

   Maßstab 1 : 0,75

   (2)

$a \approx 2{,}8\,cm$	$a' \approx 4{,}1\,cm$
$b \approx 3{,}7\,cm$	$b' \approx 5{,}5\,cm$
$c = 4{,}8\,cm$	$c' = 7{,}2\,cm$
$\alpha = 35°$	$\alpha' = 35°$
$\beta = 50°$	$\beta' = 50°$
$\gamma = 95°$	$\gamma' = 95°$

   Maßstab 1 : 1,5

5. Dreieck DBE ist ähnlich zu Dreieck ABC, da die Winkel übereinstimmen (Seiten sind zueinander parallel). Entsprechend ist Dreieck ADF ähnlich zu Dreieck ABC, also ist Dreieck ADF auch ähnlich zu Dreieck DBE.

6. Die Vierecke sind im Allgemeinen nicht ähnlich zueinander.
   Beispiel:
   Rechteck ABCD mit den Seiten $a = 5\,cm$ und $b = 3\,cm$ hat vier rechte Winkel.
   Rechteck EFGH mit den Seiten $e = 4\,cm$ und $f = 3\,cm$ hat auch vier rechte Winkel.
   ABCD ist nicht ähnlich zu EFGH, denn $a : e = 5 : 4 = 1\frac{1}{4}$ und $b : f = 3 : 3 = 1$.

7. a) (1) *Satz:* Gleichschenklige Dreiecke sind schon ähnlich zueinander, wenn sie in der Größe eines Winkels übereinstimmen.
   Beweis: Wenn die Dreiecke in den Winkeln an der Spitze übereinstimmen, dann sind auch die Basiswinkel gleich groß. Wenn die Dreiecke in einem Basiswinkel übereinstimmen, dann sind auch der andere Basiswinkel sowie der Winkel an der Spitze gleich groß.
   Die Dreiecke stimmen also sogar in drei Winkeln überein und sind somit ähnlich zueinander.
   (2) *Satz:* Gleichschenklige Dreiecke sind schon ähnlich zueinander, wenn sie in den Längenverhältnissen der Basisseiten und eines Schenkels übereinstimmen.
   Beweis: Da die Schenkel jeweils gleich lang sind, stimmen die Dreiecke in den Längenverhältnissen aller drei Seiten überein und sind somit ähnlich zueinander.

75 7. b) (1) *Satz:* Rechtwinklige Dreiecke sind schon ähnlich zueinander, wenn sie in der Größe eines weiteren Winkels übereinstimmen.
Beweis: Die Dreiecke stimmen dann in der Größe zweier Winkel überein und sind damit ähnlich zueinander.
(2) *Satz:* Rechtwinklige Dreiecke sind schon ähnlich zueinander, wenn sie in den Längenverhältnissen zweier Seiten übereinstimmen.
Beweis: Die Dreiecke stimmen auch im rechten Winkel (liegt ggf. der größeren Seite gegenüber) überein und sind damit ähnlich zueinander.
c) *Satz:* Alle gleichseitigen Dreiecke sind ähnlich zueinander.
Beweis: Alle Winkel sind 60° groß. Die Dreiecke sind also ähnlich zueinander.
d) Satz: Alle rechtwinklig-gleichschenkligen Dreiecke sind ähnlich zueinander.
Beweis: Der rechte Winkel ist Winkel an der Spitze, da das Dreieck sonst zwei rechte Winkel hätte. Die Basiswinkel sind alle 45° groß. Die Dreiecke sind also ähnlich zueinander.

2.6 Beweisen mithilfe des Ähnlichkeitssatzes

76 **Einstieg:**

C $\mu = \alpha$, denn
E sie sind Stufenwinkel zueinander.
R ABC ist ähnlich zu NMC, denn
I sie stimmen in zwei Winkeln überein.
G Einander entsprechende Punkte $A \leftrightarrow N,\ B \leftrightarrow M,\ C \leftrightarrow C$.
N Ähnlichkeitsfaktor $k = \frac{|CM|}{|BC|} = \frac{1}{2}$, denn
O N ist Mittelpunkt von $\overline{BC}$.
L $\frac{|NM|}{|AB|} = \frac{1}{2}$; also
A $|NM| = \frac{1}{2}|AB|$

77 2. Die beiden Dreiecke haben den rechten Winkel und den Winkel bei S gemeinsam, sind also ähnlich zueinander.
Es gilt: $\frac{|AB|}{|CD|} = \frac{|SB|}{|SC|} = \frac{|AS|}{|SD|}$

3. Die Dreiecke ABC und ABD sind zueinander ähnlich. Nach Voraussetzung ist $|CA| = |CB|$ und $|AB| = |AD|$.
Daraus folgt $\frac{|CB|}{|AB|} = \frac{|CA|}{|AD|}$.
Außerdem haben beide Dreiecke den Winkel bei B gemeinsam, der bei beiden Dreiecken nicht von den gleichlangen Seiten eingeschlossen wird (analog zu ssw).
Damit sind die Dreiecke ABC und ABD ähnlich zueinander.

77 4. *Behauptung:*
Der Diagonalenschnittpunkt M teilt die Diagonalen im Verhältnis 1 : 4.
Beweis:
Die Dreiecke MCD und MAB sind ähnlich zueinander, denn:
$\varepsilon_1 = \varepsilon_2$ (Scheitelwinkel)
$\alpha_1 = \beta_1$ (Wechselwinkel an Parallelen)
Der Ähnlichkeitsfaktor ist $k = \frac{|CD|}{|AB|} = \frac{1}{4}$.
Für die Diagonalenabschnitte gilt also auch:
$|CM| : |MA| = 1 : 4$ und $|DM| : |MB| = 1 : 4$

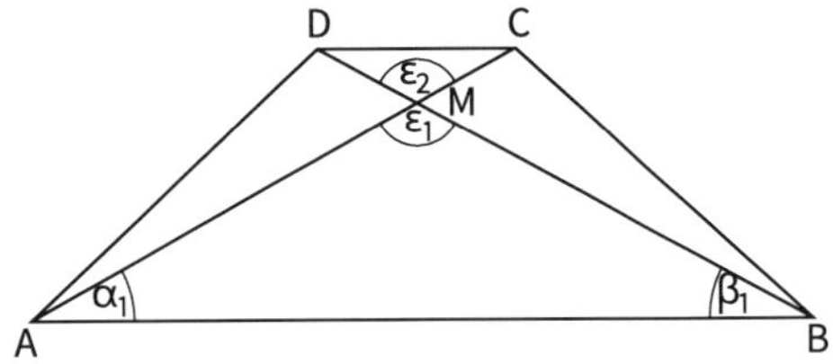

5. a) Die Dreiecke ABC und EFC stimmen in dem Winkel bei C und wegen EF ∥ AB nach dem Stufenwinkelsatz auch in den Winkeln bei A und E bzw. bei B und F überein. Die Dreiecke ABC und EFG sind also nach dem Ähnlichkeitssatz ähnlich zueinander.
b) Die Dreiecke ABC und EFC sind zueinander ähnlich. Der Flächeninhalt des Dreiecks ABC ist die Summe der Flächeninhalte des Dreiecks EFC und des Trapezes ABFE.
Die Flächeninhalte des Dreiecks EFC und des Trapezes ABFE verhalten sich wie $4 : 9$. Dann verhält sich der Flächeninhalt des Dreiecks EFC zum Flächeninhalt des Dreiecks ABC wie $4 : (4 + 9)$, also wie $4 : 13$. Nach dem Satz von Seite 64 des Schülerbandes gilt:
$k^2 = 4 : 13$, also $k = 2 : \sqrt{13}$

2.7 Strahlensätze

78 **Einstieg:**

a) *Verfahren 1:*
Da die Sonnenstrahlen zueinander parallel sind, sind die beiden Dreiecke ähnlich zueinander.
Der Ähnlichkeitsfaktor ist $k = \frac{12{,}50\,\text{m}}{2{,}50\,\text{m}} = 5$.
Für die Höhe h des Baumes gilt also: $h = k \cdot 1{,}55\,\text{m} = 5 \cdot 1{,}55\,\text{m} = 7{,}75\,\text{m}$
Verfahren 2:
Da der Stab und die Mittellinie des Baumes zueinander parallel sind, sind die beiden Dreiecke ähnlich zueinander. Der Ähnlichkeitsfaktor ist $k = \frac{9{,}60\,\text{m}}{2{,}45\,\text{m}} = \frac{197}{49}$.
Für die Höhe h des Baumes gilt also: $h = k \cdot 1{,}80\,\text{m} = \frac{197}{49} \cdot 1{,}80\,\text{m} \approx 7{,}05\,\text{m}$

78 **Einstieg:**

b) Beim ersten Verfahren geht man vom Fußpunkt des Baumes aus und nutzt die Parallelität der Sonnenstrahlen.
Beim zweiten Verfahren geht man vom Ende des Baumschatten S aus und nutzt, dass Stab und Baum senkrecht stehen, also parallel zueinander sind.

c) –

80 **2.** Nach dem ersten Strahlensatz gilt:

$$\frac{|SA_1|}{|SA_2|} = \frac{|SB_1|}{|SB_2|}$$

$$|SA_1| = \frac{|SB_1|}{|SB_2|} \cdot |SA_2| = \frac{|SB_1|}{|SB_2|} \cdot (|SA_1| + |A_1A_2|) = \frac{|SB_1|}{|SB_1| + |B_1B_2|} \cdot (|SA_1| + |A_1A_2|)$$

Wir setzen die gegebenen Werte in diese Gleichung ein und isolieren $|SA_1|$:

$$|SA_1| = \frac{500\,\text{m}}{500\,\text{m} + 10\,\text{m}} \cdot (|SA_1| + 13\,\text{m})$$

$$|SA_1| = \frac{50\,\text{m}}{51\,\text{m}} \cdot |SA_1| + \frac{50\,\text{m}}{51\,\text{m}} \cdot 13\,\text{m} \qquad \left| -\frac{50\,\text{m}}{51\,\text{m}} \cdot |SA_1|\right.$$

$$\frac{1}{51} \cdot |SA_1| = \frac{650\,\text{m}}{51\,\text{m}}$$

$$|SA_1| = 650\,\text{m}$$

Die Strecke $\overline{SA_1}$ ist 650 m lang.

Es gilt hier: $\frac{|A_1A_2|}{|SA_1|} = \frac{13\,\text{m}}{650\,\text{m}} : \frac{10\,\text{m}}{500\,\text{m}} = \frac{|B_1B_2|}{|SB_1|}$

81 **3.** **a)** Wenn man die Lage des Punktes B verändert, ändert sich auch die Lage des Punktes D, da AC und BD zueinander parallel sind.
Es gilt immer: $\frac{|SB|}{|SA|} = \frac{|SD|}{|SC|}$ (1. Strahlensatz)

b) –

c) Für das Verhältnis $\frac{|AC|}{|BD|}$ gilt: $\frac{|AC|}{|BD|} = \frac{|SA|}{|SB|}$ (2. Strahlensatz)

d) *Erster Strahlensatz:*
Vorüberlegung:
Wähle einen Punkt A_1' auf a und einen Punkt B_1' auf b, sodass S die Strecken $|A_1A_1'|$ und $|B_1B_1'|$ halbiert. Wegen $|A_1S| = |SA_2'|$ und $|B_1S| = |SB_1'|$ sowie $\varepsilon = \varepsilon'$ sind die Dreiecke A_1SB_1 und $A_1'SB_1'$ zueinander kongruent, entsprechende Winkel dieser Dreiecke also gleich groß.

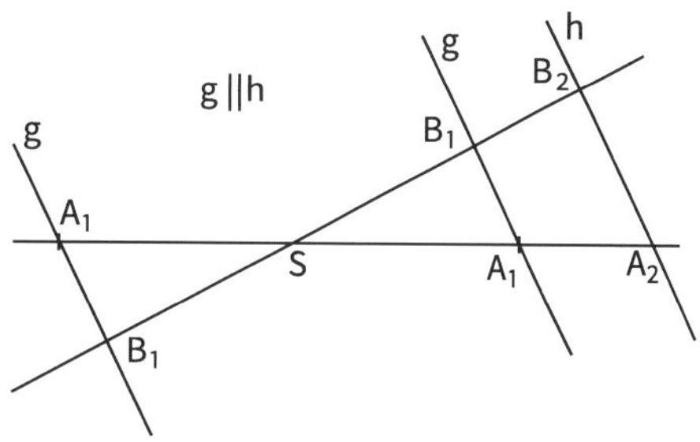

Nach Umkehrung des Stufenwinkelsatzes sind die Geraden g und g' parallel zueinander, damit sind auch die Geraden g' und h parallel zueinander.
Weiterhin gilt dann auch $|A_1B_1| = |A_1'B_1'|$.

81 **3. d)** Fortsetzung

Beweis des 1. Strahlensatzes für sich schneidende Geraden:

$\frac{|SA_1|}{|SB_1|} = \frac{|SA_1'|}{|SB_1'|}$ (wegen $|SA_1| = |SA_1'|$ und $|SB_1| = |SB_1'|$)

$= \frac{|SA_2|}{|SB_2|}$ (und nach dem 1. Strahlensatz für Halbgeraden)

Daraus folgt: $\frac{|SA_1|}{|SA_2|} = \frac{|SB_1|}{|SB_2|}$.

Zweiter Strahlensatz:

Vorüberlegung wie zum 1. Strahlensatz.

Beweis des 2. Strahlensatzes für sich schneidende Geraden

$\frac{|SA_1|}{|SA_2|} = \frac{|SA_1'|}{|SA_2'|}$ (wegen $|SA_1| = |SA_1'|$)

$= \frac{|A_1'B_1'|}{|A_2B_2|}$ (nach dem 2. Strahlensatz für Halbgeraden)

$= \frac{|A_1B_1|}{|A_2B_2|}$ (wegen $|A_1'B_1'| = |A_1B_1|$)

82 **4. a)** 1. Strahlensatz; Kehrwert bilden

b) 1. Strahlensatz; Multiplizieren mit $\frac{|SB_1|}{|SA_2|}$

c) 2. Strahlensatz; Kehrwert bilden

d) 2. Strahlensatz; Multiplizieren mit $\frac{|SA_2|}{|A_1B_1|}$

e) 2. Strahlensatz; Kehrwert bilden

f) 2. Strahlensatz; Multiplizieren mit $\frac{|SB_2|}{|A_1B_1|}$

5. a) 3,5 cm **b)** 3,5 cm **c)** 4,4 cm

6. Beide Wege sind richtig. Der Weg von Finn ist jedoch einfacher, da weniger Schritte benötigt werden.

7. $\frac{|AB|}{|\overline{EF}|} = \frac{|PA|}{|PE|}$, also $|AB| = 105{,}875\,\text{m} \approx 106\,\text{m}$

8. Der Stab wird so ausgerichtet, dass sein Schatten genau mit dem Schatten des Turmes endet. Da Turm und Stab parallel zueinander sind und gemeinsam die Spitze des Schattens haben, gilt der 2. Strahlensatz:

$\frac{h}{s} = \frac{d}{b}$, also $h = \frac{d}{b} \cdot s = \frac{28{,}0\,\text{m}}{3{,}7\,\text{m}} \cdot 2{,}2\,\text{m} \approx 16{,}65\,\text{m}$

Der Turm ist ungefähr 17 m hoch.

83 **9.** Da sowohl die Stange als auch die Granitwand senkrecht zum Erdboden sind, sind beide parallel zueinander. Man erhält also eine Strahlensatzfigur. Mithilfe des 2. Strahlensatzes ergibt sich die Gleichung:

$\frac{x}{3\,\text{m}} = \frac{160\,\text{m}}{5\,\text{m}}$, also $x = \frac{160\,\text{m}}{5\,\text{m}} \cdot 3\,\text{m} = 96\,\text{m}$.

Die Wand ist 96 m hoch, also ungefähr 100 m.

83

10. a) $\frac{|PU|}{|UV|} = \frac{|PQ|}{|QR|}$ c) $\frac{|UV|}{|PV|} = \frac{|QR|}{|PR|}$ e) $\frac{|QR|}{|PR|} = \frac{|UV|}{|PV|}$

b) $\frac{|QR|}{|PQ|} = \frac{|UV|}{|PU|}$ d) $\frac{|PV|}{|UV|} = \frac{|PR|}{|QR|}$ f) $\frac{|PQ|}{|QR|} = \frac{|PU|}{|UV|}$

11. a) 2 cm b) 3 cm c) 4,8 cm d) 0,6 cm

12. (1) $\frac{|KL|}{|KM|} = \frac{|ON|}{|OM|}$ wäre richtig (3) richtig

(2) $\frac{|ML|}{|MN|} = \frac{|MK|}{|MO|}$ wäre richtig (4) richtig

84

13. a) $p_2 = 8{,}1\,cm$, $s_2 = 10{,}8\,cm$ c) $s_1 = 3{,}5\,cm$, $t_1 = 4{,}2\,cm$ e) $p_1 = 3{,}15\,m$, $s_2 = 9{,}6\,m$

b) $t_1 = 6\,cm$, $s_2 = 8{,}8\,cm$ d) $t_2 = 5{,}5\,cm$, $p_1 = 2{,}4\,cm$ f) $t_1 = 3{,}6\,km$, $p_2 = 5{,}85\,km$

14. a) (1) $\frac{|SB|}{|SA|} = \frac{|SQ|}{|SP|}$ (4) $\frac{|SR|}{|SQ|} = \frac{|SC|}{|SB|}$ (7) $\frac{|SP|}{|PQ|} = \frac{|SA|}{|AB|}$

(2) $\frac{|SP|}{|SR|} = \frac{|SA|}{|SC|}$ (5) $\frac{|SR|}{|SQ|} = \frac{|SC|}{|SB|}$ (8) $\frac{|SQ|}{|QR|} = \frac{|SB|}{|BC|}$

(3) $\frac{|SC|}{|SA|} = \frac{|SR|}{|SP|}$ (6) $\frac{|SB|}{|SA|} = \frac{|SQ|}{|SP|}$ (9) $\frac{|AC|}{|SB|} = \frac{|PR|}{|SQ|}$

b) (1) $\frac{|AP|}{|BQ|} = \frac{|SA|}{|SB|} = \frac{|SP|}{|SQ|}$ (4) $\frac{|SP|}{|PA|} = \frac{|SR|}{|RC|}$ (7) $\frac{|SC|}{|CR|} = \frac{|SB|}{|BQ|}$

(2) $\frac{|BQ|}{|CR|} = \frac{|SQ|}{|SR|} = \frac{|SB|}{|SC|}$ (5) $\frac{|BQ|}{|SB|} = \frac{|AP|}{|SA|}$ (8) $\frac{|SQ|}{|BQ|} = \frac{|SP|}{|AP|}$

(3) $\frac{|AP|}{|SA|} = \frac{|CR|}{|SC|}$ (6) $\frac{|SB|}{|QB|} = \frac{|SC|}{|RC|}$

15. a) *Erste Strahlensatzfigur:*
Anfangspunkt A;
Halbgeraden $\overline{AC}$ und $\overline{AF}$;
Parallelen BE und CF

Zweite Strahlensatzfigur:
Anfangspunkt C;
Halbgeraden $\overline{CA}$ und $\overline{CF}$;
Parallelen BD und AF

b) (1) $\frac{|AB|}{|AC|} = \frac{|AE|}{|AF|}$ (Erste Strahlensatzfigur)

(2) $\frac{|CD|}{|CF|} = \frac{|CB|}{|CA|}$ (Zweite Strahlensatzfigur)

(3) $\frac{|AF|}{|AE|} = \frac{|AC|}{|AB|}$ (Erste Strahlensatzfigur)

(4) $\frac{|AC|}{|BC|} = \frac{|CF|}{|CD|}$ (Zweite Strahlensatzfigur)

84 **15. c)** (1) $\frac{|AB|}{|AC|} = \frac{|BE|}{|CF|}$ (Erste Strahlensatzfigur)

(2) $\frac{|BD|}{|AF|} = \frac{|CB|}{|CA|}$ (Zweite Strahlensatzfigur)

(3) $\frac{|CD|}{|CF|} = \frac{|DB|}{|FA|}$ (Zweite Strahlensatzfigur)

(4) $\frac{|BE|}{|CF|} = \frac{|AB|}{|AC|}$ (Erste Strahlensatzfigur)

16. a) $\frac{|XV|}{|XZ|} = \frac{|XU|}{|XY|}$, $\frac{|XV|}{|XZ|} = \frac{|VU|}{|ZY|}$ **b)** $\frac{e}{b} = \frac{d}{b'}$, $\frac{e}{b} = \frac{f}{c}$

17. a) $s_2 = 6\,cm$, $p_2 = 7{,}5\,cm$
b) $t_1 = 4{,}2\,cm$, $p_2 = 10\,cm$
c) $s_2 = 10\,cm$, $t_2 = 7{,}5\,cm$

85 **18. a)** Richtig wäre: $\frac{|RS|}{|QT|} = \frac{|RP|}{|PQ|}$ **c)** Richtig wäre: $\frac{d}{c+d} = \frac{q}{p}$

b) Richtig wäre: $\frac{|uv|}{|yz|} = \frac{|vx|}{|xz|}$

19. a) $\frac{g}{b} = \frac{G}{B}$

b) $G = \frac{g \cdot B}{b} = \frac{3\,000\,cm}{12\,cm} \cdot 4\,cm = 1\,000\,cm = 10\,m$
Der Baum ist 10 m hoch.

c) $g = \frac{G}{B} \cdot b = \frac{1\,000\,cm}{6\,cm} \cdot 12\,cm = 2\,000\,cm = 20\,m$
Der zweite Baum ist 20 m von der Kamera entfernt.

d) Der Gegenstand darf so weit von der Kamera entfernt sein, dass das Bild noch auf die Hinterwand der Box passt.

20. Druckfehler in der 1. Auflage: Teilaufgabe (6) entfällt.

(1) $\frac{|SA|}{|SB|} = \frac{2}{5}$ (3) $\frac{|SC|}{|SB|} = \frac{9}{10}$ (5) $\frac{|SF|}{|SE|} = \frac{|SC|}{|SB|} = \frac{9}{10}$

(2) $\frac{|SA|}{|SC|} = \frac{4}{9}$ (4) $\frac{|SD|}{|SE|} = \frac{|SA|}{|SB|} = \frac{2}{5}$

21. a) $\frac{3}{2}$ **b)** $\frac{2}{3}$ **c)** $\frac{5}{2}$ **d)** $\frac{3}{2}$ **e)** $\frac{5}{2}$

22. Man kann die Dreiecke so zusammenlegen, dass man eine Strahlensatzfigur erhält.

$\frac{h}{2\,m} = \frac{10\,m}{0{,}95\,m}$, also

$h = \frac{10\,m}{0{,}95\,m} \cdot 2\,m \approx 21\,m$

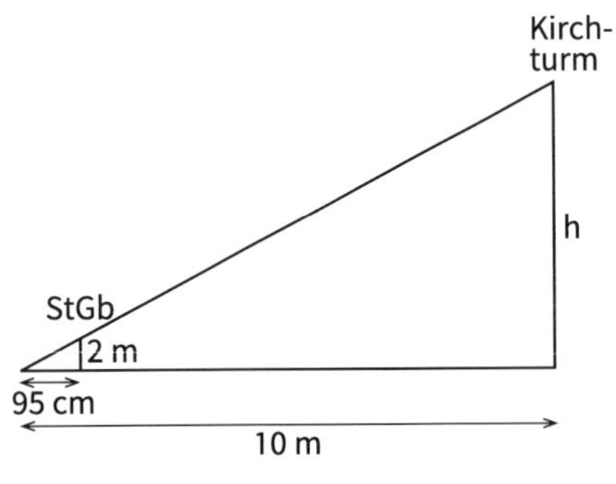

86 **23.** a) –

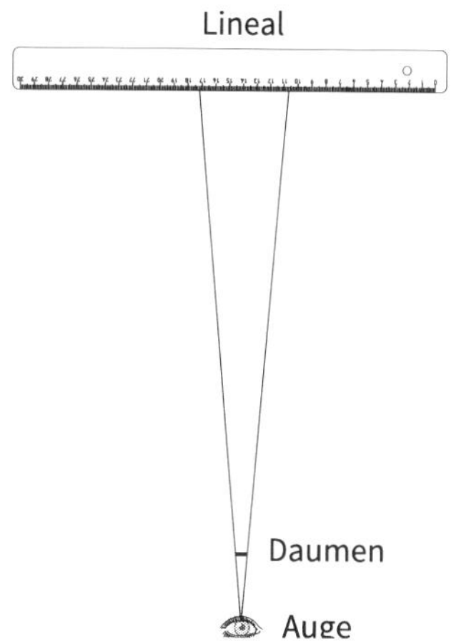

b) Je weiter man sich vom Lineal entfernt, desto mehr verdeckt der Daumen vom Lineal.

c) Man erhält eine Strahlensatzfigur.
Man setzt dabei voraus, dass man das Lineal orthogonal zur Wand anpeilt und damit der Daumen parallel zur Wand ist.

d) Der Abstand vom Auge zum Daumen sowie die Breite des Daumens bleiben immer gleich. Wenn man nun das abgedeckte Stück am Lineal abliest, kann man die Entferung zum Lineal (zur Wand) berechnen.

24. Tina ist 164,7 m vom Tor entfernt.

25. Der Mond hat einen Durchmesser von ungefähr 3 430 km.

26. a) Er ist noch 693 m vom Schloss entfernt.
b) Die Burgen sind 1,4 km auseinander.

27. a) (1) $\frac{|AB|}{|DE|} = \frac{|SA|}{|SD|} = \frac{|SB|}{|SE|} = \frac{|BC|}{|BF|}$

Aus $\frac{|AB|}{|DE|} = \frac{|BC|}{|BF|}$ folgt durch Umformen $\frac{|AB|}{|BC|} = \frac{|DE|}{|EF|}$.

(2) $\frac{|AB|}{|DE|} = \frac{|SA|}{|SD|} = \frac{|AC|}{|DF|}$

Aus $\frac{|AB|}{|DE|} = \frac{|AC|}{|DF|}$ folgt durch Umformen $\frac{|AB|}{|AC|} = \frac{|DE|}{|DF|}$.

b) $|AB| = 1{,}2\,\text{cm}$; $|SE| = 3{,}6\,\text{cm}$; $|EF| = 3\,\text{cm}$; $|SC| = 2{,}6\,\text{cm}$

87 **28.** a) (1) $\frac{|ZP|}{|ZA|} = \frac{|ZQ|}{|ZB|}$ und $\frac{|ZQ|}{|ZB|} = \frac{|QR|}{|BC|}$, also $\frac{|ZP|}{|ZA|} = \frac{|QR|}{|BC|}$

Durch Umformen erhält man $\frac{|ZP|}{|QR|} = \frac{|ZA|}{|BC|}$.

(2) $\frac{|ZP|}{|ZA|} = \frac{|PQ|}{|AB|}$ und $\frac{|ZP|}{|ZA|} = \frac{|ZQ|}{|ZB|}$ und $\frac{|ZQ|}{|ZB|}$ und $\frac{|QR|}{|BC|}$, also $\frac{|PQ|}{|AB|} = \frac{|QR|}{|BC|}$.

Durch Umformen erhält man $\frac{|PQ|}{|QR|} = \frac{|AB|}{|BC|}$.

b) $|BC| = 2\frac{25}{54}\,\text{cm} \approx 2{,}5\,\text{cm}$ $\quad$ $|BC| = 3\frac{1}{3}\,\text{cm} \approx 3{,}3\,\text{cm}$

$|AB| = 2\frac{53}{54}\,\text{cm} \approx 3{,}0\,\text{cm}$ $\quad$ $|RC| = 4{,}6\,\text{cm}$

29. Laut 2. Strahlensatz ist $\frac{1}{x} = \frac{\frac{3}{4}}{y}$. Für $x = 4$ folgt $y = \frac{3}{4} \cdot 4 = 3$. Daher führen beide Vorgehensweisen zu der gesuchten Geraden.

87 **30.** Für die Höhe h der Schnittfläche von der Spitze gilt $\frac{h}{h_1} = \frac{r_1}{r_2}$, also
$h = \frac{r_1}{r_2} \cdot h_1 = \frac{2\,\text{cm}}{5\,\text{cm}} \cdot 12\,\text{cm} = 4{,}8\,\text{cm}$, also $h_2 = 12\,\text{cm} - 4{,}8\,\text{cm} = 7{,}2\,\text{cm}$

31. Im Parallelogramm gilt: $|AB| = |CD|$.
Nach dem 2. Strahlensatz gilt:
$\frac{|AS|}{|SC|} = \frac{|AB|}{|CD|} = 1$ und $\frac{|BS|}{|SD|} = \frac{|BA|}{|DC|} = 1$, also
$|AS| = |SC|$ und $|BS| = |SD|$.

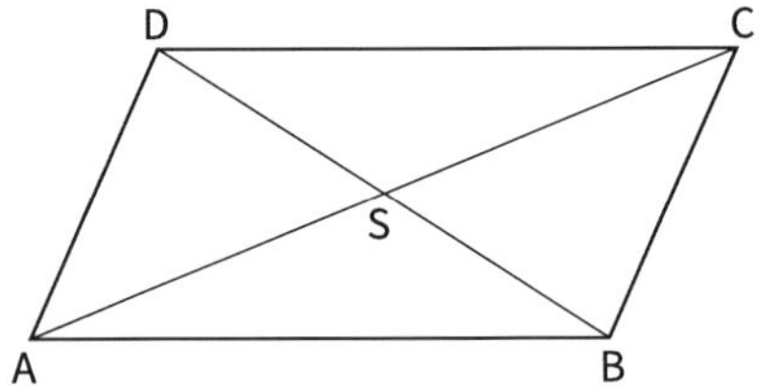

32. Man ergänzt das Trapez zum Dreieck ABS.
Für die Strahlensatzfigur erhält man dann:
$\frac{|SC|}{|CD|} = \frac{|SC| + |CB|}{|AB|}$
Einsetzen ergibt:
$\frac{|SC|}{4\,\text{cm}} = \frac{|SC| + 3\,\text{cm}}{7\,\text{cm}}$, also $|SC| = 4\,\text{cm}$
Mit den Strahlensätzen folgt:
$\frac{|EF|}{|SC| + |CE|} = \frac{|SC|}{|CD|}$
Einsetzen ergibt:
$\frac{|EF|}{4\,\text{cm} + 1\,\text{cm}} = \frac{4\,\text{cm}}{4\,\text{cm}}$, also $|EF| = 5\,\text{cm}$

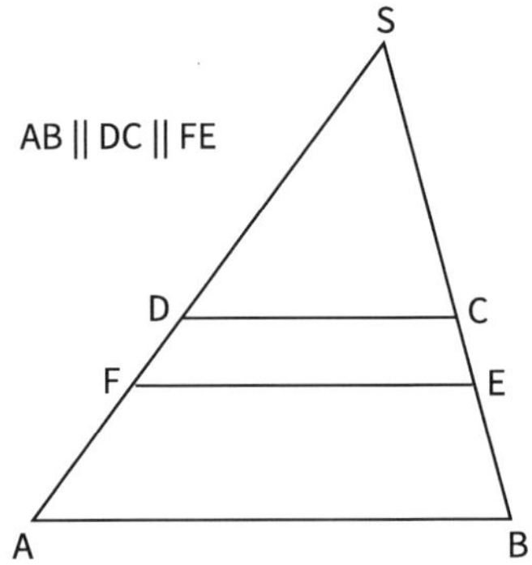

33. a) 2. Strahlensatz:
$\frac{|SB_2|}{|SA_2|} = \frac{|B_1B_2|}{|A_1A_2|}$ und $\frac{|SB_2|}{|SA_2|} = \frac{|B_2B_3|}{|A_2A_3|}$, also $\frac{|B_1B_2|}{|A_1A_2|} = \frac{|B_2B_3|}{|A_2A_3|}$

b) 1. Strahlensatz:
$\frac{|SB_2|}{|SA_2|} = \frac{|SB_1|}{|SA_1|}$ und $\frac{|SB_2|}{|SA_2|} = \frac{|SB_3|}{|SA_3|}$, also $\frac{|SB_1|}{|SA_1|} = \frac{|SB_3|}{|SA_3|}$

34. Es gilt: $\frac{x}{y} = \frac{a}{b} = \frac{u}{u+v}$

a) $\frac{x}{y} = \frac{1}{1+1} = \frac{1}{2}$

b) $\frac{x}{y} = \frac{1}{1+2} = \frac{1}{3}$

c) $\frac{x}{y} = \frac{2}{2+3} = \frac{2}{5}$

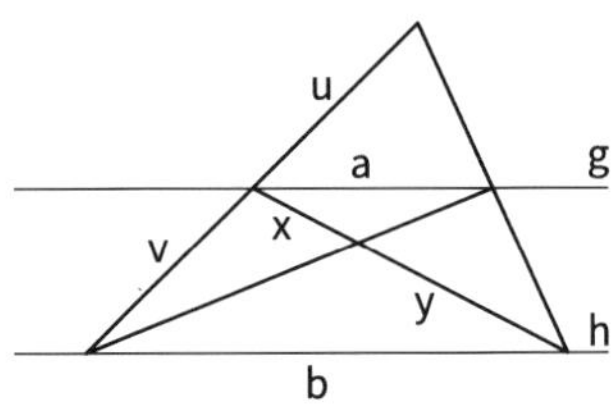

Das kann ich noch!

A) **1)** $L = \{-2; 3\}$ **2)** $L = \{0; 5\}$ **3)** $L = \{0; 4\}$ **4)** $L = \{\ \}$ **5)** $L = \{0{,}5; 1\}$ **6)** $L = \{1; 4\}$

B) $b = 5{,}75\,\text{m}$, $a = 6{,}75\,\text{m}$

2.8 Umkehren des 1. Strahlensatzes für Halbgeraden

88 **Einstieg:**

a) Kehrsatz des 1. Strahlensatzes für Halbgeraden siehe Information auf Seite 89 des Schülerbandes.

b) Die Umkehrung des 2. Strahlensatzes für Halbgeraden ist falsch.

89 1. *Umkehrung des Satzes:* Wenn $\frac{|SA_1|}{|A_1A_2|} = \frac{|SB_1|}{|B_1B_2|}$ dann $g \parallel h$.

Behauptung: Die Umkehrung ist falsch.

Beweis:

Sei $|SA_1| = 5\,\text{cm}$; $|SA_2| = 6\,\text{cm}$; $|SB_1| = 10\,\text{cm}$; $|SB_2| = 8\,\text{cm}$.

Dann gilt $\frac{|SA_1|}{|A_1A_2|} = \frac{5\,\text{cm}}{1\,\text{cm}} = 5$ und $\frac{|SB_1|}{|B_1B_2|} = \frac{10\,\text{cm}}{2\,\text{cm}} = 5$, die Voraussetzung des Satzes ist also erfüllt.

Annahme: g ist parallel zu h

Dann gilt nach dem 1. Strahlensatz $\frac{|SA_1|}{|SA_2|} = \frac{|SB_1|}{|SB_2|}$.

Einsetzen der obigen Werte ergibt:

$\frac{|SA_1|}{|SA_2|} = \frac{5\,\text{cm}}{6\,\text{cm}} = \frac{5}{6}$ bzw. $\frac{|SB_1|}{|SB_2|} = \frac{10\,\text{cm}}{8\,\text{cm}} = \frac{5}{4}$

Man erhält einen Widerspruch. Die Annahme $g \parallel h$ ist also falsch.

2. a) (1) Mit M_b als Mittelpunkt der Seite b und M_a als Mittelpunkt der Seite a gilt:

$\frac{\frac{1}{2}|CA|}{|CA|} = \frac{\frac{1}{2}|CB|}{|CB|}$, also $\frac{|CA|}{|CA|} = \frac{|CB|}{|CB|}$

Diese Gleichung ist richtig, also gilt $\frac{|CM_b|}{|CA|} = \frac{|CM_a|}{|CB|}$

Nach der Umkehrung des 1. Strahlensatzes gilt dann: $\overline{M_aM_b} \parallel \overline{AB}$.

(2) $|CM_B| = \frac{1}{2}|CA|$, also $\frac{|CM_B|}{|CA|} = \frac{1}{2}$

Nach dem 2. Strahlensatz gilt:

$\frac{|CM_B|}{|CA|} = \frac{|M_bM_a|}{|AB|} = \frac{1}{2}$, also $|M_bM_a| = \frac{1}{2}|AB|$

b) $\frac{|M_bM_a|}{|AB|} = \frac{|M_bM_a|}{|AM_c| + |M_cB|} = \frac{|M_aS|}{|AS|}$ und $|AM_c| = \frac{1}{2}|AB| = |M_cB|$, also

$\frac{|AS|}{|SM_a|} = \frac{|AM_c| + |M_cB|}{|M_bM_a|} = \frac{\frac{1}{2}|AB| + \frac{1}{2}|AB|}{|M_bM_a|}$ und $\frac{|AB|}{|M_aM_b|} = \frac{|BC|}{|M_aC|}$, also

$|M_aM_b| = \frac{|AB|}{|BC|} \cdot |M_aC| = \frac{|AB|}{|BC|} \cdot \frac{1}{2}|BC| = \frac{1}{2}|AB|$

Einsetzen ergibt: $\frac{|AS|}{|SM_a|} = \frac{\frac{1}{2}|AB| + \frac{1}{2}|AB|}{\frac{1}{2}|AB|} = \frac{|AB|}{\frac{1}{2}|AB|} = \frac{2}{1}$

Da $\overline{BM_b}$ und $\overline{AM_a}$ die Strecke $\overline{CM_c}$ jeweils im Verhältnis 2 : 1 schneiden, gehen alle drei Strecken durch den Punkt S.

89 3. a) $\frac{|SA|}{|SB|} = \frac{5}{8}$; $\frac{|SP|}{|SQ|} = \frac{2}{3}$; nicht parallel zueinander

b) $\frac{|SA|}{|SB|} = \frac{5}{9}$; $\frac{|SP|}{|SQ|} = \frac{5}{9}$; parallel zueinander

c) $\frac{|SA|}{|SB|} = \frac{7}{12}$; $\frac{|SP|}{|SQ|} = \frac{7}{12}$; parallel zueinander

4. (1) Konstruiere das Dreieck SBQ aus den drei gegebenen Seiten. (Die Konstruktion ist eindeutig nach dem Kongruenzsatz sss.)

(2) Konstruiere auf $\overline{SB}$ den Punkt A mit $|SA| = 4\,\text{cm}$.

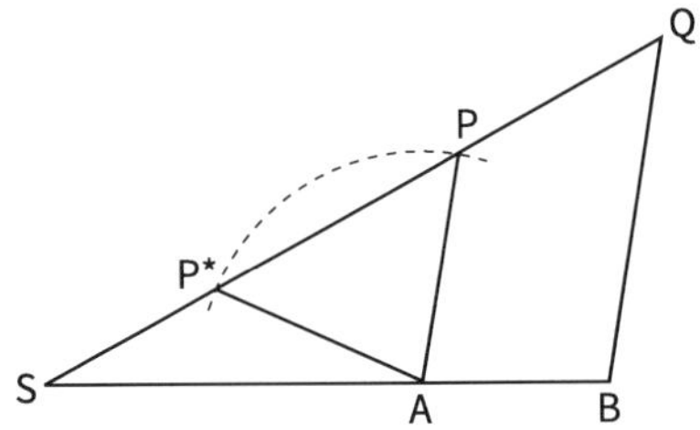

(3) Zeichne um A einen Kreisbogen mit dem Radius 2,4 cm. Da im Dreieck SAP die Seite AP nicht dem größeren Winkel gegenüberliegt, erhält man zwei Schnittpunkte P und P* mit der Geraden SQ.
Für die Strecken |SP| und |SP*| erhält man durch Messen $|SP| \approx 5\,\text{cm}$ und $|SP^*| \approx 2{,}0\,\text{cm}$.
Nach dem 1. Strahlensatz kann nur $\overline{AP} \parallel \overline{BQ}$ gelten.

Im Blickpunkt: Mess- und Zeichengeräte selbst gebaut

90 1. a) Mit dem ersten Messgerät kann man die Dicke von Brettern oder anderen Gegenständen messen. Das zweite Messgerät kann man verwenden, um zum Beispiel Öffnungen von Flaschen zu messen. Mit einem Maßband werden solche Größen nur ungenau erfasst.

b) Das Material muss fest genug sein, damit es nicht bei der Benutzung deformiert wird.
Außerdem sollte der Messkeil nicht zu dick sein, damit er gut in alle Flaschenöffnungen passt und dabei nicht das Ergebnis verfälscht.

c) –

d) Mit den Strahlensätzen erhält man:

Keilausschnitt: $\frac{x}{1\,\text{cm}} = \frac{6}{10}$, also $x = 0{,}6\,\text{cm}$

Messkeil: $\frac{x}{1\,\text{cm}} = \frac{6}{10}$, also $x = 0{,}6\,\text{cm}$

Bei diesen Maßen entsprechen also 1 cm auf dem Messgerät 0,1 cm Durchmesser des zu messenden Gegenstandes. Bei anderen Maßen könnte nicht direkt abgelesen werden, sondern es müsste mit dem Strahlensatz umgerechnet werden.

90 2. a) Hier wird der Strahlensatz angewandt. Man kann damit kleine Abstände messen (auf der linken Seite) und auf der rechten Seite werden sie vergrößert.

b) Um den Faktor $\frac{25\,\text{cm}}{5\,\text{cm}} = 5$.

c) –

3. Man kann mit dem Jakobsstab die Höhe von Gebäuden bestimmen.
Man verwendet den zweiten Strahlensatz.

91 4. Strahlensatz für sich schneidende Geraden.

5. Man kann auf das obere Dreieck den zweiten Strahlensatzes anwenden und damit Höhen bestimmen. Man muss dann noch die Höhe des eigenen Auges vom Erdboden dazu addieren.

6. a) Da je zwei Strecken von APBA′ gleich lang sind, ist APBA′ ein Parallelogramm.
Also sind $\overline{A'P'}$ und $\overline{AP}$ zueinander parallel und die Winkel bei A und bei A′ sind Stufenwinkel, also gleich groß.
Da die Dreiecke ZPA und ZP′A′ gleichschenklig sind, sind damit auch in den Dreiecken ZPA und ZP′A′ die Winkel bei Z gleich groß.
Folglich muss P′ auf der Geraden ZP liegen.

b) Bei der zentrischen Streckung soll der Punkt A auf den Punkt A′ und der Punkt P auf den Punkt P* abgebildet werden. Wir wollen zeigen, dass dann $P^* = P'$ ist.
Bei einer zentrischen Streckung von AP auf A′P* mit dem Streckzentrum Z und dem Streckfaktor $k = \frac{|A'Z|}{|AZ|}$ gilt $\frac{|ZP^*|}{|ZP|} = k$
und nach Satz von Seite 69 folgt $\overline{AP} \parallel \overline{A'P^*}$ und $\frac{|A'P^*|}{|AP|} = k$.
Aus Teilaufgabe a) ist bekannt:
$\overline{AP} \parallel \overline{A'P'}$ und P′ liegt auf der Geraden ZP.
Wegen $\overline{AP} \parallel \overline{A'P'} \parallel \overline{A'P^*}$ liegt P* auf A′P′. Nach Konstruktion liegt P* auch auf der Geraden ZP, somit folgt: $P^* = P'$.
Durch Einsetzen von P′ erhält man den Streckfaktor der dargestellten Einstellung: $\frac{|ZP'|}{|ZP|} = k = \frac{|A'Z'|}{|AZ|} = \frac{11}{4} = 2{,}75$

c) Es lassen sich alle Streckfaktoren $k = \frac{|ZA'|}{|ZA|}$ mit $|ZA'| = 1, 2, \ldots, 11$ und $|ZA| = 1, 2, \ldots, 11$ einstellen.

d) Man vertauscht P und P′.

e) –

2.9 Bruchgleichungen

2.9.1 Lösen von Bruchgleichungen

92

Einstieg:
Gleichung: $\frac{1}{x} = \frac{1}{30} + \frac{1}{20}$; $x = 12$
Zusammen würden sie 12 Minuten benötigen.

2. a) –
b) (1) $L = \mathbb{Q} \setminus \{4\}$ (2) $L = \mathbb{Q} \setminus \{0\}$ (3) $L = \mathbb{Q} \setminus \{1\}$ (4) $L = \mathbb{Q} \setminus \{2\}$

93

3. a) $x \neq 0$; $L = \left\{\frac{7}{5}\right\}$
b) $x \neq 1$; $L = \{3\}$
c) $x \neq -10$; $L = \{-7\}$
d) $x \neq \frac{5}{3}$; $L = \{1\}$
e) $x \neq -\frac{1}{3}$; $L = \left\{-\frac{2}{3}\right\}$

4. a) $x \neq 1,\ x \neq -1$; $L = \{7\}$
b) $x \neq 0,\ x \neq 5$; $L = \{-2\}$
c) $x \neq 0,\ x \neq -3$; $L = \{-18\}$
d) $x \neq 0,\ x \neq -\frac{1}{2}$; $L = \{2\}$

5. Beide Nenner können den Wert 0 nicht annehmen, da $x^2 \geq 0$, also $x^2 + 1 > 0$ und $2x^2 + 2 > 0$; $L = \left\{\frac{1}{2}\right\}$.

6. a) Z. B. $\frac{x}{x-3} = 5$
b) Z. B. $\frac{x}{x-7{,}5} = 10$
c) Z. B. $\frac{5}{x+3} = \frac{6}{x+2}$
d) Z. B. $\frac{1}{(x+3)(x-2)} = 0$

7. a) Marvin hat beim ersten Versuch das x bei $\frac{1}{3x}$ nicht im Nenner stehen. Er hätte 3x in Klammern setzen müssen.
b) $x \neq 0$; $x = 2$

8. a) $x \neq 0$; $L = \{2\}$
b) $x \neq 4$; $L = \{7{,}5\}$
c) $z \neq 2,\ z \neq -1$; $L = \{-0{,}25\}$
d) $x \neq 2,\ x \neq -7$; $L = \{5\}$
e) $y \neq 0,\ y \neq 8$; $L = \{11\}$
f) $x \neq 1,\ x \neq -1$; $L = \{6\}$
g) $x \neq 0$; $L = \{3\}$
h) $x \neq \frac{5}{3}$; $L = \{3\}$

9. Michel hat die Terme gleichnamig gemacht. Rebecca hat durch $(x+1)$ bzw. $(x+5)$ gekürzt.
$x \neq -1,\ x \neq -5$; $L = \{4\}$

2.9.2 Bruchgleichungen mit Parametern

94 **Einstieg:**
Die Gleichungen haben die Lösungen $x = 3$; $x = 4$ und $x = 5$.
Vermutung: Die Gleichung $\frac{a}{x} - \frac{a}{x+1} = \frac{1}{x+1}$ (für $a \neq 0$) hat die Lösungsmenge $L = \{a\}$.
Beweis:

$$\frac{a}{x} - \frac{a}{x+1} = \frac{1}{x+1} \qquad | \cdot x \cdot (x+1)$$
$$a(x+1) - ax = x$$
$$ax + a - ax = x$$
$$a = x$$

2. a) Voraussetzung: $x \neq 3a$
$L = \{2{,}2a\}$ für $a \neq 0$
$L = \{\ \}$ für $a = 0$

b) Voraussetzung: $x \neq \frac{b}{2}$
$L = \{8{,}5b\}$ für $b \neq 0$
$L = \{\ \}$ für $b = 0$

c) Voraussetzung: $x \neq 3$
$L = \{\ \}$ für $a \neq -6$
$L = \mathbb{Q} \setminus 3$ für $a = -6$

d) Voraussetzung: $x \neq a$, $x \neq 5$
$L = \{0\}$ für $a \neq 5$
$L = \mathbb{Q} \setminus 5$ für $a = 5$

2.10 Aufgaben zur Vertiefung

95 1. (1) Die Gleichung folgt aus dem 2. Strahlensatz für Geraden. Die Geraden schneiden sich in der Linse.

(2) Die Gleichung folgt aus dem 2. Strahlensatz für Geraden. Die Geraden schneiden sich in F. Die Strecke zwischen den beiden zueinander parallelen roten Geraden ist auch innerhalb der Linse gleich der Kerzenhöhe G.
Aus den Gleichungen in (1) und (2) folgt:
$\frac{g}{b} = \frac{G}{B} = \frac{f}{b-f}$, also $\frac{g}{b} = \frac{f}{b-f}$. Durch Multiplikation mit $b(b-f)$ erhält man:
$gb - gf = bf$.
Durch Dividieren durch das Produkt $g \cdot b \cdot f$ erhält man nun:
$\frac{1}{f} - \frac{1}{b} = \frac{1}{g}$ und damit $\frac{1}{g} + \frac{1}{b} = \frac{1}{f}$.

95

2. Wir ergänzen die Figur zu einer geeigneten Strahlensatzfigur.

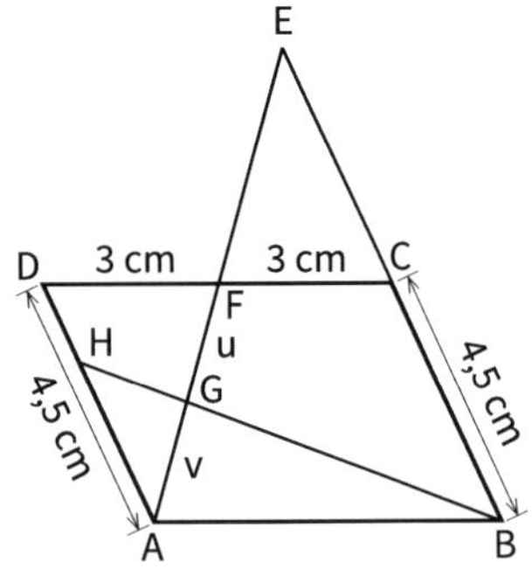

In der oberen Figur gilt nach dem 2. Strahlensatz:

$\frac{|EC|}{|AD|} = \frac{|FC|}{|FD|}$, also $\frac{|EC|}{4{,}5\,\text{cm}} = \frac{3\,\text{cm}}{3\,\text{cm}}$ und damit

$|EC| = 4{,}5\,\text{cm}$ und $|BE| = 9\,\text{cm}$.

Nach dem 1. Strahlensatz gilt:

$\frac{|FE|}{u+v} = \frac{|FC|}{|FD|}$, also $\frac{|FE|}{u+v} = \frac{3\,\text{cm}}{3\,\text{cm}}$ und damit

$|FE| = u + v$

und $|GE| = 2u + v$.

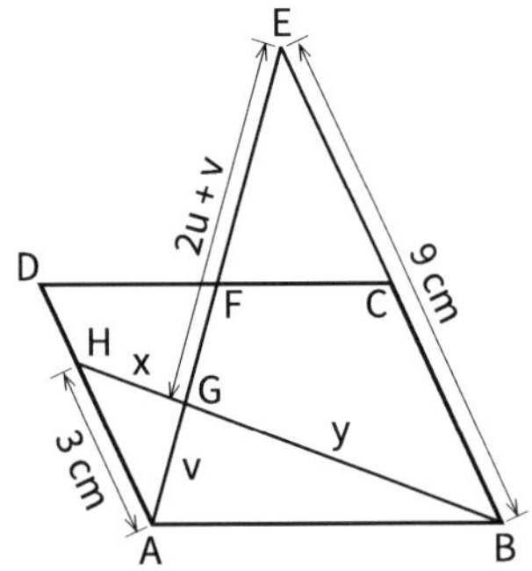

In der unteren Figur gilt nach dem 2. Strahlensatz:

$\frac{x}{y} = \frac{|AH|}{|BE|}$, also $\frac{x}{y} = \frac{3\,\text{cm}}{9\,\text{cm}} = \frac{1}{3}$.

Nach dem 1. Strahlensatz gilt:

$\frac{2u+v}{v} = \frac{y}{x}$, also $\frac{2u+v}{v} = 3$.

$\frac{2u+v}{v} = \frac{2u}{v} + \frac{v}{v} = \frac{2u}{v} + 1 = 3$, also $\frac{2u}{v} = 2$

und damit $\frac{u}{v} = 1$.

3. a) $\frac{x}{y} = \frac{3}{2}$; $\frac{u}{v} = \frac{2}{3}$

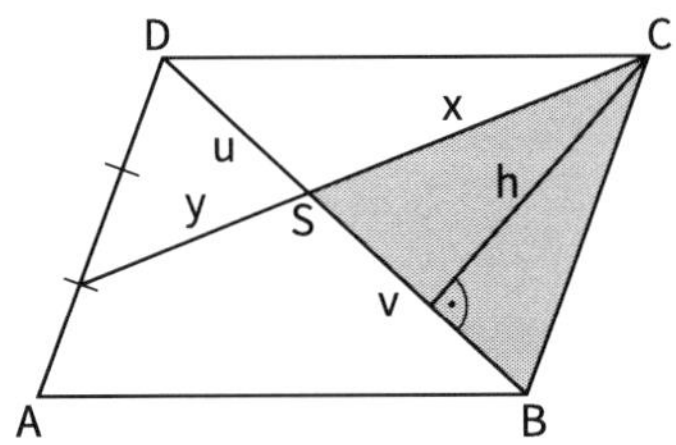

$A_{BCS} + A_{CDS} = A_{BCD} = \frac{1}{2} A_{ABCD}$

Die Dreiecke CDS und BCS haben zu den Grundseiten u bzw. v die Höhe h.

Deshalb gilt:

$\frac{A_{CDS}}{A_{BCS}} = \frac{u \cdot h}{v \cdot h} = \frac{u}{v} = \frac{2}{3}$, also $A_{CDS} = \frac{2}{3} A_{BCS}$

Mit $\frac{1}{2} A_{ABCD} = A_{BCS} + A_{CDS} = A_{BCS} + \frac{2}{3} A_{BCS} = \frac{5}{3} A_{BCS}$

folgt: $A_{BCS} = \frac{3}{10} A_{ABCD}$

b) Wir ergänzen zu einer Strahlensatzfigur.

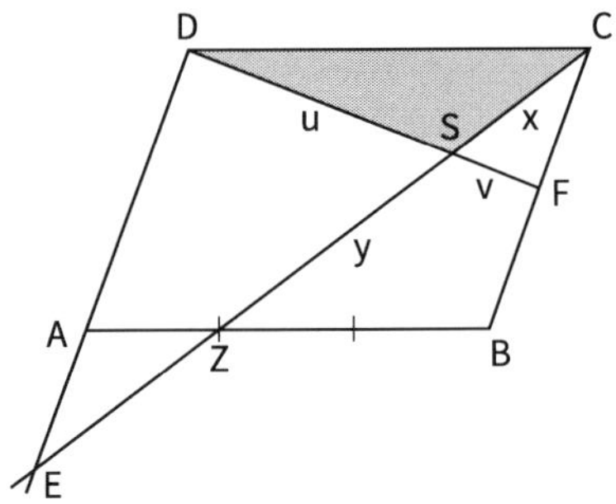

Wegen $\frac{|ZA|}{|ZB|} = \frac{|AE|}{|BC|}$ und $\frac{|ZA|}{|ZB|} = \frac{1}{2}$ gilt

$|AE| = \frac{1}{2} \cdot |BC|$, also

$|ED| = \frac{3}{2} \cdot |AD| = \frac{3}{2} \cdot |BC|$ und

damit $\frac{|ED|}{|CF|} = \frac{3}{1}$.

Daraus folgt $\frac{u}{v} = \frac{|ED|}{|CF|} = \frac{3}{1} = 3$.

95 3. b) Fortsetzung:

Aus $\frac{y+|EZ|}{x} = \frac{|ED|}{|CF|} = 3$ und $\frac{|EZ|}{x+y} = \frac{|AZ|}{|BZ|} = \frac{1}{2}$ folgt:

$$\frac{y+|EZ|}{x} = \frac{y+\frac{1}{2}(x+y)}{x}$$

$$= \frac{\frac{1}{2}x+\frac{3}{2}y}{x} = \frac{\frac{1}{2}x}{x} + \frac{\frac{3}{2}y}{x}$$

$$= \frac{1}{2} + \frac{3y}{2x} = 3, \text{ also } \frac{3y}{2x} = \frac{5}{2} \text{ und damit } \frac{x}{y} = \frac{3}{5}.$$

Die Dreiecke FCD und BCD haben die gleiche Höhe zu den Grundseiten FC bzw. BC.

Wegen $|FC| = \frac{1}{2} \cdot |BC|$ gilt für den Flächeninhalt des Dreiecks FCD:

$$A_{FCD} = \frac{1}{2}A_{BCD} = \frac{1}{2} \cdot \frac{1}{2}A_{ABCD}$$

Die Dreiecke CDS und CSF haben die gleiche Höhe zu den Grundseiten u bzw. v.

Für den Flächeninhalt des Dreiecks CDS gilt deshalb $\frac{A_{CDS}}{A_{CSF}} = \frac{u}{v} = 3$,

also $A_{CSF} = \frac{1}{3}A_{CDS}$. Daraus folgt:

$$A_{CDS} = A_{FCD} - A_{CSF} = A_{FCD} - \frac{1}{3}A_{CDS}, \text{ also}$$

$$A_{CDS} = \frac{3}{4}A_{FCD} = \frac{3}{4} \cdot \frac{1}{4}A_{ABCD} = \frac{3}{16}A_{ABCD}$$

c) Wir ergänzen zu Strahlensatzfiguren.

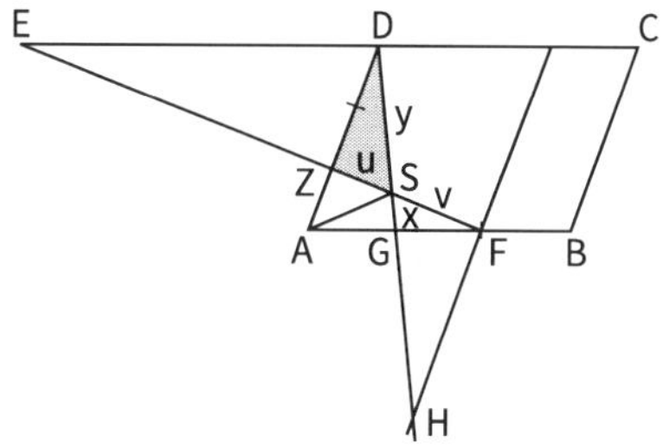

Aus $\frac{|ZA|}{|ZD|} = \frac{|AF|}{|ED|}$ und $\frac{|ZA|}{|ZD|} = \frac{1}{2}$ folgt

$|ED| = 2 \cdot |AF|$.

Aus $\frac{x}{y} = \frac{|GF|}{|ED|} = \frac{\frac{1}{2} \cdot |AF|}{2 \cdot |AF|}$ folgt $\frac{x}{y} = \frac{1}{4}$.

Aus $\frac{|AG|}{|FG|} = 1$ und $\frac{|AG|}{|FG|} = \frac{|AB|}{|FH|}$ folgt

$|AD| = |FH|$.

Aus $\frac{u}{v} = \frac{|ZD|}{|FH|}$ und $|ZD| = \frac{2}{3} \cdot |AD| = \frac{2}{3} \cdot |FH|$

folgt $\frac{u}{v} = \frac{2}{3}$.

Für den Flächeninhalt des Dreiecks AGD gilt: $A_{AGD} = \frac{1}{6}A_{ABCD}$.

Die Dreiecke ASD und AGD haben die gleiche Höhe zu den Grundseiten y bzw. $x + y$.

Für die Flächeninhalte gilt:

$\frac{A_{ASD}}{A_{AGD}} = \frac{y}{x+y} = \frac{4}{5}$, also $A_{ASD} = \frac{4}{5}A_{AGD}$

Die Dreiecke ZSD und ASD haben die gleiche Grundseite y.

Für die Flächeninhalte gilt: $\frac{A_{ZSD}}{A_{ASD}} = \frac{|ZD|}{|AD|} = \frac{2}{3}$, also $A_{ZSD} = \frac{2}{3} \cdot A_{ASD}$.

Insgesamt erhält man:

$$A_{ZSD} = \frac{2}{3}A_{ASD} = \frac{2}{3} \cdot \frac{4}{5}A_{AGD} = \frac{2}{3} \cdot \frac{4}{5} \cdot \frac{1}{6}A_{ABCD} = \frac{4}{45}A_{ABCD}$$

95 **3.** d) $A_{ADE} = \frac{2}{3} A_{ADC}$
$= \frac{2}{3} \cdot \frac{1}{3} A_{ABC}$
$= \frac{2}{9} A_{ABC}$

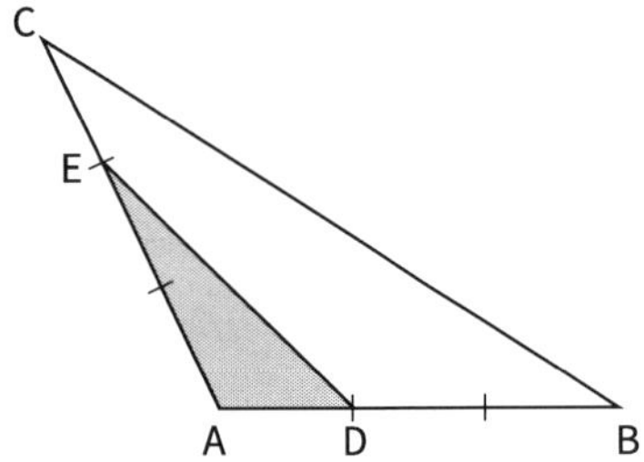

e) $A_{DEF} = A_{ABC} - A_{ADF} - A_{DBE} - A_{CFE}$
$A_{ADF} = \frac{1}{3} A_{ABF} = \frac{1}{3} \cdot \frac{2}{3} A_{ABC} = \frac{2}{9} A_{ABC}$
$A_{DBE} = \frac{2}{3} A_{ABE} = \frac{2}{3} \cdot \frac{1}{3} A_{ABC} = \frac{2}{9} A_{ABC}$
$A_{CFE} = \frac{1}{3} A_{CAE} = \frac{1}{3} \cdot \frac{2}{3} A_{ABC} = \frac{2}{9} A_{ABC}$
Insgesamt erhält man:
$A_{DEF} = A_{ABC} - 3 \cdot \frac{2}{9} A_{ABC} = \frac{3}{9} A_{ABC} = \frac{1}{3} A_{ABC}$

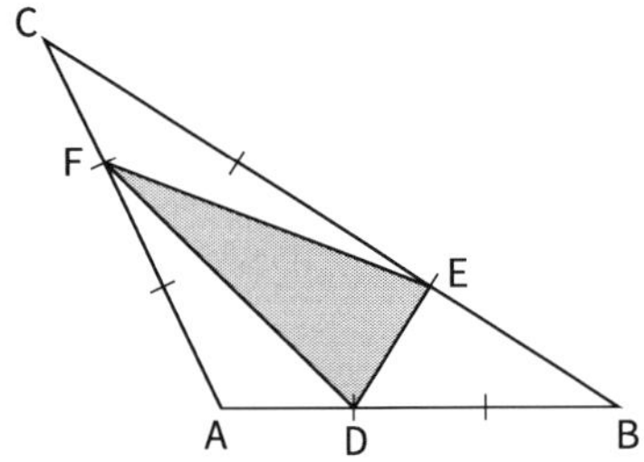

f) $\frac{|AC|}{|ED|} = \frac{|BC|}{|BE|} = \frac{3}{2}$
$\frac{|FC|}{|FD|} = \frac{|AC|}{|ED|} = \frac{3}{2}$, also $|FC| = \frac{3}{2} \cdot |FD|$
$|CD| = |FC| + |FD| = |FC| + \frac{3}{2}|FC| = \frac{5}{2}|FC|$,
also $|FC| = \frac{2}{5} \cdot |CD|$.
Dann gilt für den Flächeninhalt des Dreiecks ADF:
$A_{ADF} = \frac{2}{5} A_{ADC} = \frac{2}{5} \cdot \frac{1}{3} A_{ABC} = \frac{2}{15} A_{ABC}$

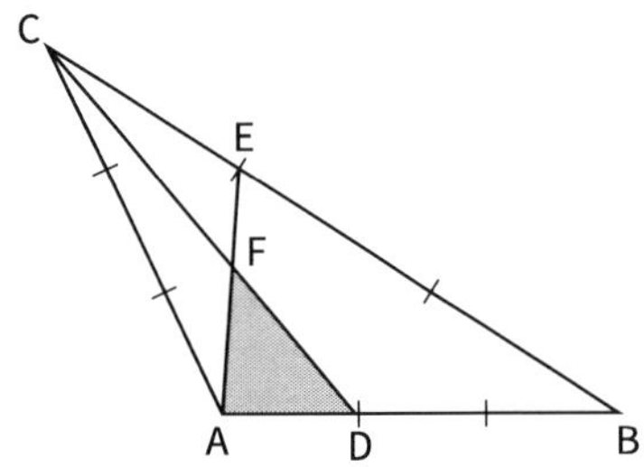

4. Für den Flächeninhalt des Dreiecks F gilt:

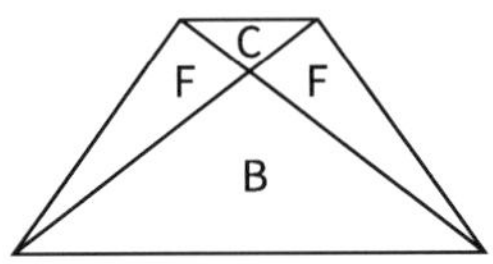

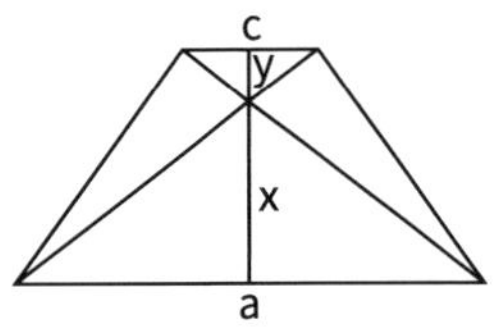

$A_F = \frac{1}{2}(A_T - A_B - A_C)$
$A_T = \frac{1}{2}(a + c) \cdot (x + y)$
$A_B = \frac{1}{2} a \cdot x$ sowie
$A_C = \frac{1}{2} c \cdot y$
Nach dem Strahlensatz gilt:
$\frac{x}{y} = \frac{\frac{a}{2}}{\frac{c}{2}} = \frac{a}{c}$
Einsetzen von $a = 200$ und $c = 56$ ergibt $\frac{x}{y} = \frac{200}{56} = \frac{25}{7}$, also $y = \frac{7}{25}x$.
Damit folgt:
$$\frac{A_F}{A_T} = \frac{\frac{1}{2}\left(\frac{1}{2} \cdot 256 \cdot \frac{32}{25}x - \frac{1}{2} \cdot 200 \cdot x - \frac{1}{2} \cdot 56 \cdot \frac{7}{25}x\right)}{\frac{1}{2} \cdot 256 \cdot \frac{32}{25}x} = \frac{975}{2048}, \text{ also } A_F = \frac{975}{2048} A_T$$

3. Quadratwurzeln und reelle Zahlen

99 **Einstiegsseite:**

➔ Familie Müller: $16 \cdot 5\,€ = 80\,€$
Familie Meyer: $50 \cdot 5\,€ = 250\,€$
Familie Yilmaz: $25 \cdot 5\,€ = 125\,€$

➔ Das Grundstück von Familie Müller ist $400\,m^2$ groß, das von Familie Meyer ebenfalls $400\,m^2$ und das von Familie Yilmaz $625\,m^2$.
Im Vergleich zur Grundstücksgröße bezahlt Familie Meyer wesentlich mehr als die beiden anderen Familien.

➔ Das Grundstück von Familie Müller ist $400\,m^2$ groß. Die Seitenlänge eines gleich großen Quadrats wäre 20 m lang.
Das Grundstück von Familie Meyer ist ebenfalls $400\,m^2$ groß. Die Seitenlänge eines gleich großen Quadrats wäre also auch 20 m lang.
Das quadratische Grundstück von Familie Yilmaz ist $625\,m^2$ groß mit der Seitenlänge 25 m.
Daraus ergeben sich dann folgende Gebühren nach dem Quadratwurzel-Maßstab.
Familie Müller: $20 \cdot 5\,€ = 100\,€$
Familie Meyer: $20 \cdot 5\,€ = 100\,€$
Familie Yilmaz: $25 \cdot 5\,€ = 125\,€$

Lernfeld: Entdeckungen an Zahlen

100 **1. Auftrag: Seitenlänge eines Quadrats**

Diese Aufgabe führt dazu, dass Schüler unbewusst bereits den Vorgang des Radizierens anwenden, ohne dabei notwendigerweise die Bedeutung eines Wurzelzeichens zu kennen.

➔ Um zu den gesuchten Seitenlängen zu gelangen, überprüft man jeweils, welche Seitenlänge mit sich selbst multipliziert den angegebenen Flächeninhalt ergibt.
Dann lauten die Seitenlängen von links nach rechts:
2 cm, 1,2 cm, $\sqrt{5}$ cm ≈ 2,24 cm, 4 cm, 1 cm, 3 cm, 2,5 cm
Ein Problem kann dabei entstehen, dass man keine rationale Seitenlänge findet, die mit sich selbst multipliziert $5\,cm^2$ ergibt. Daher schreibt man $\sqrt{5}$ cm ≈ 2,24 cm.

100 **2. Auftrag: Unterschiedliche Striche: Bruchstrich und Periodenstrich**

Diese Aufgabe führt zu der Erkenntnis, dass Bruchzahlen äquivalent zu besonderen Dezimalbrüchen sind: zu endlichen oder zu periodischen. Dies bereitet auf das Kapitel vor, in dem die Schüler rationale und irrationale Zahlen unterscheiden müssen und als Teilmenge der reellen Zahlen erkennen müssen und ebenso darauf, dass Schüler Dezimalbrüche in gewöhnliche Brüche umwandeln können müssen.

- Lisa versucht wahrscheinlich, die beiden Dezimalbrüche schriftlich zu addieren und meint damit, dass die Zahlen 3 und 6 jeweils addiert werden müssten. Lisas Auffassung nach hätte dies zur Folge, dass dies eigentlich viele 9en hintereinander ergeben müsste. Einzig am Ende des Bruches „zwei Drittel“ in Dezimalschreibweise steht bei der Darstellung am Taschenrechner eine 7. Daher wäre das Ergebnis gemäß Lisa trotzdem ungleich 1, weshalb sie an der Lösung von Kevin zweifelt.
- Lösungen von links nach rechts:
  $\frac{7}{10} = 0{,}7$ (abbrechend)
  $\frac{4}{3} = 1{,}33\ldots$ (nicht abbrechend)
  $\frac{5}{6} = 0{,}833\ldots$ (nicht abbrechend)
  $\frac{4}{7} = 0{,}571428\ldots$ (nicht abbrechend)
  $\frac{1}{19} = 0{,}05263\ldots$ (nicht abbrechend)
  $\frac{3}{4} = 0{,}75$ (abbrechend)
  $\frac{5}{8} = 0{,}625$ (abbrechend)
  $\frac{3}{25} = 0{,}12$ (abbrechend)
  $\frac{8}{200} = 0{,}04$ (abbrechend)
- $0{,}07 = \frac{7}{100}$; $0{,}24 = \frac{24}{100} = \frac{6}{25}$; $1{,}53 = \frac{153}{100} = 1\frac{53}{100}$; $4{,}125 = \frac{33}{8} = 4\frac{1}{8}$
- Man erhält folgende Werte:
  $1:9 = 0{,}\overline{1}$; $4:9 = 0{,}\overline{4}$; $1:99 = 0{,}\overline{01}$; $52:99 = 0{,}\overline{52}$; $7:999 = 0{,}\overline{007}$; $214:99 = 0{,}\overline{214}$
  Es entsteht eine Regelmäßigkeit, sodass immer genau die Zahlen, die im Zähler eines Bruches mit Neunen im Nenner, sich bei der Dezimalschreibweise unter dem Periodenstrich wiederfinden. Die Anzahl der Neunen im Nenner gibt dabei die Anzahl der Stellen der Zahlen unter dem Periodenstrich an. Damit kann man sofort periodische Brüche umwandeln, z. B.:
  $0{,}\overline{32} = \frac{32}{99}$; $0{,}\overline{8} = \frac{8}{9}$; $0{,}\overline{014} = \frac{14}{999}$
- Lösungen zu den Aufgaben von links nach rechts:
  $\frac{2}{9}$; $\frac{6}{9} = \frac{2}{3}$; $\frac{16}{99}$; $\frac{53}{99}$; $\frac{123}{999}$; $\frac{17}{999}$
- Lösungen zu den Aufgaben von links nach rechts:
  Alle Berechnungen erfolgen gemäß der im Buch abgebildeten Beispielrechnung.
  $\frac{176}{990} = \frac{73}{495}$; $\frac{25}{990} = \frac{5}{198}$; $\frac{43}{90}$; $\frac{289}{990}$; $\frac{1\,222}{9\,900} = \frac{611}{4\,950}$; $\frac{7\,944}{9\,990} = \frac{1\,324}{1\,665}$

3.1 Quadratwurzeln

3.1.1 Einführung der Quadratwurzeln

101 **Einstieg:**
Die Grenze von Wyoming ist ungefähr 500 km lang.

102 **2.** a) 6 cm b) 11 m c) 18 mm d) 2,5 m e) 0,7 km

3. $1^2 = 1$, $6^2 = 36$, $11^2 = 121$, $16^2 = 256$, $21^2 = 441$
$2^2 = 4$, $7^2 = 49$, $12^2 = 144$, $17^2 = 289$, $22^2 = 484$
$3^2 = 9$, $8^2 = 64$, $13^2 = 169$, $18^2 = 324$, $23^2 = 529$
$4^2 = 16$, $9^2 = 81$, $14^2 = 196$, $19^2 = 361$, $24^2 = 576$
$5^2 = 25$, $10^2 = 100$, $15^2 = 225$, $20^2 = 400$, $25^2 = 625$

4. a) 7 b) 15 c) 12 d) 9 e) 0 f) 22 g) nicht definiert h) 17 i) 11 j) 1 k) nicht definiert l) 19 m) 13 n) 24 o) nicht definiert p) 100 q) 80 r) 120

5. Die Quadratwurzel ist als nicht negativ definiert worden.
Nur $\sqrt{81} = 9$ ist richtig.

6. a) $\frac{1}{2}$ b) $\frac{1}{3}$ c) $\frac{4}{10} = \frac{2}{5}$ d) $\frac{9}{15} = \frac{3}{5}$ e) $\frac{9}{10}$ f) $\frac{5}{12}$ g) $\frac{13}{14}$ h) $\frac{7}{15}$ i) $\frac{19}{18}$ j) $\frac{6}{17}$ k) nicht definiert l) $\frac{18}{11}$

7. a) 0,5 b) 0,4 c) 0,1 d) 0,3 e) 1,6 f) 2,5 g) nicht definiert h) 0,07 i) 0,8

8. a) $\sqrt{144}$ b) $\sqrt{289}$ c) nicht definiert d) $\sqrt{90\,000}$ e) $\sqrt{0{,}49}$ f) $\sqrt{\frac{25}{49}}$

9. a) Richtig.
b) Falsch, denn $\sqrt{-1\,024}$ ist nicht definiert.
c) Richtig.
d) Falsch.
e) Falsch, denn die Quadratwurzel ist nicht negativ: $\sqrt{0{,}04} = 0{,}2$.

102 **10.** a) $\sqrt{9} = 3$ b) $\sqrt{4} = 2$ c) $\sqrt{16} = 4$ d) $\sqrt{36} = 6$ e) $\sqrt{1} = 1$

11. a) $16 = 4 \cdot 4$; $2^2 = \sqrt{16} = 2 \cdot 2$; $\sqrt{4} = 2 = \sqrt{\sqrt{16}}$

b) $0{,}1 = \frac{1}{10} = \sqrt{\frac{1}{100}} = \frac{10}{100} = \sqrt{0{,}01}$; $\frac{1}{100} = 0{,}01 = \left(\frac{1}{10}\right)^2$

12. Länge der Quadratseite $a = \sqrt{841}\,\text{m} = 29\,\text{m}$;
Umfang: $u = 4 \cdot 29\,\text{m} = 116\,\text{m}$. Man benötigt $116\,\text{m} - 4\,\text{m} = 112\,\text{m}$ Zaun.

13. Für die Kantenlänge a (in dm), den Oberflächeninhalt O (in dm^2) und das Volumen V (in dm^3) gilt:
$O = 6a^2$, also $a = \sqrt{\frac{O}{6}}$; $V = a^3$
$54\,dm^2 : 6 = 9\,dm^2$, d. h. 3 dm Kantenlänge; $V = 27\,dm^3$
[$150\,dm^2 : 6 = 25\,dm^2$, d. h. 5 dm Kantenlänge; $V = 125\,dm^3$]

14. a) 30 b) 5 c) 7 d) 6 e) 6 f) 1

3.1.2 Näherungswerte von Quadratwurzeln

103 **Einstieg:**
Für die Seitenlänge s (in dm) des doppelt so großen Quadrats gilt:

$$\left(\frac{s}{2}\right)^2 + \left(\frac{s}{2}\right)^2 = 1\,dm^2$$

$$\left(\frac{s}{2}\right)^2 = \frac{1}{2}\,dm^2$$

$$s^2 = \frac{4}{2} = 2\,dm^2$$

$$s = \sqrt{2} \approx 1{,}41421\,dm$$

104 **2.** a) natürliche Zahl
b) nicht abbrechender Dezimalbruch
c) abbrechender Dezimalbruch
d) natürliche Zahl
e) nicht abbrechender Dezimalbruch
f) nicht abbrechender Dezimalbruch
g) abbrechender Dezimalbruch
h) abbrechender Dezimalbruch

3. $\sqrt{2\,000} \approx 44{,}721359549$
Der angezeigte Wert kann nicht exakt sein, da das Quadrat der letzten Ziffer immer ungleich 0 ist und somit mindestens eine Ziffer hinter dem Komma ungleich 0 ist. Das Quadrat der angezeigten Zahl kann also nicht gleich 2 000 sein.

4. Bei Eingabe des Terms $\sqrt{9{,}0000001}$ zeigt die Anzeige 3.
Erklärung: Das Ergebnis ist falsch, denn $3 \cdot 3 \neq 9{,}0000001$.
Der Taschenrechner kann das Ergebnis aber nicht genau anzeigen, denn die erste von null verschiedene Ziffer hinter dem Komma wäre an einer Stelle, für die die Stellenanzahl in der Anzeige nicht ausreicht.
Es ist: $\sqrt{9{,}0000001} = 3{,}000000016\ldots$

104 5. Wie in Aufgabe 4 darf sich der Unterschied erst bei den nicht mehr angezeigten Stellen auswirken. z. B. Wurzel aus $\sqrt{25{,}0000000002}$; dort wird 5 als Ergebnis angezeigt.

6. a) Es gilt $1 < \sqrt{2} < 2$, damit hat $\sqrt{2}$ Nachkommastellen mit Ziffern ungleich 0. Beim Quadrieren der letzten Ziffer entsteht eine Zahl, die nicht auf 0 endet. Somit ist mindestens eine Ziffer hinterm Komma ungleich 0 und das Quadrat der Lösung kann nicht gleich 2 sein.
   b) Weil 4 eine Quadratzahl ist, $2 \cdot 2 = 4$, also $\sqrt{4} = 2$. $\sqrt{4}$ liegt damit nicht zwischen zwei natürlichen Zahlen und hat folglich keine Nachkommastellen.

7. Wäre die Wurzel aus einer Primzahl p eine natürliche Zahl n, so wäre p durch n teilbar, denn $n \cdot n = p$ und somit wäre p keine Primzahl.

3.1.3 Irrationale Zahlen

Einstieg:

a) Jakob quadriert beide Seiten der Gleichung und multipliziert beide Seiten der Gleichung mit dem Nenner des Bruches. Jakob vergleicht dann die Endziffern der Dezimalbrüche auf beiden Seiten. Auf der rechten Seite erhält er die Endziffer des Quadrats von 5, das ist 25, also die Endziffer 5. Auf der rechten Seite muss er die Endziffer des Quadrats von 3, also die 9, noch mit 2 multiplizieren. Das Produkt ist 18, hat also die Endziffer 8. Da die letzten Ziffern der beiden Zahlen verschieden sind, sind auch die Zahlen verschieden. Damit ist das Gleichheitszeichen zwischen den beiden Seiten der Gleichung falsch und führt zu einem Widerspruch. $\sqrt{2}$ kann also nicht durch diesen Bruch dargestellt werden kann.

b) Man kann an dieser Stelle verschiedene Brüche ausprobieren. Man wird jedoch zu dem Ergebnis gelangen, dass sich bei jedem weiteren Versuch ein ähnlicher Widerspruch ergibt wie bei Jakob. Es gibt keinen Bruch, der genau $\sqrt{2}$ ist. Dieses wird auf Seite 200 des Schülerbandes auch allgemein bewiesen.

106 2. Wenn $\sqrt{\frac{1}{3}}$ eine Bruchzahl ist, dann müsste sie sich als vollständig gekürzter Bruch $\frac{m}{n}$ darstellen lassen. Da $\sqrt{\frac{1}{3}}$ zwischen $\sqrt{\frac{1}{4}} = \frac{1}{2}$ und $\sqrt{\frac{1}{1}} = 1$ liegt, ist $\sqrt{\frac{1}{3}}$ keine natürliche Zahl. Somit ist n ungleich 1. Nimmt man $\frac{m}{n} = \sqrt{\frac{1}{3}}$ an und quadriert beide Seiten der Gleichung, so ergibt sich $\frac{m \cdot m}{n \cdot n} = \frac{1}{3}$. Da der Bruch auf der linken Seite nicht mehr gekürzt werden kann, müsste $n \cdot n = 3$ sein. Es gibt aber keine natürliche Zahl, dessen Quadrat gleich 3 ist. Also ist $\sqrt{\frac{1}{3}}$ keine rationale Zahl.

106

3. a) Es ist und

$$\begin{array}{r} 10\cdot 0,\overline{9}=9,\overline{9} \\ 1\cdot 0,\overline{9}=0,\overline{9} \\ \hline 9\cdot 0,\overline{9}=9 \end{array}$$ | 2. Gleichung von der 1. Gleichung subtrahieren

Damit ergibt sich $0,\overline{9}=\frac{9}{9}=1$.

Das Ergebnis ist demnach korrekt, da $1-0,\overline{9}=0$ ist.

b) $1,3=\frac{9}{9}+\frac{3}{10}=\frac{117}{90}=1,2999\ldots=1,2\overline{9}$ $\quad 2,75=\frac{18}{9}+\frac{3}{4}=\frac{99}{36}=2,74999\ldots=2,74\overline{9}$

107

4.
- **a)** $0,\overline{09}$
- **b)** $-0,4$
- **c)** $-1,58\overline{3}$
- **d)** $-0,28$
- **e)** $-0,425$
- **f)** $-0,8125$
- **g)** $0,\overline{100}$
- **h)** $-0,\overline{6}$
- **i)** $-1,4375$
- **j)** $-0,\overline{7}$
- **k)** 6
- **l)** $-0,\overline{72}$
- **m)** $-0,\overline{769230}$
- **n)** $-0,3\overline{571428}$
- **o)** $-1,171875$
- **p)** $1,\overline{7}$
- **q)** $1,\overline{142857}$
- **r)** $1,\overline{36}$

5. a) $\frac{1}{7}=0,\overline{142857}$; $\frac{2}{7}=0,\overline{285714}$; $\frac{3}{7}=0,\overline{428571}$;
$\frac{4}{7}=0,\overline{571428}$; $\frac{5}{7}=0,\overline{714285}$; $\frac{6}{7}=0,\overline{857142}$

Die Perioden bestehen aus den gleichen Ziffern.

b) $\frac{1}{13}=0,\overline{076923}$; $\frac{2}{13}=0,\overline{153846}$; $\frac{3}{13}=0,\overline{230769}$; $\frac{4}{13}=0,\overline{307692}$;
$\frac{5}{13}=0,\overline{384615}$; $\frac{6}{13}=0,\overline{461538}$; $\frac{7}{13}=0,\overline{538461}$; $\frac{8}{13}=0,\overline{615384}$;
$\frac{9}{13}=0,\overline{692307}$; $\frac{10}{13}=0,\overline{769230}$; $\frac{11}{13}=0,\overline{846153}$; $\frac{12}{13}=0,\overline{923076}$

Bei den Zählern 1, 3, 4, 9, 10, 12 bestehen die Perioden aus den Ziffern 0, 2, 3, 6, 7, 9.

Bei den Zählern 2, 5, 6, 7, 8, 11 bestehen die Perioden aus den Ziffern 1, 3, 4, 5, 6, 8.

6. **a)** $\frac{59}{4}$ **b)** $\frac{3333}{10000}$ **c)** $-\frac{341}{20}$ **d)** $\frac{1}{5000}$ **e)** $\frac{33}{32}$ **f)** $-\frac{829}{100}$

7.
- **a)** $2\frac{7}{9}$
- **b)** $\frac{8}{33}$
- **c)** $22\frac{16}{45}$
- **d)** $2\frac{7}{99}$
- **e)** $\frac{119}{495}$
- **f)** $-5\frac{65}{198}$
- **g)** $2\frac{7}{90}$
- **h)** $\frac{80}{333}$
- **i)** $19\frac{43}{225}$
- **j)** $3\frac{2}{9}$
- **k)** $\frac{8}{333}$
- **l)** $3\frac{3376}{8325}$
- **m)** $3\frac{200}{999}$
- **n)** $\frac{800}{3333}$
- **o)** $0,2=\frac{2}{10}$
- **p)** $3\frac{1}{450}$
- **q)** $\frac{1199}{4995}$
- **r)** $7\frac{1}{4}$

8. Wir stellen jeweils die Wurzel als vollständig gekürzten Bruch $\frac{m}{n}$ dar.

a) $\frac{m}{n}=\sqrt{8}$, also $\frac{m\cdot m}{n\cdot n}=8$. Da $\sqrt{8}$ zwischen 2 und 3 liegt, ist $\frac{m}{n}$ keine natürliche Zahl, also $n\neq 1$. Da $\frac{m\cdot m}{n\cdot n}$ bereits gekürzt und $n\cdot n\neq 1$ ist, ist $\frac{m\cdot m}{n\cdot n}$ nicht gleich der natürlichen Zahl 8. Also ist $\sqrt{8}$ keine rationale Zahl.

b) $\frac{m}{n}=\sqrt{18}$, also $\frac{m\cdot m}{n\cdot n}=18$. Da $\sqrt{18}$ zwischen 4 und 5 liegt, ist $\frac{m}{n}$ keine natürliche Zahl, also $n\neq 1$. Da $\frac{m\cdot m}{n\cdot n}$ bereits gekürzt und $n\cdot n\neq 1$ ist, ist $\frac{m\cdot m}{n\cdot n}$ nicht gleich der natürlichen Zahl 18. Also ist $\sqrt{18}$ keine rationale Zahl.

107 **8. c)** $\frac{m}{n} = \sqrt{1\,000}$, also $\frac{m \cdot m}{n \cdot n} = 1\,000$. Da $\sqrt{1\,000}$ zwischen 31 und 32 liegt, ist $\frac{m}{n}$ keine natürliche Zahl, also $n \neq 1$. Da $\frac{m \cdot m}{n \cdot n}$ bereits gekürzt und $n \cdot n \neq 1$ ist, ist $\frac{m \cdot m}{n \cdot n}$ nicht gleich der natürlichen Zahl 1 000. Also ist $\sqrt{1\,000}$ keine rationale Zahl.

d) $\frac{m}{n} = \sqrt{\frac{1}{6}}$, also $\frac{m \cdot m}{n \cdot n} = \frac{1}{6}$. Da $\sqrt{\frac{1}{6}}$ zwischen $\sqrt{\frac{1}{9}} = \frac{1}{3}$ und $\sqrt{\frac{1}{4}} = \frac{1}{2}$ liegt, ist $\frac{m}{n}$ keine natürliche Zahl, also $n \neq 1$. Da $\frac{m \cdot m}{n \cdot n}$ bereits gekürzt ist, müsste $n \cdot n = 6$ sein. Es gibt aber keine natürliche Zahl, dessen Quadrat gleich 6 ist. Also ist $\sqrt{\frac{1}{6}}$ keine rationale Zahl.

e) $\frac{m}{n} = \sqrt{0{,}2} = \frac{1}{5}$, also $\frac{m \cdot m}{n \cdot n} = \frac{1}{5}$. Da $\sqrt{\frac{1}{5}}$ zwischen $\sqrt{\frac{1}{9}} = \frac{1}{3}$ und $\sqrt{\frac{1}{4}} = \frac{1}{2}$ liegt, ist $\frac{m}{n}$ keine natürliche Zahl, also $n \neq 1$. Da $\frac{m \cdot m}{n \cdot n}$ bereits gekürzt ist, müsste $n \cdot n = 5$ sein. Es gibt aber keine natürliche Zahl, dessen Quadrat gleich 5 ist. Also ist $\sqrt{\frac{1}{5}}$ keine rationale Zahl.

9. Die Zahl $10\,n^2$ endet mit einer Null, also müsste die Zahl m^2 auch mit einer Null enden.
Da m^2 das Quadrat einer Zahl ist, muss sie dann aber auf 0 oder 2 oder 4 oder 6 oder … Nullen enden. Die Zahl $10\,n^2$ endet aber auf 1 oder 3 oder 5 oder … Nullen.

Das kann ich noch!

A) 1) Der Quader hat das Volumen: $V_Q = 3\,cm \cdot 3\,cm \cdot 4\,cm = 36\,cm^3$.
Ein Würfel mit 1 cm Kantenlänge hat das Volumen:
$V_W = 1\,cm \cdot 1\,cm \cdot 1\,cm = 1\,cm^3$.
Daher gilt für die Anzahl der Würfel $\frac{36\,cm^3}{1\,cm^3} = 36$. Es entstehen 36 Würfel.

2) Entlang jeder der 4 Kanten von 4 cm Länge werden Würfel mit zwei grünen Flächen entstehen. Daher gilt: $4 \cdot 4 = 16$
Es sind 16 Würfel, die jeweils zwei grüne Flächen haben.

3) Entlang der beiden roten quadratischen Flächen werden Würfel mit einer roten Fläche entstehen. Daher gilt: $3 \cdot 3 \cdot 2 = 18$
Es sind 18 Würfel, die jeweils eine rote Fläche haben.

4) 18 Würfel haben eine rote Fläche, 16 Würfel haben jeweils zwei grüne, davon überscheiden sich 4 Würfel an den 3 cm langen Kanten.
Daher sind $18 + 16 - 4 = 30$ Würfel farbig und sind $36 - 30 = 6$ Würfel ungefärbt.

3.2 Reelle Zahlen

108 **Einstieg:**
Das Quadrat wird in vier gleich große rechtwinklige Dreiecke mit den Schenkellängen $r = 3\,cm$ zerlegt.
Der Flächeninhalt eines Dreiecks ist also $A_D = \frac{1}{2} \cdot 3\,cm \cdot 3\,cm = 4{,}5\,cm^2$.
Der Flächeninhalt des Quadrats beträgt dann $4 \cdot 4{,}5\,cm^2 = 18\,cm^2$.
Die Seitenlänge des Quadrats ist also $\sqrt{18}$ cm. Es schneidet die Koordinatenachsen in einem Abstand von $\frac{1}{2} \cdot \sqrt{18}$ cm vom Koordinatenursprung.

109 **2. a)** Man erhält durch Bildung des arithmetischen Mittels der Zahlen immer wieder eine rationale Zahl, die zwischen beiden liegt. Man erhält so unendlich viele rationale Zahlen.

b) Wie in a) findet man immer wieder eine rationale Zahl, die noch näher an 1 liegt. Daher ist die Angabe einer rationalen Zahl, die direkt auf 1 folgt, nicht möglich.

3. *Behauptung:* Das Produkt zu $n \cdot \sqrt{2}$ ist für alle natürlichen Zahlen ungleich 0 wieder eine irrationale Zahl. (Man erhält so schon unendlich viele irrationale Zahlen.)
Beweis: Wäre $n \cdot \sqrt{2}$ rational, dann wäre $(n \cdot \sqrt{2}) : n$ auch rational, da Dividend und Divisor rational sind.
$(n \cdot \sqrt{2}) : n = \sqrt{2}$ ist aber irrational, also ist auch $n \cdot \sqrt{2}$ irrational.
Daher gibt es unendlich viele irrationale Zahlen.

4. $\sqrt{2}$ wird in der Lösung zu Aufgabe 1 Seite 108 des Schülerbandes konstruiert. Für $5 \cdot \sqrt{2}$ wird mithilfe des Zirkels diese Strecke dann noch viermal daran abgetragen.
Für $\frac{1}{2} \cdot \sqrt{2}$ wird mithilfe des Zirkels und des Lineals die Strecke $\sqrt{2}$ halbiert.
(Um die beiden Endpunkte der Strecke für $\sqrt{2}$ jeweils einen Kreis konstruieren und die beiden Schnittpunkte der Kreise verbinden. Die so entstandene Strecke (Mittelsenkrechte) halbiert die Strecke für $\sqrt{2}$.)

5. a) Jedes der vier rechtwinkligen zueinander kongruenten Dreiecke hat den Flächeninhalt $\frac{1}{2} \cdot 5 \cdot 5 = 12{,}5$. Der gesamte Flächeninhalt der Figur ist $4 \cdot 12{,}5 = 50$. Da es sich um ein Quadrat handelt, ist eine Seitenlänge $\sqrt{50}$.

b) $8 = 4 \cdot 2$
$\frac{1}{2} \cdot 2 \cdot 2 = 2$

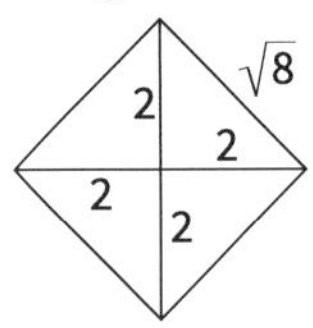

109 **5. c)** *Beispiele:*

$\sqrt{72}$, denn $72 = 4 \cdot 18$ und $18 = \frac{1}{2} \cdot 6 \cdot 6$
(Quadrat mit den Diagonalenlängen $2 \cdot 6 = 12$).

$\sqrt{32}$, denn $32 = 4 \cdot 8$ und $8 = \frac{1}{2} \cdot 4 \cdot 4$
(Quadrat mit den Diagonalenlängen $2 \cdot 4 = 8$).

$\sqrt{98}$, denn $98 = 4 \cdot 24{,}5$ und $24{,}5 = \frac{1}{2} \cdot 7 \cdot 7$
(Quadrat mit den Diagonalenlängen $2 \cdot 7 = 14$).

d) $14 = 4 \cdot 3{,}5$; Die Quadratwurzel aus der Maßzahl des doppelten Flächeninhalts des rechtwinkligen Dreiecks muss rational sein. Das ist hier nicht der Fall $(2 \cdot 3{,}5 = 7)$.

6. Der Flächeninhalt des Quadrats ist $\sqrt{A} \cdot \sqrt{A} = A$ (Definition der Wurzel).
Das Quadrat mit der Seitenlänge x (Diagonalenlänge des kleinen Quadrates) hat einen doppelt so großen Flächeninhalt wie das kleine Quadrat.
Also: $x^2 = 2a^2$.
Nach Definition der Wurzel ist dann: $x = \sqrt{2a^2}$.

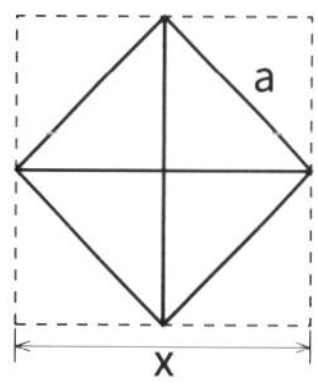

7. **(1)** $0{,}1223334444\overline{5}$ oder $0{,}12233344445\overline{6}$ oder $0{,}\overline{12233344445}$
Der Dezimalbruch ist periodisch und deshalb als Bruch darstellbar.

(2) 0,1223334444555556… (6 Sechsen, dann 7 Sieben, dann 8 Achten usw.)
oder 0,1223334444565565556…
0,1223334444575575557…
Die so konstruierten Dezimalbrüche sind nicht periodisch und daher irrational.

8. **(1)** Es folgen nur Einsen; rationale Zahl
(2) Es folgen 188881888881 usw.; irrationale Zahl
(3) Es folgen 818181…; rationale Zahl
(4) Es folgen 474849410411 usw.; irrationale Zahl
(5) Es folgen 1521521521 usw.; rationale Zahl
(6) Es folgen 51525152 usw.; rationale Zahl

9. a) Durch Bildung des arithmetischen Mittels erhält man unendlich viele Zahlen dazwischen (siehe Weiterführende Aufgabe 2).

b) Zum Beispiel: $\frac{1}{3} = \frac{2}{6}$; $\frac{2}{3} = \frac{4}{6}$; $\frac{3}{6} = \frac{1}{2}$ liegt zwischen $\frac{2}{6}$ und $\frac{4}{6}$, also auch zwischen $\frac{1}{3}$ und $\frac{2}{3}$.

109 10. *Behauptung:* Das Produkt zu $n \cdot \sqrt{3}$ ist für alle natürlichen Zahlen ungleich 0 wieder eine irrationale Zahl. Dann sind alle Vielfachen von $\sqrt{3}$ irrational.
Beweis: Wir zeigen, dass $n \cdot \sqrt{3}$ nicht rational ist und daher irrational sein muss. Wäre $n \cdot \sqrt{3}$ rational, dann wäre $(n \cdot \sqrt{3}) : n$ auch rational, da Dividend und Divisor rational sind. $(n \cdot \sqrt{3}) : n = \sqrt{3}$ ist aber irrational, also ist $n \cdot \sqrt{3}$ irrational. Daher sind alle Vielfachen von $\sqrt{3}$ irrational.

11. $\sqrt{2}$ wird wie in Aufgabe 1 konstruiert. Das Quadrat mit der Seitenlänge $\sqrt{2}$ cm hat den Flächeninhalt 2 cm². Teilt man das Quadrat in vier gleich große Quadrate, so hat ein kleineres Quadrat den Flächeninhalt 0,5 cm², also die Seitenlänge $\sqrt{0,5}$ cm. Daher liegt $\sqrt{0,5}$ genau in der Mitte zwischen 0 und $\sqrt{2}$.

3.3 Intervallhalbierungsverfahren

110 **Einstieg:**
Man könnte z. B. zuerst fragen: „Ist die Zahl größer oder kleiner als 32?“ Man teilt also die Zahlen von 1 bis 64 in zwei Hälften. Danach bildet man jeweils wieder die Mitte der Hälfte, in der sich die Zahl befinden muss. So kann man sich dann bis zur gesuchten Zahl vortasten.

111 **1.** a)
$4 < \sqrt{19} < 5$
$4 < \sqrt{19} < 4,5$
$4,25 < \sqrt{19} < 4,5$
$4,25 < \sqrt{19} < 4,375$
$4,3125 < \sqrt{19} < 4,375$

b)
$5 < \sqrt{27} < 6$
$5 < \sqrt{27} < 5,5$
$5 < \sqrt{27} < 5,25$
$5,125 < \sqrt{27} < 5,25$
$5,1875 < \sqrt{27} < 5,27$

c)
$0 < \sqrt{0,7} < 1$
$0,5 < \sqrt{0,7} < 1$
$0,75 < \sqrt{0,7} < 1$
$0,75 < \sqrt{0,7} < 0,875$
$0,8125 < \sqrt{0,7} < 0,875$

d)
$7 < \sqrt{50} < 8$
$7 < \sqrt{50} < 7,5$
$7 < \sqrt{50} < 7,25$
$7 < \sqrt{50} < 7,125$
$7,0625 < \sqrt{50} < 7,125$

e)
$2 < \sqrt{7,4} < 3$
$2,5 < \sqrt{7,4} < 3$
$2,5 < \sqrt{7,4} < 2,75$
$2,62 < \sqrt{7,4} < 2,75$
$2,685 < \sqrt{7,4} < 2,75$

f)
$10 \leq \sqrt{100} \leq 10$
$\sqrt{100} = 10$

2. a) $\sqrt{30} \approx 5,48$ c) $\sqrt{163} \approx 12,77$ e) $\sqrt{\frac{1}{8}} \approx 0,35$

b) $\sqrt{50} \approx 7,07$ d) $\sqrt{197} \approx 14,04$ f) $\sqrt{\frac{1}{17}} \approx 0,24$

Im Blickpunkt: Schnelle Berechnung von Wurzeln mit dem Heron-Verfahren

113 1. a)

Faktor a	Faktor $b = \frac{30}{a}$	Mittelwert $m = \frac{a+b}{2}$	Kontrolle: $m^2 = 6$?
5	6	$\frac{11}{2} = 5{,}5$	30,25
$\frac{11}{2} = 5{,}5$	$\frac{60}{11} = 5{,}454...$	$\frac{241}{44} = 5{,}4772727...$	30,0005...
$\frac{241}{44} = 5{,}4772727...$	$\frac{1320}{241} = 5{,}477178...$	5,47722557	30,0000...

Man erhält den Näherungswert $\sqrt{30} = 5{,}47722557....$

b)

Faktor a	Faktor $b = \frac{13}{a}$	Mittelwert $m = \frac{a+b}{2}$	Kontrolle: $m^2 = 6$?
3	$\frac{13}{3} = 4{,}33...$	$\frac{11}{3} = 3{,}666...$	13,444...
$\frac{11}{3} = 3{,}666...$	$\frac{39}{11} = 3{,}54545...$	$\frac{119}{33} = 3{,}60606...$	13,00367...
$\frac{119}{33} = 3{,}60606...$	$\frac{429}{119} = 3{,}60504...$	3,6055513...	13,0000...

Man erhält den Näherungswert $\sqrt{13} = 3{,}6055513....$

2. a) –
   b) Startwert 2 braucht einen Schritt mehr und Startwert 1 benötigt zwei Schritte mehr als Startwert 3 um dieselbe Genauigkeit zu erreichen.

3. Setzt man $b_0 = \frac{a}{a_0}$ in der Formel $a_1 = \frac{a_0 + b_0}{2}$ ein, so erhält man:
   $a_1 = \frac{1}{2}\left(a_0 + \frac{a}{a_0}\right)$. Die explizite Berechnung des zweiten Faktors wird eingespart.

4. –

5. Das Heronverfahren ist wesentlich schneller.

3.4 Rechenregeln für Quadratwurzeln und ihre Anwendung

113 **Einstieg:**

$\sqrt{a} \cdot \sqrt{b} = \sqrt{a \cdot b}$: $\quad \sqrt{7} \cdot \sqrt{5} = \sqrt{7 \cdot 5} = \sqrt{35}$

$\sqrt{2} \cdot \sqrt{5} = \sqrt{2 \cdot 5} = \sqrt{10}$

$\frac{\sqrt{a}}{\sqrt{b}} = \sqrt{\frac{a}{b}}$: $\quad \frac{\sqrt{6}}{\sqrt{3}} = \sqrt{\frac{6}{3}} = \sqrt{2}$

Regeln siehe Wurzelgesetze auf Seite 115 im Schülerband.

116

2. a) $\sqrt{18} = \sqrt{9 \cdot 2} = \sqrt{9} \cdot \sqrt{2} = 3 \cdot \sqrt{2}$ $\quad \sqrt{18} - \sqrt{2} = 3 \cdot \sqrt{2} - \sqrt{2} = 2 \cdot \sqrt{2}$

$\sqrt{18} + \sqrt{2} = 3 \cdot \sqrt{2} + \sqrt{2} = 4 \cdot \sqrt{2}$

Allgemein gilt: $\sqrt{a^2 \cdot b} = \sqrt{a^2} \cdot \sqrt{b} = |a| \cdot \sqrt{b}$

b) (1) $\sqrt{a^2 b} = \sqrt{a^2}\sqrt{b} = |a|\sqrt{b}$ $\quad$ (3) $\sqrt{\frac{a^2}{b}} = \frac{\sqrt{a^2}}{\sqrt{b}} = \frac{|a|}{\sqrt{b}}$

(2) $\sqrt{\frac{a}{b^2}} = \frac{\sqrt{a}}{\sqrt{b^2}} = \frac{\sqrt{a}}{|b|}$

c) (1) $5\sqrt{2}$ $\quad$ (2) $\frac{\sqrt{3}}{4}$ $\quad$ (3) $\frac{3}{\sqrt{11}}$

3. a) Anwendung des Distributivgesetzes: Ausklammern der Wurzel.

b) (1) $\sqrt{3} + \sqrt{12} = \sqrt{3} + \sqrt{4 \cdot 3} = \sqrt{3} + 2\sqrt{3} = 3\sqrt{3} = \sqrt{9 \cdot 3} = \sqrt{27}$

(2) $\sqrt{12} - \sqrt{3} = \sqrt{4 \cdot 3} - \sqrt{3} = 2\sqrt{3} - \sqrt{3} = \sqrt{3}$

4. a) 12 **b)** 8 **c)** 30 **d)** 10 **e)** 13 **f)** 40 **g)** 1,2 **h)** 4 **i)** 8

5. a) 15 **b)** 24 **c)** 120 **d)** 156 **e)** 2,8 **f)** 9,9 **g)** 84 **h)** 8 **i)** 54

6. a) 2 **b)** 5 **c)** 6 **d)** 7 **e)** 4 **f)** 5 **g)** 2 **h)** 12 **i)** 3

7. a) $\frac{7}{3}$ **b)** $\frac{25}{2}$ **c)** $\frac{4}{9}$ **d)** $\frac{1,2}{5} = 0,24$ **e)** $\frac{5}{7}$ **f)** $\frac{2,5}{1,5} = \frac{5}{3}$ **g)** $\frac{1,3}{1,6} = \frac{13}{16}$ **h)** $\frac{3}{2}$

117

8. a) $2\sqrt{3}$ **b)** $4\sqrt{2}$ **c)** $6\sqrt{2}$ **d)** $6\sqrt{5}$ **e)** $5\sqrt{5}$ **f)** $8\sqrt{3}$ **g)** $6\sqrt{10}$ **h)** $5\sqrt{21}$ **i)** $12\sqrt{5}$ **j)** $14\sqrt{5}$ **k)** $11\sqrt{11}$ **l)** $\frac{\sqrt{3}}{4}$ **m)** $\frac{\sqrt{7}}{5}$ **n)** $\frac{\sqrt{3}}{20}$

9. –

10. a) $\sqrt{68}$ **b)** $\sqrt{490}$ **c)** $\sqrt{7}$ **d)** $\sqrt{\frac{99}{16}}$ **e)** $\sqrt{\frac{11}{6}}$ **f)** $\sqrt{13}$ **g)** $\sqrt{1733}$ **h)** $\sqrt{\frac{1}{8}}$

117 **11. a)** 250 **b)** 900 **c)** 7 000 **d)** 220 **e)** 0,05 **f)** 0,11 **g)** 0,006 **h)** 0,025 **i)** 0,002

12. a) $\sqrt{0{,}09} = 0{,}3$ $\sqrt{0{,}9} \approx 0{,}9486833$
$\sqrt{9} = 3$ $\sqrt{90} \approx 9{,}486833$
$\sqrt{900} = 30$ $\sqrt{9\,000} \approx 94{,}86833$
$\sqrt{90\,000} = 300$
Verhundertfacht sich der Radikand, so verzehnfacht sich das Ergebnis.
b) $\sqrt{a \cdot 100} = \sqrt{a} \cdot \sqrt{100} = \sqrt{a} \cdot 10$ $\sqrt{a : 100} = \sqrt{a} : \sqrt{100} = \sqrt{a} : 100$

13. a) $11\sqrt{5}$ **b)** $-4\sqrt{7}$ **c)** $5\sqrt{5}$ **d)** $2{,}1\sqrt{6}$ **e)** $\frac{5}{4}\sqrt{7}$ **f)** $-\frac{1}{24}\sqrt{2}$ **g)** $7\sqrt{3}$ **h)** $5\sqrt{10}$ **i)** $11{,}5\sqrt{2} - 13{,}5\sqrt{3}$

14. a) $5\sqrt{2}$ **b)** $2\sqrt{3}$ **c)** $\sqrt{5}$ **d)** $-\sqrt{2}$ **e)** $8\sqrt{3}$ **f)** $-2\sqrt{5}$ **g)** $37\sqrt{3}$ **h)** $12\sqrt{7}$ **i)** $-15\sqrt{11}$

15. a) Richtig, denn $\sqrt{27} = 3\sqrt{3}$, $\sqrt{48} = 4\sqrt{3}$.
b) Richtig, denn $\sqrt{50} = 5\sqrt{2}$, $\sqrt{32} = 4\sqrt{2}$.
c) Richtig, denn $\sqrt{20} = 2\sqrt{5}$, $\sqrt{45} = 3\sqrt{5}$.
d) Richtig, denn $\sqrt{28} = 2\sqrt{7}$.
e) Richtig, denn $\sqrt{28} = 2\sqrt{7}$, $\sqrt{63} = 3\sqrt{7}$, $5\sqrt{7} = \sqrt{175}$.
f) Richtig, denn $\sqrt{147} = 7\sqrt{3}$, $\sqrt{75} = 5\sqrt{3}$, $\sqrt{12} = 2\sqrt{3}$.
g) Falsch, denn $\sqrt{18} = 3\sqrt{2}$, richtiges Ergebnis: $-2\sqrt{2}$.
h) Richtig, denn $\sqrt{27} = 3\sqrt{3}$.
i) Richtig, denn $\sqrt{2} = \sqrt{4 \cdot 0{,}5} = 2\sqrt{0{,}5}$.

3.5 Anwenden der Wurzelgesetze auf Terme mit Variablen

118 **Einstieg:**

Fall 1: Steht unter der Wurzel x^2, so kann dieses x^2 auch für negative Einsetzungen von x positiv sein, da Minus mal Minus ebenfalls Plus ergibt. Daher ist auch die Wurzel aus x^2 für $x \in \mathbb{R}$ definiert und daher ist bei negativen Einsetzungen für x des Ergebnis nach dem Radizieren der Betrag, weil durch das vorherige Quadrieren das Vorzeichen positiv geworden ist und weil die Wurzel für negative Radikanden nicht definiert ist. Für positive Einsetzungen ändert sich am Betrag der Wert nicht, dies zeigt auch, dass z. B. der Betrag von 5 gleich 5 ist.

118 **Einstieg:** (Fortsetzung)

Deutlich wird dies bei den folgenden Einsetzungen:

$\sqrt{5^2} = \sqrt{25} = 5 = |5|$ $\sqrt{(-5)^2} = \sqrt{25} = 5 = |-5|$

Fall 2: Begründung wie bei Fall 1 unter Hinweis auf die Anwendung des Wurzelgesetzes W1 für die Multiplikation.

Fall 3: Begründung wie bei Fall 1 und 2 unter Hinweis auf die Anwendung des Wurzelgesetzes W1 für die Multiplikation.

120 **3.** a) Nur für $x \geq 1{,}5$ ist der Term $8x - 12$ nichtnegativ und der Rechner kann die Wurzel berechnen

b) (1) $D = \{x \in \mathbb{R} \mid x \geq -4\}$ (3) $D = \{0\}$
(2) $D = \mathbb{R}$ (4) $D = \{\ \}$

4. a) $|c|$ c) $-c;\ c \geq 0$ e) $-c^2$ g) $3|r|$ i) $|2 - a|$
b) $|c|$ d) $c;\ c \geq 0$ f) $3r$ h) $-3|r|$ j) $1 - a;\ a \geq 1$

5. Linker Graph: $y = \sqrt{x^2}$; rechter Graph: $y = (\sqrt{x})^2$

121 **6.** a) Falsch; gilt nur für $x \geq 0$.
b) Falsch; gilt nur für $x \leq 0$.
c) Falsch; gilt nur für $x \geq 0$.
d) Richtig.
e) Falsch; gilt nur für $x = 0$.
f) Richtig.
g) Falsch; gilt nur für $x \leq 0$.
h) Richtig.

7. a) y (für $y \geq 0$)
b) y^2 (für $y \geq 0$)
c) $x \cdot |y|$ (für $x \geq 0$)
d) $10y$ (für $y \geq 0$)
e) $3 \cdot |a| \cdot b$ (für $b \geq 0$)
f) $12z$ (für $z \geq 0$)
g) $0{,}1\,u$ (für $u \geq 0$)
h) $0{,}6 \cdot |x|$

8. a) x (für $x > 0$)
b) $|x|$ (für $y > 0$)
c) $\frac{1}{|b|}$ (für $a > 0,\ b \neq 0$)
d) $\frac{\sqrt{v}}{u}$ (für $u > 0,\ v \geq 0$)

9. a) $8uv$ (für $u \geq 0$ und $v \geq 0$)
b) $6x \cdot \sqrt{xy}$ (für $x \geq 0$)
c) $5a \cdot |b|$ (für $a \geq 0$)
d) $\sqrt{18}\,m \cdot \sqrt{m} \cdot n$ (für $n \geq 0$ und $m \geq 0$)
e) $x^2 y \cdot \sqrt{y}$ (für $y \geq 0$)
f) $\sqrt{12}\,p^2 q^2$ (für $p \geq 0$ und $q \geq 0$)

10. a) $3|x|$ c) $6a^2$ e) $|pqr|$ g) $1{,}4 \cdot |x| \cdot y^2$
b) $|xy|$ d) $9|m \cdot n|$ f) $3m^2n^2$ h) $5|u| \cdot v^2 \cdot |w^3|$

121

11. a) $|a| \cdot \sqrt{7}$
b) $|b| \cdot \sqrt{2}$
c) $2\sqrt{x}$ (für $x \geq 0$)
d) $2\sqrt{3} \cdot |c|$
e) $|x| \cdot \sqrt{y}$ (für $y \geq 0$)
f) $|d| \cdot \sqrt{c}$ (für $c \geq 0$)
g) $z^2 \cdot \sqrt{z}$ (für $z \geq 0$)
h) $5x \cdot \sqrt{x}$ (für $x \geq 0$)
i) $3 \cdot |b| \cdot \sqrt{2a}$ (für $a \geq 0$)
j) $|a| \cdot b^2 \cdot \sqrt{3}$
k) $a \cdot |b| \cdot \sqrt{10a}$ (für $a \geq 0$)
l) $0{,}9 \cdot |z| \cdot \sqrt{xz}$ ($x \cdot z \geq 0$)
m) $\frac{\sqrt{30}}{|a|}$ (für $a \neq 0$)
n) $\frac{\sqrt{a}}{7}$ (für $a \geq 0$)
o) $\left|\frac{a}{b}\right| \cdot \sqrt{2}$ (für $b \neq 0$)
p) $\frac{\sqrt{a}}{b^2}$ (für $a \geq 0,\ b \neq 0$)
q) $\frac{a\sqrt{a}}{b^2}$ (für $a \geq 0,\ b \neq 0$)
r) $\frac{2r^2}{|s|} \cdot \sqrt{\frac{2}{5}}$ (für $s \neq 0$)

12. a) $\sqrt{a^2 b}$ (für $b \geq 0$)
b) $\sqrt{4c^2d^2}$
c) $\sqrt{u^3 v}$ $\left(\text{für } v \neq 0, \frac{u}{v} \geq 0\right)$
d) $\sqrt{a^3 bc}$ $\left(\text{für } b \neq 0,\ c \neq 0,\ \frac{a}{bc} \geq 0\right)$
e) $\sqrt{x^5 y}$ $\left(\text{für } y \neq 0,\ \frac{x}{y} \geq 0\right)$
f) $\sqrt{\frac{p}{q}}$ $\left(\text{für } q \neq 0,\ \frac{q}{p} \geq 0\right)$

13. a) $\sqrt{20} \cdot |a|$
b) $2 \cdot |x| \cdot \sqrt{y}$
c) $|xy^3|$
d) $z \cdot \sqrt{z}$ (für $z \geq 0$)
e) $5x \cdot \sqrt{5x}$ (für $x \geq 0$)
f) $\frac{3\sqrt{3} \cdot |b|}{|a|}$
g) $\frac{a^2 \cdot \sqrt{a}}{5}$ (für $a \geq 0$)
h) $\frac{|x|}{b^2}$
i) $0{,}5 \cdot |r|$
j) $2\sqrt{2} \cdot |a| \cdot b \cdot |c^3|$

14. a) falsch; Wurzelgesetz gilt nicht für die Addition.
b) falsch; $\sqrt{p^2 \cdot q^2} = |p| \cdot |q| = |pq|$
c) richtig
d) falsch; Wurzelgesetz gilt *nicht* für Subtraktion und $\sqrt{p^2} = |p|$.

122

15. a) $D = \{x \mid x \geq -5\}$
b) $D = \{a \mid a \geq 3\}$
c) $D = \{a \mid a \leq 5\}$
d) $D = \{p \mid p \geq -7\}$
e) $D = \{x \mid x \geq -2\}$
f) $D = \left\{x \mid x \leq \frac{7}{5}\right\}$
g) $D = \{x \mid x \geq -9\}$
h) $D = \{x \mid x \geq 24\}$
i) $D = \left\{v \mid v \leq \frac{7}{5}\right\}$
j) $D = \left\{x \mid x \leq \frac{4}{3}\right\}$
k) $D = \left\{x \mid x \geq -\frac{2}{3}\right\}$
l) $D = \{z \mid z \geq 0\}$

16.

	Definitionsmenge	Vereinfachter Term
a)	$\{a \in \mathbb{R} \mid a \geq 0\}$	$10a^2$
b)	$\{b \in \mathbb{R} \mid b > 0\}$	$\frac{b}{3}$

	Definitionsmenge	Vereinfachter Term
c)	$\{x \in \mathbb{R} \mid x > 1\}$	$2(x-1)$
d)	$\{b \in \mathbb{R} \mid b > 0\}$	$\frac{5}{b}$

122 **17.** a) $|a+1|$ c) $|r+2t|$ e) $\sqrt{v}+\sqrt{w}$ $(v, w \geq 0)$

b) $|x+7|$ d) u^2+2 f) $|3c-e|$

Das kann ich noch!

A) 1)

	Absolute Häufigkeit
Sehr große Eier	8
Große Eier	14
Mittelgroße Eier	21
Kleine Eier	7

2)

	Relative Häufigkeit
Sehr große Eier	16 %
Große Eier	28 %
Mittelgroße Eier	42 %
Kleine Eier	14 %

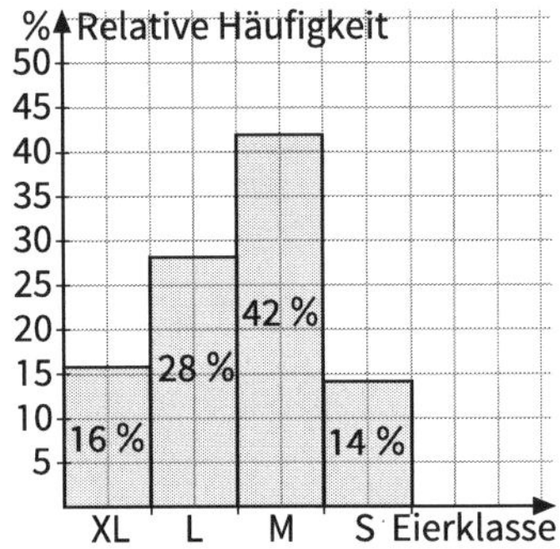

3) Arithmetisches Mittel:
$m = 3\,097{,}5\,g : 50 = 61{,}95\,g$

3.6 Umformen von Wurzeltermen

124 **1.** a) $3+\sqrt{3}$ c) $12+\sqrt{1{,}5}$ e) $5+\sqrt{10}$ g) $-\left(2+\sqrt{\frac{1}{32}}\right)$

b) $\sqrt{343}-7$ d) $\sqrt{275}-5{,}5$ f) $1-\sqrt{40}$ h) $3-\sqrt{108}$

2. a) $(a-b)\cdot\sqrt{5}$ e) $(1-2x)\cdot x\cdot\sqrt{7x}$ (für $x \geq 0$)

b) $(a+2)\cdot\sqrt{b}$ (für $b \geq 0$) f) $(\sqrt{7}+2)\cdot\sqrt{a}$ (für $a \geq 0$)

c) $(x-y)\cdot\sqrt{z}$ (für $z \geq 0$) g) $(1+\sqrt{s})\cdot\sqrt{r}$ (für $r \geq 0,\ s \geq 0$)

d) $(3-a)\cdot x\cdot\sqrt{x}$ (für $x \geq 0$) h) $(|b|-|c|)\cdot\sqrt{a}$ (für $a \geq 0$)

3. Gedachte Zahl: x
Frau Lindemann lässt folgenden Term berechnen:
$\left(\sqrt{x}-\frac{1}{\sqrt{x}}\right)\cdot\sqrt{x} = x-1$
Sie muss demnach zum errechneten Ergebnis nur 1 addieren und erhält die gedachte Zahl.

4. Einschränkende Bedingung bei allen Teilaufgaben: Die Variablen stehen für nichtnegative Zahlen.

a) $11c$ c) $x+x^2+x^3$ e) $x\sqrt{yz}+x\sqrt{y}$

b) $9a+9\sqrt{a}$ d) $u\sqrt{v}-v\sqrt{u}$ f) $24a-35b-41\sqrt{ab}$

124 **5.** **a)** 12 **c)** 165 **e)** 6
b) 1 **d)** 45 **f)** 98

6. **a)** Falsch, richtig ist: $p + q + 2\sqrt{pq}$.
b) Falsch, richtig ist: $r - 2\sqrt{rs} + s$.
c) Falsch, richtig ist: $\sqrt{(1 + r)^2} = |1 + r|$.

7. **a)** $a + b - 2\sqrt{ab}$ (für $a \geq 0,\ b \geq 0$) **c)** $v^2 - w$ (für $w \geq 0$)
b) $2h + 2\sqrt{h^2 - 1}$ (für $h \geq 1$) **d)** $2a + 2\sqrt{a^2 - b^2}$ (für $a \geq |b|$)

8. **a)** $\frac{7}{30}\sqrt{30}$ **e)** $\sqrt{5} - \sqrt{10}$ **i)** $\sqrt{a}$ (für $a > 0$)
b) $\frac{\sqrt{6}}{18}$ **f)** $\frac{3 - \sqrt{5}}{2}$ **j)** $\frac{a + \sqrt{b}}{a^2 - b}$ (für $b \geq 0,\ b \neq a^2$)
c) $\frac{\sqrt{5}}{5}$ **g)** $\frac{3\sqrt{5} - 5}{4}$
d) $\frac{\sqrt{5}}{10} + 1$ **h)** $\frac{7 + 3\sqrt{5}}{2}$

9. $\sqrt{r} \cdot \sqrt{s} = \sqrt{r \cdot s}$ (für $r \geq 0,\ s \geq 0$)
$\sqrt{r} \cdot (\sqrt{r} + \sqrt{s}) = r + \sqrt{rs}$ (für $r \geq 0,\ s \geq 0$)
$\sqrt{r} \cdot \frac{1}{\sqrt{s}} = \sqrt{\frac{r}{s}}$ (für $r \geq 0,\ s > 0$)
$\frac{1}{\sqrt{r}} \cdot \sqrt{s} = \sqrt{\frac{s}{r}}$ (für $r > 0,\ s \geq 0$)
$\frac{1}{\sqrt{r}} \cdot (\sqrt{r} + \sqrt{s}) = 1 + \sqrt{\frac{s}{r}}$ (für $r > 0,\ s \geq 0$)
$\frac{1}{\sqrt{r}} \cdot \left(\frac{1}{\sqrt{s}}\right) = \frac{1}{\sqrt{r \cdot s}}$ (für $r > 0,\ s > 0$)
$(\sqrt{r} - \sqrt{s}) \cdot \sqrt{s} = \sqrt{rs} - s$ (für $r \geq 0,\ s \geq 0$)
$(\sqrt{r} - \sqrt{s}) \cdot (\sqrt{r} - \sqrt{s}) = r - s$ (für $r \geq 0,\ s \geq 0$)
$(\sqrt{r} - \sqrt{s}) \cdot \left(\frac{1}{\sqrt{s}}\right) = \sqrt{\frac{r}{s}} - 1$ (für $r \geq 0,\ s > 0$)

10. **a)** 2 ($p \geq 1$) **b)** $\sqrt{a} - \sqrt{b}$ ($a \geq 0,\ b \geq 0$)

3.7 Vergleich der Zahlenbereiche $\mathbb{N}$, $\mathbb{Q}_+$, $\mathbb{Q}$ und $\mathbb{R}$

125 **Einstieg:** Keine Lösungen

126 **1.**

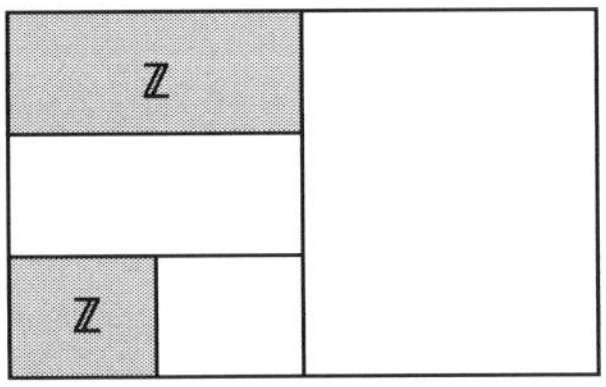

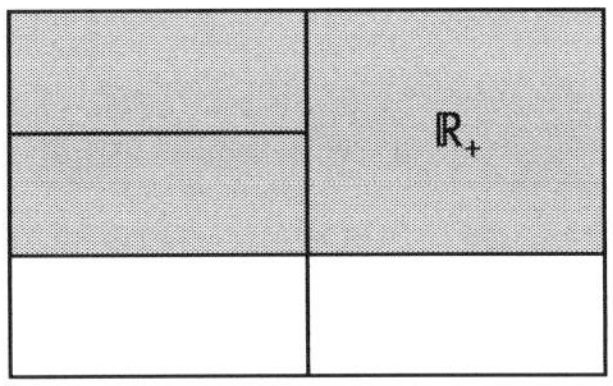

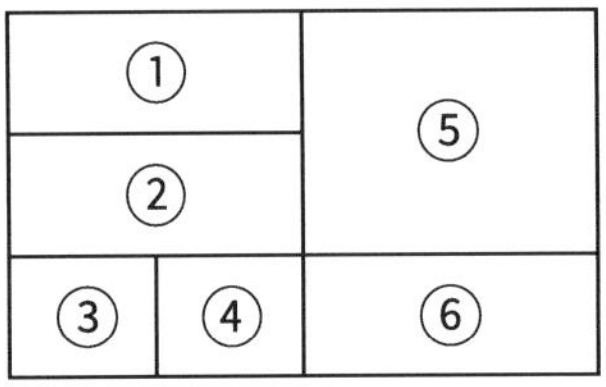

Gebiet 1:
natürliche Zahlen, z. B. 1; 2; 10
Gebiet 2:
nicht negative rationale Zahlen, die sich nicht als natürliche Zahlen schreiben lassen, z. B. $\frac{1}{2}$; $\frac{7}{3}$; $\frac{8}{5}$
Gebiet 3:
negative ganze Zahlen; z. B. −2; −3; −10
Gebiet 4:
negative rationale Zahlen, die sich nicht als ganze Zahlen schreiben lassen, z. B. $-\frac{1}{2}$; $-\frac{7}{3}$; $-\frac{8}{5}$
Gebiet 5:
positive irrationale Zahlen, z. B. $\sqrt{2}$; $\sqrt{3}$; $\sqrt{10}$
Gebiet 6:
negative irrationale Zahlen, z. B. $-\sqrt{2}$; $-\sqrt{3}$; $-\sqrt{10}$

2. a) $c = 0$ folgt sofort.

$c > 0$:

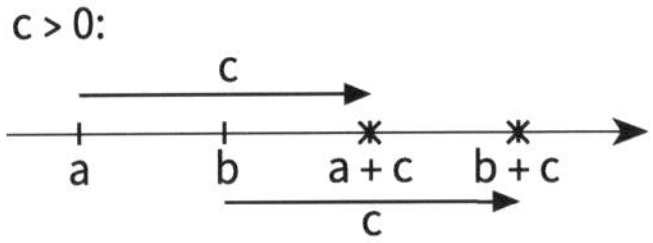

$c < 0$:

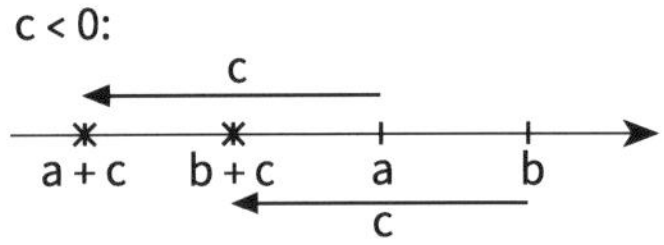

b) $a > 0$

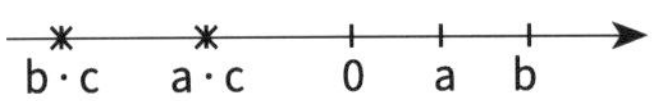

$a = 0$

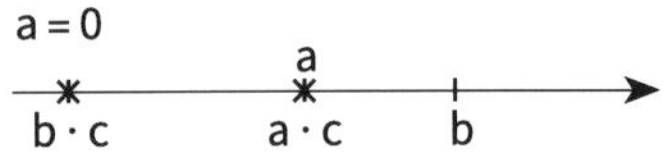

$a < 0;\ b \geq 0$

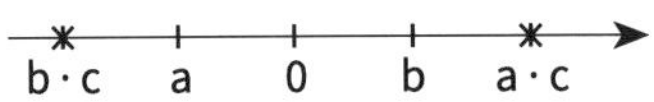

$a < 0;\ b < 0$

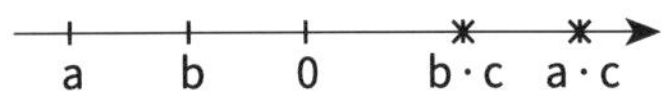

126

3. a) 3,5253

b) Ja. Man bildet die Differenz der ersten i Dezimalstellen beider Zahlen. i muss so gewählt werden, dass diese Differenz d größer null ist. Da beide Zahlen verschieden sein sollen, ist ihre Differenz größer null und es muss folglich ein solches i geben. Man teilt die Differenz durch 2 und addiert das Ergebnis zu der Zahl, die entsteht, wenn man von der kleineren Zahl nur die ersten i Ziffern nimmt. Es entsteht eine rationale Zahl, die zwischen den beiden reellen Zahlen liegt. Teilt man die Differenz d statt durch 2 durch $\sqrt{2}$ und addiert das Ergebnis zu den ersten i Ziffern der kleineren Zahl, erhält man eine irrationale Zahl, die zwischen beiden reellen Zahlen liegt.

4. a) Wäre $\sqrt{\sqrt{2}}$ rational, dann müsste $\sqrt{\sqrt{2}} = \frac{m}{n}$ mit $m \in \mathbb{R}$ und $n \in \mathbb{R}$ gelten. Also wäre $\sqrt{2} = \frac{m^2}{n^2}$ eine rationale Zahl. Das ist falsch.

Daher ist die Annahme falsch und $\sqrt{\sqrt{2}}$ muss irrational sein.

b) Wäre $\sqrt{a}$ rational, dann müsste $\sqrt{a} = \frac{m}{n}$ mit $m \in \mathbb{R}$ und $n \in \mathbb{R}$ gelten. Also wäre $a = \frac{m^2}{n^2}$ eine rationale Zahl. Das ist falsch. Daher ist die Annahme falsch und $\sqrt{a}$ muss irrational sein.

5. a) Wäre $a + b$ eine rationale Zahl q, dann wäre auch die Differenz $q - b$ rational als Differenz zweier Brüche. Diese Differenz ist aber auch die Zahl a, die aber irrational sein sollte.
Also kann $a + b$ keine rationale Zahl sein.

b) (1) Diese Aussage ist falsch; setze z. B. $a = \sqrt{2}$ und $b = -\sqrt{2}$. Oder setze wie in (2) $a = 0{,}121221222\ldots$ und $b = 0{,}878778777\ldots$

(2) Diese Aussage ist falsch; setze z. B.
$a = 0{,}121221222\ldots$ und $b = 0{,}878778777\ldots$
$a + b$ ist rational (nämlich 1); a und b sind aber beide irrational.
Oder setze wie in (1) $a = \sqrt{2}$; $b = -\sqrt{2}$.

(3) Diese Aussage ist wahr.

6. Sei $a > 0$ eine irrationale Zahl und der Kehrwert $\frac{1}{a}$ eine rationale Zahl. Dann müsste $\frac{1}{a} = \frac{m}{n}$ mit $m \in \mathbb{R}$ und $n \in \mathbb{R}$ gelten. Dann wäre $a = \frac{n}{m}$ eine rationale Zahl. Das ist aber falsch. Daher ist die Annahme falsch und $\frac{1}{a}$ muss irrational sein. Für $a < 0$ geht der Beweis analog.

Im Blickpunkt: Wie viele rationale und irrationale Zahlen gibt es?

127

1. a) Nein, für eine rationale Zahl kann man keine nächst größere rationale Zahl angeben, denn zwischen zwei beliebigen rationalen Zahlen a und b liegt immer die rationale Zahl $\frac{a+b}{2}$.
   b) (1) Da sich jede rationale Zahl als gekürzten Bruch $\frac{m}{n}$ mit m, $n \in \mathbb{Z}$ darstellen lässt, findet sich diese Zahl in Spalte $2m-1$ bzw. 2 m und Zeile n im Zahlenschema.
   (2) –

128

   (3) Da man zwischen zwei aufeinanderfolgenden natürlichen Zahlen unendlich viele rationale Zahlen finden kann, liegt die Vermutung nahe, dass es mehr rationale als natürliche Zahlen gibt. Die Vermutung ist aber nicht richtig, da man mit dem Cantor'schen Diagonalverfahren beide Zahlmengen umkehrbar eindeutig einander zuordnen kann.

2. a) (1) So klein die Intervalle auch werden, sie decken trotzdem die dazugehörende rationale Zahl ab. Da für jede rationale Zahl ein Intervall eingetragen wird, werden folglich alle rationalen Zahlen abgedeckt. Die Intervalle überschneiden sich teilweise. Z. B. das Intervall um 0 von $-\frac{1}{2}$ bis $+\frac{1}{2}$ beinhaltet $\frac{1}{3}$ und überschneidet sich folglich mit dem Intervall, welches $\frac{1}{3}$ abdeckt.
   (2) Die Länge aller Intervalle zusammen ergibt sich aus der Konstruktionsvorschrift $L = 1{,}\overline{1}$ dm. Dass alle rationalen Zahlen erfasst werden, folgt aus Aufgabe 2 a) (1).
   b) $0{,}\overline{1}$ dm
   c) Die rationalen Zahlen nehmen im Vergleich zu den irrationalen Zahlen nur einen sehr kleinen Anteil ein.

3.8 Wurzelgleichungen

129

Einstieg:
Wir stellen die Gleichung auf und lösen sie durch Quadrieren auf beiden Seiten:

$$\begin{aligned} \sqrt{x^2+12} &= 2x && \mid \text{Quadrieren} \\ \left(\sqrt{x^2+12}\right)^2 &= (2x)^2 \\ x^2+12 &= 4x^2 && \mid -x^2 \\ 12 &= 3x^2 && \mid :3 \\ 4 &= x^2 && \mid \sqrt{} \end{aligned}$$

$x = 2$ oder $x = -2$

129 **Einstieg:** (Fortsetzung)

Probe mit 2

$\sqrt{2^2+12} \stackrel{?}{=} 2\cdot 2$

$\sqrt{16} \stackrel{?}{=} 4$

$4=4$ wahr

Probe mit −2

$\sqrt{(-2)^2+12} \stackrel{?}{=} 2\cdot(-2)$

$\sqrt{16} \stackrel{?}{=} -4$

$4=-4$ falsch

−2 ist keine Lösung der Gleichung, also $L=\{2\}$.

130 **1.** a) $L=\{24\}$ b) $L=\{400\}$ c) $L=\{-3;3\}$ d) $L=\{2\}$ e) $L=\{1\}$ f) $L=\{29\}$ g) $L=\{4\}$ h) $L=\{-4;4\}$

2. a) $L=\{\ \}$ b) $L=\{\ \}$ c) $L=\{x\in\mathbb{R}\mid x\geq 0\}$ d) $L=\{a\in\mathbb{R}\mid a\geq 0\}$

3. Jan: Fehler in der 1. Umformung: $\sqrt{4z-4}\neq\sqrt{4z}-\sqrt{4}$

$\sqrt{4z-4}+4=0 \quad |-4$

$\sqrt{4z-4}=-4$

$\sqrt{4z-4}$ kann nicht negativ sein, also $L=\{\ \}$

Nora: Fehler in der 1. Umformung. Wenn man die Gleichung nicht umformt und die linke Seite quadriert, erhält man:

$(\sqrt{4z-4})^2+2\cdot 4\cdot\sqrt{4z-4}+4^2=0$

$4z-4+8\sqrt{4z-4}+16=0$

$4z+8\sqrt{4z-4}+12=0$

Man erhält also wieder eine Wurzelgleichung. Man muss als erste Umformung auf beiden Seiten der Gleichung 4 subtrahieren, um die Wurzel auf der linken Seite zu isolieren.
Vor dem Quadrieren muss die 4 auf die andere Seite des Gleichheitszeichens gebracht werden.

Marc: Fehler in der 1. Umformung. Marc hat die linke Seite falsch quadriert.
Richtig ist:

$$\begin{aligned}
\sqrt{x+1}-\sqrt{x-2}&=1 && |\text{Quadrieren}\\
(\sqrt{x+1})^2-2\cdot(\sqrt{x+1})\cdot(\sqrt{x-2})+(\sqrt{x-2})^2&=1^2 && |\text{Termumformung}\\
x+1-2\cdot(\sqrt{x+1})\cdot(\sqrt{x-2})+x-2&=1 && |\text{Termumformung}\\
2x-2\cdot(\sqrt{x+1})\cdot(\sqrt{x-2})-1&=1 && |-2x+1\\
-2\cdot(\sqrt{x+1})\cdot(\sqrt{x-2})&=-2x+2 && |\text{Quadrieren}\\
(-2\cdot(\sqrt{x+1})\cdot(\sqrt{x-2}))^2&=(-2x+2)^2 && |\text{Termumformung}\\
4\cdot(x+1)\cdot(x-2)&=4x^2-8x+4 && |\text{Termumformung}\\
4x^2-4x-8&=4x^2-8x+4 && |-4x^2+8x+8\\
4x&=12 && |:4\\
x&=3
\end{aligned}$$

$L=\{3\}$

130 4. a) $\sqrt{x^2+2} = x+2$; $L = -\frac{1}{2}$

b) $\sqrt{x^2-27} = \frac{1}{2}x$; $L = \{6\}$

c) $\sqrt{x+17} = \sqrt{x}+1$; $L = \{64\}$

3.9 Aufgaben zur Vertiefung

131 1. a) Die polnische Regierung möchte die Stimmgewichte innerhalb der europäischen Union so verteilen, dass die Gewichtung proportional zur Quadratwurzel aus der Einwohnerzahl jedes Landes ist. Würden unterschiedlich große Länder eine gleiche Gewichtung erfahren, so wäre dies ungerecht. Ebenso könne es gemäß der polnischen Regierung auch zu einem Extremfall kommen, wenn die Stimmengewichtung proportional zur Einwohnerzahl geregelt sei, da dann ein einziges Land entscheide. Aufgrund dieser beiden „ungerechten" Fälle plädiert die polnische Regierung für die oben beschriebene Stimmengewichtung.

b)

Zur Zeit zwischen 2005 und 2007	Einwohnerzahl (in Mio.)	Anteil	Wurzel aus Einwohnerzahl	Anteil bezüglich der Wurzel
Belgien	10,51	2,13 %	3 241,91	3,37 %
Bulgarien	7,68	1,56 %	2 771,28	2,88 %
Dänemark	5,55	1,13 %	2 355,84	2,45 %
Deutschland	82,31	16,69 %	9 072,49	9,44 %
Estland	1,35	0,27 %	1 161,90	1,21 %
Finnland	5,28	1,07 %	2 297,83	2,39 %
Frankreich	60,66	12,30 %	7 788,45	8,10 %
Griechenland	11,06	2,24 %	3 325,66	3,46 %
Großbritanien	60,21	12,21 %	7 759,51	8,07 %
Irland	4,24	0,86 %	2 059,13	2,14 %
Italien	58,88	11,94 %	7 673,33	7,98 %
Lettland	2,29	0,46 %	1 513,27	1,57 %
Litauen	3,38	0,69 %	1 838,48	1,91 %
Luxemburg	0,47	0,10 %	685,57	0,71 %
Malta	0,41	0,08 %	640,31	0,67 %
Niederlande	16,37	3,32 %	4 045,99	4,21 %
Österreich	8,31	1,69 %	2 882,71	3,00 %
Polen	38,54	7,82 %	6 208,06	6,46 %
Portugal	10,95	2,22 %	3 309,08	3,44 %
Rumänien	21,71	4,40 %	4 659,40	4,85 %
Schweden	9,13	1,85 %	3 021,59	3,14 %
Slowakei	5,43	1,10 %	2 330,24	2,42 %
Slowenien	2,00	0,41 %	1 414,21	1,47 %
Spanien	45,12	9,15 %	6 717,14	6,99 %
Tschechische Republik	10,31	2,09 %	3 210,92	3,34 %
Ungarn	9,96	2,02 %	3 155,95	3,28 %
Zypern	0,95	0,19 %	974,68	1,01 %
Summe	**493,06**	**100 %**	**96 114,91**	**100 %**

131

1. c) Die Werte liegen zumeist etwa zwischen den beiden berechneten Werten. Es gibt insgesamt 751 Sitze, von denen auf Deutschland beispielsweise 96 fallen (also 96 von 751 = 12,78 %).

d)

	Einwohner (in 1 000)	Anteil	Wurzel aus der Einwohnerzahl	Anteil bezüglich der Wurzel
Nordrhein-Westfalen	17571,86	21,76 %	4191,88	12,81 %
Bayern	12604,24	15,61 %	3550,25	10,85 %
Baden-Württemberg	10631,28	13,16 %	3260,56	9,97 %
Niedersachsen	7790,56	9,65 %	2791,16	8,53 %
Hessen	6045,48	7,49 %	2458,76	7,52 %
Sachsen	4046,39	5,01 %	2011,56	6,15 %
Rheinland-Pfalz	3994,37	4,95 %	1998,59	6,11 %
Berlin	3421,83	4,24 %	1849,82	5,65 %
Schleswig-Holstein	2815,96	3,49 %	1678,08	5,13 %
Brandenburg	2449,19	3,03 %	1564,99	4,78 %
Sachsen-Anhalt	2244,58	2,78 %	1498,19	4,58 %
Thüringen	2160,84	2,68 %	1469,98	4,49 %
Hamburg	1746,34	2,16 %	1321,49	4,04 %
Mecklenburg-Vorpommern	1596,51	1,98 %	1263,53	3,86 %
Saarland	990,72	1,23 %	995,35	3,04 %
Bremen	657,39	0,81 %	810,80	2,48 %
Summe	**80767,54**	**100 %**	**32714,99**	**100 %**

Es gibt nur insgesamt 69 Sitze, die je nach Größe verteilt werden.
„Das abgestufte Stimmengewicht ist ein Kompromiss zwischen der „föderativen“ Forderung nach Gleichbehandlung der Länder und dem demokratischen Ideal einer exakten Repräsentation der jeweiligen Einwohnerzahlen.“

2. a) $\frac{1}{\sqrt{101}-\sqrt{99}} = \frac{\sqrt{101}+\sqrt{99}}{2}$ (da der Term größer 0)

$$= \sqrt{\left(\frac{\sqrt{101}+\sqrt{99}}{2}\right)\cdot\left(\frac{\sqrt{101}+\sqrt{99}}{2}\right)}$$

$$= \sqrt{\frac{101+2\sqrt{99}\sqrt{101}+99}{4}}$$

$$= \sqrt{\frac{101+2\cdot 100+99}{4}} \quad \text{da } \sqrt{99}\cdot\sqrt{101}\approx 100$$

$$= \sqrt{100} = 10$$

b) (1) 8 (2) 6 (3) 5 (4) 4 (5) 3

3. (1) $\frac{20-\sqrt{96}}{\sqrt{8}} = \frac{\sqrt{400}-\sqrt{96}}{\sqrt{8}} = \sqrt{50}-\sqrt{12}$

(2) $\frac{100}{4+\sqrt{7}} = \frac{100\left(4x-\sqrt{7}\right)}{16-7} = \frac{400-100\sqrt{7}}{9} = 44\frac{4}{9} - 11\frac{1}{9}\cdot\sqrt{7}$

131 4. a) $a > 1$ $\left(\text{und damit } \sqrt{a} - 1 > 0 \text{ und } (a-1) > 0\right)$

$$\frac{1}{\sqrt{a}-1} - \frac{\sqrt{a}}{a-1} = \frac{\sqrt{a}+1}{a-1} - \frac{\sqrt{a}}{a-1}$$
$$= \frac{\sqrt{a}+1-\sqrt{a}}{a-1}$$
$$= \frac{1}{a-1}$$

b) $\frac{1}{\sqrt{a}+1} - \frac{\sqrt{a}}{a-1} = \frac{\sqrt{a}-1}{a-1} - \frac{\sqrt{a}}{a-1} = \frac{-1}{a-1} = \frac{1}{1-a}$

Auf den Punkt gebracht: Rechnen mit Näherungswerten

132 1. a) a und b liegen auf der Zahlengeraden auf jeden Fall in den angegebenen Intervallen.

b) Die Summe $a + b$ ist auf jeden Fall größer als die Summe der linken Intervallgrenzen $0{,}408 + 0{,}2931 = 0{,}7011$ und kleiner als die Summe der rechten Intervallgrenzen $0{,}409 + 0{,}2932 = 0{,}7022$. Es ergibt sich $a + b = 0{,}70\ldots$ Zwei Dezimalstellen sind gesichert.

c) Dem Produkt $a \cdot b$ entspricht der Flächeninhalt des entsprechenden Rechtecks. Dieser Flächeninhalt ist in jedem Fall größer [kleiner] als der Flächeninhalt, wenn man als Seitenlänge die untere [obere] Intervallgrenze nimmt. Das Produkt $a \cdot b$ liegt demnach zwischen 0,1195848 und 0,1199188. Es ergibt sich: $a \cdot b = 0{,}119\ldots$. Drei Dezimalstellen sind gesichert.

d) Für die Differenz $a - b$ gilt dasselbe wie für die Summe in Teilaufgabe b). Linke Intervallgrenze: $0{,}408 - 0{,}2931 = 0{,}1149$, rechte Intervallgrenze: $0{,}409 - 0{,}2932 = 0{,}1158$ d.h. $0{,}1149 \le a - b \le 0{,}1158$, $a - b = 0{,}11\ldots$ Zwei Dezimalstellen sind gesichert.

e) Der kleinste Quotient ergibt sich falls a so klein wie möglich und b so groß wie möglich ist. Die linke Intervallgrenze für a bzw. b ist deshalb 0,409 bzw. 0,2931. Analog gilt für die rechte Intervallgrenze 0,409 bzw. 0,2931. Zwei Dezimalstellen sind gesichert: a bzw. b = 1,39…

2. $32{,}65\,\text{cm} < a < 32{,}74\,\text{cm}$; $18{,}85\,\text{cm} < b < 18{,}94\,\text{cm}$

(1) a) $103\,\text{cm} < 2 \cdot (a+b) < 103{,}36\,\text{cm}$

b) $615{,}4525\,\text{cm}^2 < a \cdot b < 620{,}0956\,\text{m}^2$

c) $1{,}72386483633 < a : b < 1{,}73687002653$

(2) $29{,}65\,\text{cm} < a < 29{,}74\,\text{cm}$; $20{,}95\,\text{cm} < b < 21{,}04\,\text{cm}$

a) $101{,}2\,\text{cm} < 2 \cdot (a+b) < 101{,}56\,\text{cm}$

b) $621{,}1675\,\text{cm}^2 < a \cdot b < 625{,}7296\,\text{cm}^2$

c) $1{,}40922053232 < a : b < 1{,}41957040573$

132 3. Angabe der Werte für die jeweiligen Kantenlängen
$46{,}5\,cm < a < 47{,}4\,cm$; $29{,}5\,cm < b < 30{,}4\,cm$, $18{,}5\,cm < c < 19{,}4\,cm$

a) Für das Volumen gilt: $V = a \cdot b \cdot c$
$46{,}5\,cm \cdot 29{,}5\,cm \cdot 18{,}5\,cm < V < 47{,}4\,cm \cdot 30{,}4\,cm \cdot 19{,}4\,cm$
$25\,377{,}375\,cm^3 < V < 27\,954{,}624\,cm^3$
$25{,}377375\,dm^3 < V < 27{,}954624\,dm^3$

b) Für den Oberflächeninhalt gilt: $O = 2ab + 2ac + 2bc$
$5\,555{,}5\,cm^2 < O < 5\,900{,}56\,cm^2$
$55{,}555\,dm^2 < O < 59{,}0056\,dm^2$

c) Für die Kantenlänge k gilt $k = 4a + 4b + 4c$
$378\,cm < k < 388{,}8\,cm$
$37{,}8\,dm < k < 38{,}88\,dm$

4. Satz des Pythagoras

135 **Einstiegsseite:**
Das Dreieck im Maßstab 1 : 10 hat die Seitenlängen 3 cm, 4 cm und 5 cm.
Es fällt beim Zeichnen des Dreiecks auf, dass es rechtwinklig ist.

Lernfeld: Alles über Dreiecke

136 **1. Auftrag: Wie im alten Äqypten**
Die Schüler sollen die historische Bedeutung der Dreiecksberechnung erfahren. Der Text gibt Hintergrundinformationen zur Problematik der Ägypter durch die regelmäßigen Nilhochwasser.
Bei diesem Auftrag sollen die Schüler selbst tätig werden und wie die alten Ägypter rechte Winkel konstruieren. Dies geschieht auf zwei unterschiedlichen Wegen. Die Durchführung kann in der Klasse geschehen. Denkbar ist aber auch die Arbeit auf dem Schulhof. Dann kann wirklich mit Seil und Stock und nicht nur mit Faden und Reißzwecke gearbeitet werden.

- ➔ Die Konstruktion führt zum Satz des Thales und seiner Umkehrung. Natürlich könnte auch mit Zirkel gearbeitet werden. Die Schüler sollen aber bewusst die Kreiskonstruktion auch einmal anders durchführen.
- ➔ Die Konstruktion führt zum Satz des Pythagoras und seiner Umkehrung. Eine Markierung auf einem Seil zur Simulation der Knoten ist ausreichend. Möglich sind aber auch richtige Knoten oder Kugeln am Seil. Hierbei muss jedoch sehr exakt gearbeitet werden, damit die Seilstücke zwischen den Knoten genau gleich lang sind. Hier ist die Lösung das pythagoreische Tripel 3-4-5 (Länge jeweils einer Dreieckseite). Mit anderen Seillängen sind auch andere pythagoreische Tripel möglich.

4.1 Satz des Pythagoras

137 **Einstieg:**

a) Von einer Fliese im oberen Streifen sind $2 \cdot \frac{1}{4} = \frac{1}{2}$ der Fliese aus hellem Granit. Von zwei Fliesen des oberen Streifens sind also $2 \cdot \frac{1}{2}$ Fliese aus hellem Granit, insgesamt also eine Fliese. Damit ist auch im oberen Streifen wie im unteren Streifen die Hälfte aus hellem Granit.

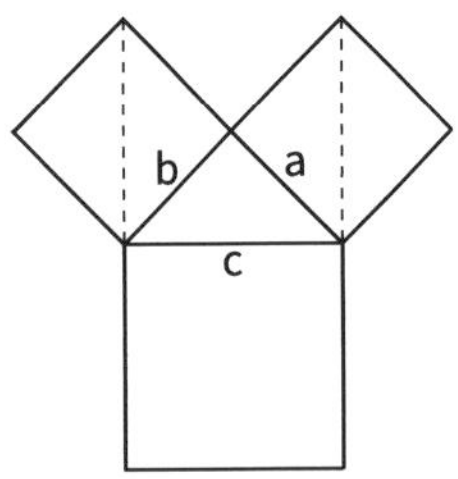

137 **Einstieg:**

b) Aus Kapitel 3 wissen wir, dass ein Quadrat mit der Diagonalenlänge 2 a die Seitenlänge $\sqrt{2} \cdot a$ hat. Die beiden kleinen grauen Quadrate haben beide jeweils den Flächeninhalt a^2. Das große graue Quadrat hat den Flächeninhalt $\left(\sqrt{2} \cdot a\right)^2 = 2\,a^2$.

Die beiden kleinen Quadrate sind Quadrate über den beiden Schenkeln des gleichschenklig-rechtwinkligen Dreiecks, das große Quadrat ist Quadrat über der Basis des Dreiecks. Mit unseren Überlegungen gilt dann:
$a^2 + a^2 = 2\,a^2$
Die Summe der Flächeninhalte der Quadrate über den Schenkeln des gleichschenklig-rechtwinkligen Dreiecks ist gleich dem Flächeninhalt des Quadrats über der Basis dieses Dreiecks.

c) Für alle rechtwinkligen Dreiecke gilt: $a^2 + b^2 = c^2$

140 **3.** Man konstruiert hierzu ein rechtwinkliges Dreieck, bei dem die Katheten 1 cm und 2 cm lang sind. Wegen $(1\,\text{cm})^2 + (2\,\text{cm})^2 = 5\,\text{cm}^2$, hat die Hypotenuse eine Länge von $\sqrt{5}$ cm.

4. (1) $b^2 = a^2 + c^2$ (2) $a^2 = b^2 + c^2$ (3) $t^2 = r^2 + s^2$

5. Jakob: $b^2 + c^2 = a^2$; Katharina: richtig; Lars: $a = \sqrt{c^2 - b^2}$

141 **6.** a) $x = \sqrt{18{,}48\,\text{cm}^2} \approx 4{,}3\,\text{cm}$

b) $x = \sqrt{312{,}32\,\text{cm}^2} \approx 17{,}7\,\text{cm}$

c) $x = \sqrt{734{,}57\,\text{cm}^2} \approx 27{,}1\,\text{cm}$

d) $h^2 = (4{,}5\,\text{cm})^2 - (1{,}7\,\text{cm})^2 = 17{,}36\,\text{cm}^2$

$x = \sqrt{h^2 + (4{,}2\,\text{cm})^2} = \sqrt{17{,}36\,\text{cm}^2 + 17{,}64\,\text{cm}^2} = \sqrt{35}\,\text{cm} \approx 5{,}9\,\text{cm}$

7. a) Dreieck ABC: $a^2 + b^2 = c^2$
Dreieck ADC: $b^2 = h_c^2 + q^2$
Dreieck BCD: $a^2 = h_c^2 + q^2$

b) Dreieck RST: $s^2 = t^2 + r^2$
Dreieck RSU: $t^2 = y^2 + h_s^2$
Dreieck STU: $r^2 = h_s^2 + x^2$

c) Dreieck EFG: $(d + g)^2 = e^2 + (h + f)^2$
Dreieck EHG: $(h + f)^2 = d^2 + l^2$
Dreieck EHI: $d^2 = h^2 + k^2$
Dreieck FGH: $e^2 = g^2 + l^2$
Dreieck HGI: $l^2 = f^2 + k^2$

141 8. a) $c = 20\,cm;\ u = 48\,cm;\ A = 96\,cm^2$
b) $b = 8\,cm;\ u = 24\,cm;\ A = 24\,cm^2$
c) $b = 8\,dm;\ u = 24\,dm;\ A = 24\,cm^2$
d) $a = \sqrt{29{,}06\,km^2} \approx 5{,}391\,km;\ u \approx 13\,km;\ A \approx 7{,}175\,km^2$
e) $b = \sqrt{3757\,mm^2} \approx 61{,}3\,mm \approx 6{,}1\,cm;\ u \approx 14{,}6\,cm;\ A \approx 8{,}67\,cm^2$

9. Konstruiere ein rechtwinkliges Dreieck mit den beiden Katheten a und b. Die Hypotenuse c hat die gesuchte Länge.
(1) $a = 3\,cm;\ b = 1\,cm;\ c = \sqrt{10}\ cm$
(2) $a = 4\,cm;\ b = 2\,cm;\ c = \sqrt{20}\ cm$
(3) $a = b = 1\,cm;\ c = \sqrt{2}\ cm$

10. $|MA| = 1 = \sqrt{1};\quad |MB| = \sqrt{|MA|^2 + 1} = \sqrt{2};\quad |MC| = \sqrt{|MB|^2 + 1} = \sqrt{3};$
$|MD| = \sqrt{|MC|^2 + 1} = \sqrt{4};\quad |ME| = \sqrt{|MD|^2 + 1} = \sqrt{5}$
Man trägt jeweils orthogonal eine Strecke der Länge 1 cm an und erhält so die Folge $\sqrt{2}, \sqrt{3}, \sqrt{4}; \sqrt{5}; \ldots$

11. a) –
b) Da $a = b$ gilt $a^2 + a^2 = c^2$, also $a^2 = \frac{c^2}{2}$. Die in jeder Stufe hinzukommenden Quadrate haben also einen nur halb so großen Flächeninhalt.
Gesamtflächeninhalt: $A = \left(4^2 + 2 \cdot \frac{4^2}{2} + 4 \cdot \frac{4^2}{4} + 8 \cdot \frac{4^2}{8}\right) cm^2 = 64\,cm^2$
Die Seitenlänge der nächsten Stufe ist $a = c \cdot \frac{1}{\sqrt{2}}$ und der Umfang aller Quadrate ist:
$$u = \left[(4 \cdot 4) + 2 \cdot \left(4 \cdot 4 \cdot \frac{1}{\sqrt{2}}\right) + 4 \cdot \left(4 \cdot 4 \cdot \frac{1}{\sqrt{2^2}}\right) + 8 \cdot \left(4 \cdot 4 \cdot \frac{1}{\sqrt{2^3}}\right)\right] cm$$
$$\approx (16 + 22{,}6 + 32 + 45{,}2)\,cm \approx 115{,}8\,cm$$
c) Bei n Stufen ist der Flächeninhalt aller Quadrate $A = n \cdot c^2$ (bzw. $A = n \cdot 4^2\,cm^2$).
Der Umfang aller Quadrate ist $u = 4 \cdot c \cdot \left(1 + \sqrt{2} + \sqrt{2^2} + \ldots + \sqrt{2^{n-1}}\right)$.

12. a) Der Flächeninhalt des weißen Quadrats im linken Bild ist gleich der Summe der Flächeninhalte der weißen Quadrate im rechten Bild, da jeweils die vier Dreiecksflächen vom Flächeninhalt der Gesamtquadrate abgetrennt wurden. Wir bezeichnen die beiden Katheten der rechtwinkligen Dreiecke jeweils mit a und b, die Hypotenusen mit c.
Das weiße Quadrat in der linken Figur hat die Seitenlänge c, die weißen Quadrate in der rechten Figur die Seitenlängen a bzw. b. Da der Flächeninhalt der weißen Flächen in den beiden Figuren gleich groß sind, gilt.
$c^2 = a^2 + b^2$
b) –

4.2 Berechnen von Streckenlängen

142 **Einstieg:**

$(0{,}7\,m)^2 + x^2 = (2{,}1\,m)^2$, also $x = \sqrt{(2{,}1\,m)^2 - (0{,}7\,m)^2} \approx 1{,}98\,m$

144 **3.** **a)** $e \approx 9{,}4\,cm$ **b)** $b \approx 3{,}5\,dm$ **c)** $a \approx 3{,}6\,dm$

4. **a)** $h \approx 6{,}06\,cm$; $A \approx 21{,}22\,cm^2$
b) $a \approx 5{,}77\,m$; $A \approx 14{,}43\,m^2$; $u \approx 17{,}32\,m$
c) $a \approx 9{,}0\,cm$; $h \approx 7{,}8\,cm$; $u \approx 27{,}0\,cm$

5. **a)** $h \approx 2{,}65\,cm$; $A \approx 7{,}94\,cm^2$; $u = 14\,cm$
b) $g = 8\,dm$; $A = 12\,dm^2$; $u \approx 18\,dm$
c) $s \approx 32{,}9\,mm$; $A = 540\,mm^2$; $u \approx 110{,}8\,mm$

6. $\sqrt{41{,}6\,m^2} + 0{,}70\,m \approx 7{,}15\,m$

7. $h = \sqrt{s^2 - \left(\frac{g}{2}\right)^2} = \sqrt{s^2 - \frac{g^2}{4}} = \sqrt{\frac{4s^2 - g^2}{4}} = \frac{1}{2}\sqrt{4s^2 - g^2}$

$A = \frac{g}{2} \cdot h = \frac{g}{2} \cdot \sqrt{s^2 - \left(\frac{g}{2}\right)^2} = \frac{g}{2} \cdot \sqrt{s^2 - \frac{g^2}{4}} = \frac{g}{4} \cdot \sqrt{4s^2 - g^2}$

8. **a)** $d = \sqrt{(3\,cm)^2 + (3\,cm)^2} = \sqrt{18\,cm^2} \approx 4{,}24\,cm$
b) $d^2 = a^2 + a^2$, also $d = \sqrt{a^2 + a^2} = \sqrt{2a^2} = a \cdot \sqrt{2}$
c) $2a^2 = (12\,cm)^2$, also $a = \sqrt{72}\,cm \approx 8{,}49\,cm$
d) $a^2 + a^2 = d^2$

$a^2 = \frac{d^2}{2}$

$a = \sqrt{\frac{d^2}{2}} = \frac{d}{\sqrt{2}}$

145 **9.** Die Spitze ist etwa in 30 m Höhe abgeknickt. Man geht davon aus, dass die Fichte gerade nach oben gewachsen ist und damit senkrecht mit einem Winkel von 90° auf dem Boden steht, sodass man den Satz des Pythagoras anwenden kann. Die Hypotenuse ist 31,25 m lang und die Katheten (nach oben) 8,75 m. Für die Entfernung e der Spitze vom Stamm erhält man.
$e = \sqrt{(31{,}25\,m)^2 - (8{,}75\,m)^2} = \sqrt{900\,m^2} = 30\,m$

10. Für das Bild gilt:
$|AC| = \sqrt{4^2 + 1^2}\,cm = \sqrt{17}\,cm \approx 4{,}1\,cm$; $u \approx 9{,}1\,cm$; $A = 2\,cm^2$
a) $|AC| = \sqrt{45}\,cm \approx 6{,}7\,cm$; $u \approx 15{,}7\,cm$; $A = 9\,cm^2$
b) $|AC| = \sqrt{34}\,cm \approx 5{,}8\,cm$; $u \approx 13{,}8\,cm$; $A = 7{,}5\,cm^2$
c) $|AC| = \sqrt{128}\,cm \approx 11{,}3\,cm$; $u \approx 27{,}3\,cm$; $A = 32\,cm^2$

145 **10. d)** $|AC| = \sqrt{221}\text{ cm} \approx 14{,}9\text{ cm}$; $u \approx 35{,}9\text{ cm}$; $A = 55\text{ cm}^2$

e) $|AC| = \sqrt{29}\text{ cm} \approx 5{,}4\text{ cm}$; $u \approx 12{,}4\text{ cm}$; $A = 5\text{ cm}^2$

f) $|AC| = \sqrt{(x_2 - x_1)^2 + (y_2 - y_1)^2}\text{ cm}$; $u = |x_2 - x_1| + |y_2 - y_1| + |AC|\text{ cm}$;

$A = \frac{1}{2} \cdot |x_2 - x_1| \cdot |y_2 - y_1|\text{ cm}^2$

11. O(0|0) ist der Ursprung des Koordinatensystems.

$|OA| = 5\text{ cm}$ $|OC| \approx 5{,}1\text{ cm}$ $|OE| \approx 3{,}2\text{ cm}$

$|OB| \approx 11{,}4\text{ cm}$ $|OD| \approx 4{,}5\text{ cm}$

12. a) **(1)** $|AB| \approx 5{,}4\text{ cm}$; $|BC| \approx 3{,}6\text{ cm}$; $|CA| \approx 5{,}8\text{ cm}$; $u \approx 14{,}8\text{ cm}$

(2) $|AB| \approx 9{,}2\text{ cm}$; $|BC| \approx 8{,}6\text{ cm}$; $|CA| \approx 6{,}4\text{ cm}$; $u \approx 24{,}2\text{ cm}$

b) $|AB| \approx 8{,}2\text{ cm}$; $|BC| \approx 2{,}2\text{ cm}$; $|CD| \approx 5{,}1\text{ cm}$; $|DA| \approx 3{,}6\text{ cm}$; $u \approx 19{,}1\text{ cm}$

13. 77,6 cm

Man geht davon aus, dass die beiden Seilteile geradlinig sind.

14.

a)	**b)**	**c)**	**d)**
$a \approx 4{,}3\text{ cm}$	$f \approx 7{,}9\text{ mm}$	$e \approx 9{,}1\text{ km}$	$a \approx 2{,}9\text{ m}$
$A = 17{,}5\text{ cm}^2$	$A \approx 35{,}6\text{ mm}^2$	$A \approx 14{,}1\text{ km}^2$	$A = 7{,}755\text{ m}^2$
$u \approx 17{,}2\text{ cm}$	$u = 24\text{ mm}$	$u = 19{,}2\text{ km}$	$u \approx 11{,}5\text{ m}$

146 **15. a)** Für die Höhe der sechs Dreiecke gilt: $h = \sqrt{a^2 - \left(\frac{a}{2}\right)^2} = \sqrt{a^2 - \frac{a^2}{4}} = \sqrt{\frac{3}{4}a^2} = \frac{\sqrt{3}}{2}a$.

Für den Flächeninhalt des Sechsecks erhält man damit die Formel:

$A = 6 \cdot \frac{1}{2} \cdot a \cdot \frac{\sqrt{3}}{2}a = \frac{3}{2} \cdot \sqrt{3} \cdot a^2$

b) $A = \frac{3}{2} \cdot \sqrt{3} \cdot (4\text{ cm})^2 \approx 41{,}57\text{ cm}^2$

c) Man isoliert in der obigen Formel die Variable a:

$a = \sqrt{\frac{2 \cdot A}{3 \cdot \sqrt{3}}} = \sqrt{\frac{2 \cdot 90\text{ cm}^2}{3 \cdot \sqrt{3}}} = \sqrt{\frac{60\text{ cm}^2}{\sqrt{3}}} \approx 5{,}89\text{ cm}$

Für den Umfang u gilt: $u = 6 \cdot a = 6 \cdot \sqrt{\frac{60\text{ cm}^2}{\sqrt{3}}} \approx 35{,}3\text{ cm}$

16. Man muss sich zunächst überlegen, wie die Maße der Sitzbank sein können. Wenn man von den Maßen im Bild rechts ausgeht und annimmt, dass die Rückenlehnen senkrecht und 3 dm hoch sind, kann man mit den Formeln der Lösung zu Aufgabe 16 a) die Holzmenge berechnen.

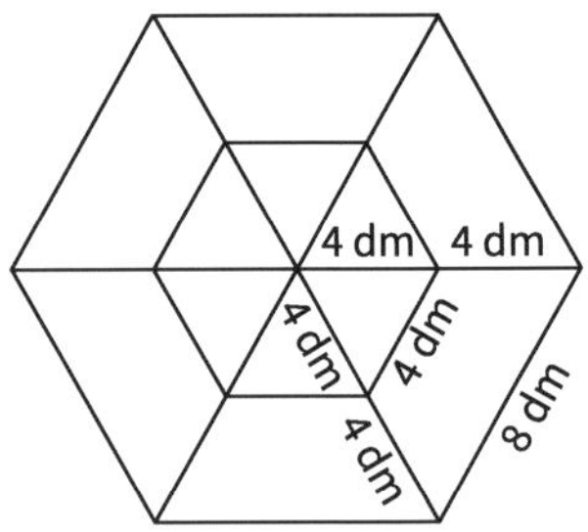

Sitzfläche (Flächeninhalt des großen Sechsecks minus Flächeninhalt des kleinen Sechsecks): $A_{Sitz} = \frac{3}{2} \cdot \sqrt{3} \cdot ((8\text{ dm})^2 - (4\text{ dm}))^2 \approx 124{,}71\text{ dm}^2$

Rückenlehne: $A_{Lehne} = 6 \cdot 4\text{ dm} \cdot 3\text{ dm} = 72\text{ dm}^2$

Insgesamt benötigt man also etwa 196,71 dm², also etwa 2 m² Holz.

146 **17.** $x^2 = (x-50)^2 + 250^2$

$x = 650$

Das Seil ist 6,50 m lang und ist in 6 m Höhe angebracht.

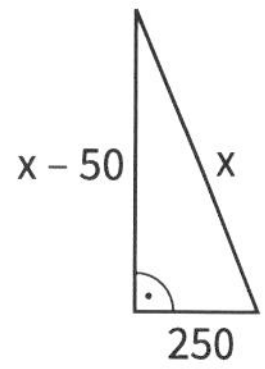

18. $(16-x)^2 = x^2 + 12^2$

$x = 3{,}5$

Der Baum ist in 3,5 m Höhe abgeknickt.

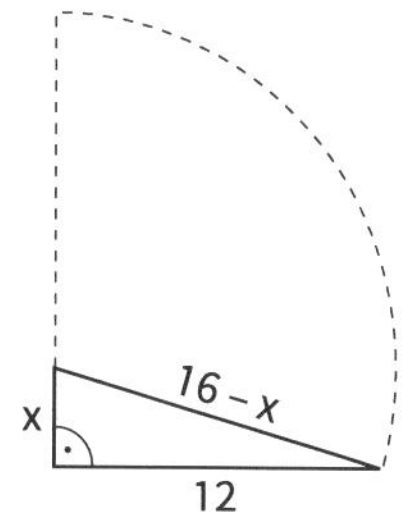

19. a) Bei einem Verhältnis von 16 : 9 erhält man für die Breite a und die Höhe h des Fernsehbildes die Gleichung: $a : h = 16 : 9$, also $a = \frac{16}{9}h$.

Für das rechtwinklige Dreieck mit der Bildschirmdiagonal als Hypotenuse erhält man mit dem Satz des Pythagoras:

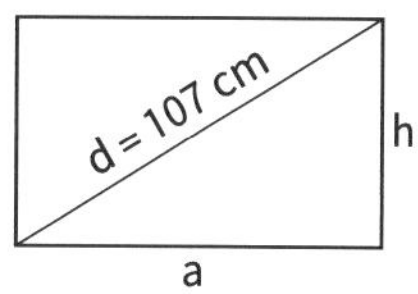

$h^2 = (107\,\text{cm})^2 - a^2 \qquad \left| a = \frac{16}{9}h \right.$

$h^2 = (107\,\text{cm})^2 - \frac{256}{81}h^2 \qquad \left| + \frac{256}{81}h^2 \right.$

$\frac{337}{81}h^2 = (107\,\text{cm})^2 \qquad \left| : \frac{225}{81} \right.$

$h^2 = \frac{81 \cdot (107\,\text{cm})^2}{337} \qquad \left| \sqrt{1} \right.$

$h = \sqrt{\frac{81 \cdot (107\,\text{cm})^2}{337}} \approx 52{,}46\,\text{cm}$

Der Mindestabstand beträgt $3 \cdot h \approx 157{,}38\,\text{cm} \approx 1{,}60\,\text{m}$.

b) $a = \frac{16}{9}h = \frac{16}{9} \cdot \sqrt{\frac{81 \cdot (107\,\text{cm})^2}{337}} \approx 93{,}26\,\text{cm}$

$A = a \cdot h = \frac{16}{9} \cdot \sqrt{\frac{81 \cdot (107\,\text{cm})^2}{337}} \cdot \sqrt{\frac{81 \cdot (107\,\text{cm})^2}{337}} = \frac{16}{9} \cdot \frac{81 \cdot (107\,\text{cm})^2}{337} \approx 4\,892{,}15\,\text{cm}^2$

$\approx 49\,\text{dm}^2$

147 **20.** Der Schall hat insgesamt eine Strecke von 150 m zurückgelegt. Die Strecke vom Punkt S zum Meeresboden beträgt also 75 m.

Höhe des Punktes E über Meeresboden: $\sqrt{(75\,\text{m})^2 - (5\,\text{m})^2} \approx 74{,}83\,\text{m}$

Aus der Information, dass sich Sender und Empfänger jedoch noch einen Meter unter dem Wasserspiegel befinden, ergibt sich für die Meerestiefe $74{,}83\,\text{m} + 1\,\text{m} = 75{,}83\,\text{m} \approx 76\,\text{m}$. An dieser Stelle ist das Meer etwa 76 Meter tief.

21. Ungefähr 13,2 m.

147 **22.** Die Dachsparren sind 4,70 m lang.

23. Die Dachsparren sind etwa 6,80 m lang; die Stützpfosten 2,75 m.

24. Die Platten dürfen maximal 2,10 m lang und 1,63 m breit sein.

148 **25.** Die Höhe des pyramidenförmigen Daches können wir am graugefärbten rechtwinkligen Dreieck berechnen. Aus Aufgabe 8 wissen wir:

$d = \sqrt{2} \cdot a.$

$h_P = \sqrt{s^2 - \left(\frac{d}{2}\right)^2}$

$= \sqrt{s^2 - \left(\frac{\sqrt{2} \cdot a}{2}\right)^2}$

$= \sqrt{(3{,}82\,m)^2 - \left(\frac{\sqrt{2} \cdot 3\,m}{2}\right)^2}$

$\approx 3{,}18\,m$

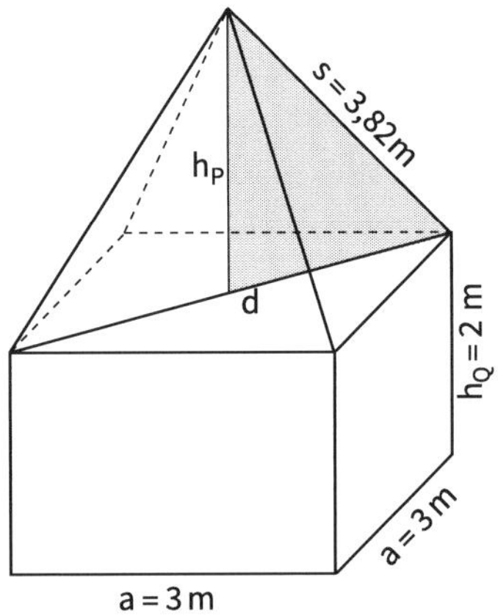

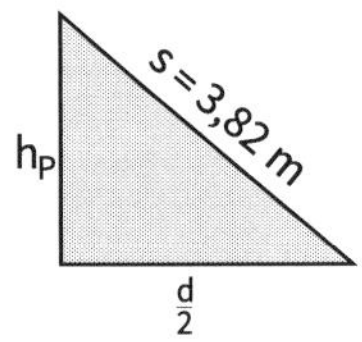

Der Gartenpavillon ist ungefähr $2\,m + 3{,}18\,m = 5{,}18\,m$ hoch.

26. Für die Türdiagonale gilt: $d \approx 2{,}13\,m > 2{,}10\,m$.
Die Holzplatte darf aber nur ganz schmal sein (bis ungefähr 1 cm dick).

27. a) $e = \sqrt{(4\,cm)^2 + (4\,cm)^2}$

$= \sqrt{32\,cm^2} \approx 3{,}66\,cm$

$d = \sqrt{e^2 + (4\,cm)^2}$

$= \sqrt{32\,cm^2 + 16\,cm^2}$

$= \sqrt{48\,cm^2} \approx 6{,}93\,cm$

b) $e^2 = a^2 + a^2 = 2\,a^2$, also $e = \sqrt{2} \cdot a$

$d^2 = e^2 + a^2 = 2\,a^2 + a^2 = 3\,a^2$, also $d = \sqrt{3}\,a$

c) Kantenlänge: $a = d : \sqrt{3} \approx 4{,}62\,cm$

Flächendiagonale:

$e = \sqrt{2\,a^2} = \sqrt{2 \cdot \left(\frac{d}{\sqrt{3}}\right)^2} = \sqrt{2} \cdot \frac{d}{\sqrt{3}} \approx 6{,}53\,cm$

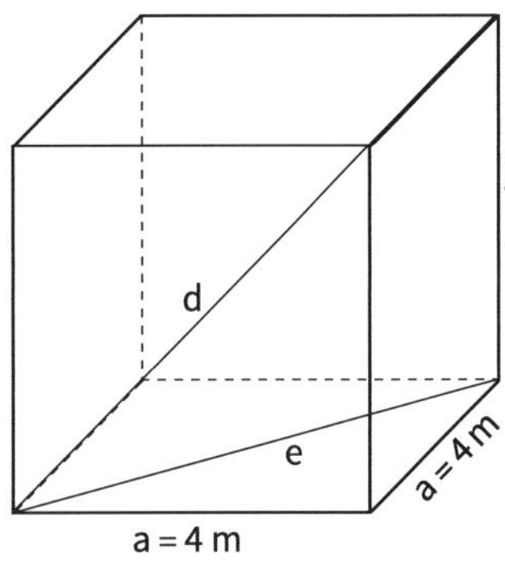

148

28. a) $e^2 = a^2 + b^2$.
$d^2 = e^2 + c^2 = a^2 + b^2 + c^2$,
also $d = \sqrt{a^2 + b^2 + c^2}$

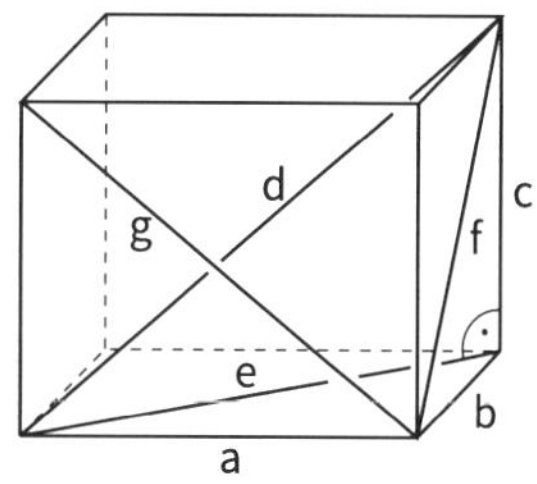

b) $e = \sqrt{a^2 + b^2}$; $f = \sqrt{b^2 + c^2}$; $g = \sqrt{a^2 + c^2}$

(1)	(2)	(3)
$d \approx 9{,}49\,cm$	$d \approx 11{,}13\,cm$	$d \approx 9{,}95\,cm$
$e \approx 8{,}60\,cm$	$e \approx 10{,}96\,cm$	$e \approx 7{,}07\,cm$
$f \approx 6{,}40\,cm$	$f \approx 9{,}10\,cm$	$f \approx 8{,}60\,cm$
$g \approx 8{,}06\,cm$	$g \approx 6{,}68\,cm$	$g \approx 8{,}60\,cm$

c) (1) $d \approx 7{,}48\,cm$ (2) $b \approx 3{,}49\,cm$ (3) $a \approx 7{,}25\,cm$

29. a) $d \approx 321\,m$; $h \approx 137\,m$
b) Die Pyramide war ursprünglich 146,6 m hoch.
c) Ausgehend von den exakten, nicht gerundeten Werten ist die Cheopspyramide heute um 6,6 % niedriger als ursprünglich.

149

30. a) (1) $h = \sqrt{s^2 - \frac{a^2}{2}}$
(2) $h_s = \sqrt{s^2 - \frac{a^2}{4}}$
b) $h \approx 16{,}96\,cm$; $h_s \approx 18{,}54\,cm$
c) $s \approx 41{,}23\,m$; $h_s \approx 36{,}06\,m$

31. a) $s \approx 8{,}96\,m \approx 9\,m$ **b)** $c \approx 2{,}63\,m \approx 2{,}6\,m$

32. $\sqrt{(11\,cm)^2 - (6\,cm)^2} \approx 12{,}53\,cm$

Der Strohhalm kann nicht versinken, reicht aber auch keine 2 cm aus der Dose heraus. Wir gehen dabei davon aus, dass der Strohhalm von der unteren „Ecke" der Dose aus diagonal nach oben läuft. Die Dicke des Strohhalms wurde nicht berücksichtigt.

Das kann ich noch!

A)
1) $7x + 14y$
2) $12 - 3x$
3) $-3x + 2y$
4) $-3x^2 - 6y$
5) $2x^2 - 3xy - 2yx + 3y^2 = 2x^2 - 5xy + 3y^2$
6) $12x - 28xy + 15y - 35y^2$
7) $x^2 - 4xy + 4y^2$
8) $4x^2 + 8xy - 8yx - 16y^2 = 4x^2 - 16y^2$

B)
1) $L = \{4\}$
2) $L = \{-2{,}8\}$
3) $L = \{\ \}$
4) $L = \{-4\}$
5) $L = \{0\}$
6) $L = \mathbb{R}$

Auf den Punkt gebracht: Modellieren mit geometrischen Figuren

150 1. a) Mögliche Kriterien zur Bestimmung des „günstigsten Weges“:
- absolute Länge des Weges
- etwaiger Spritverbrauch (Kosten)
- schnellste Route (Zeit)
- schönste Route (Attraktivität)

b) *Annahme:* Weg über L209 ist 8 km und Weg über L210 ist 4 km lang.
Längerer Weg: $8\,\text{km} + 4\,\text{km} = 12\,\text{km}$
Kürzerer Weg: $\sqrt{(8\,\text{km})^2 + (4\,\text{km})^2} \approx 8{,}94\,\text{km} \approx 9\,\text{km}$
Der Weg ist also etwa 3 km kürzer.

c) Der längere Weg ist in diesem Fall der schnellere:
Weg über K37
Annahme: Konstantes Tempo von $50\,\frac{\text{km}}{\text{h}}$.
$9\,\text{km} : 50\,\frac{\text{km}}{\text{h}} = 0{,}18\,\text{h} = 10{,}8\,\text{min} = 10\,\text{min}\;48\,\text{s}$
Weg über L209 und L210
Annahme: $130\,\frac{\text{km}}{\text{h}}$ auf der L209 und $100\,\frac{\text{km}}{\text{h}}$ auf der L210.
$8\,\text{km} : 130\,\frac{\text{km}}{\text{h}} + 4\,\text{km} : 100\,\frac{\text{km}}{\text{h}} = 0{,}10\,\text{h} = 6{,}09\,\text{min} = 6\,\text{min}\;6\,\text{s}$
Man wird aber im Kreuzungsbereich Zeit verlieren, sodass man etwa mit 8 min rechnen kann.

d) In diesem Fall spart man auf dem kürzeren Weg auch Benzin:
Bei beiden Berechnungen kann auf Basis der Angaben nicht berücksichtigt werden, dass man wahrscheinlich am Ende der Strecke abbremsen wird und dadurch mehr Benzin verbraucht, als es eigentlich nötig wäre. Auch im Kreuzungsbereich der L209 und L210 wird man mehr verbrauchen.
Annahme: Geschwindigkeiten wie in Teilaufgabe c).
Weg über K37
$9\,\text{km} \cdot \frac{4{,}1\,\text{l}}{100\,\text{km}} = 0{,}369\,\text{l} \approx 0{,}4\,\text{l}$
Weg über L209 und L210
$8\,\text{km} \cdot \frac{6{,}5\,\text{l}}{100\,\text{km}} + 4\,\text{km} \cdot \frac{5{,}9\,\text{l}}{100\,\text{km}} = 0{,}756\,\text{l} \approx 0{,}8\,\text{l}$

151 2. In einer Argumentation können die folgenden Punkte genannt werden:
Fußgängerzone: kürzerer Weg, aber viele Menschen sowie Schiebepflicht für das Fahrrad, großer Zeitverlust, der am wenigsten „sportliche“ Weg.
Berliner Straße und Hamburger Straße: längerer Weg, „sportlicher“ Weg (Bewegung), schnelles Fahren möglich, mögliche Verzögerung durch Ampel an der Kreuzung
Im folgenden Teil werden dann Annahmen getroffen, wie z. B. Max geht in der Fußgängerzone mit $5\,\frac{\text{km}}{\text{h}}$ (Schiebepflicht), auf der Straße schafft er $25\,\frac{\text{km}}{\text{h}}$ im Durchschnitt.

151 **2.** Fortsetzung:
Auch Längenangaben unter Berücksichtigung des Maßstabs oder das bloße Längenverhältnis der beiden Wege (etwa 10,8 zu 15) können zur Urteilsbildung hinzugezogen werden, um für den persönlich präferierten Weg zu argumentieren.
Deutlich werden sollte dann die persönliche Abwägung im Schlussteil bezüglich der Punkte: Länge des Weges, Dauer, Attraktivität (in der Fußgängerzone sieht man mehr verschiedene Dinge, man trifft gegebenenfalls noch jemanden und die Strecke ist abwechslungsreicher als eine viel befahrene Straße), ggfs. z. B. auch der Hinweis, dass Bewegung gut tut auf dem längeren Weg, und dass dieser gerade bei dieser sportlichen Belastung auch der schnellere ist.

3. Der Torwart steht in der Mitte und kann nur gedreht werden.
Dann gilt für seine Mindestgröße x:
$x = \sqrt{(5\,\text{cm})^2 + (5\,\text{cm})^2} - \sqrt{50\,\text{cm}^2} \approx 7{,}07\,\text{cm}$
Der Torwart muss mindestens 7,07 m groß sein.

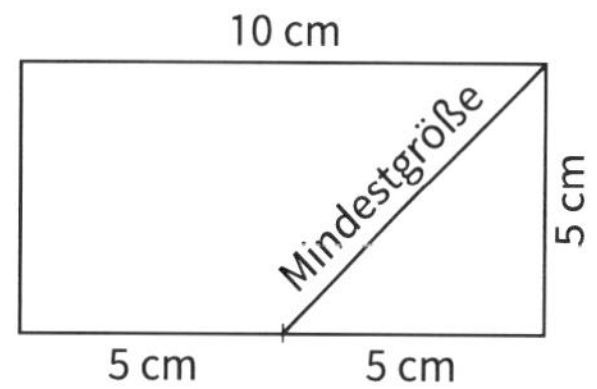

4. Das Eckregal hat die gleiche Höhe von 2,30 m.
Für das Eckregal kann man quadratische Bretter nehmen, die man an einer Ecke parallel zur Diagonalen absägt (Winkel 45°). Die quadratischen Bretter müssen mindestens die Seitenlänge der Regaltiefe von 50 cm haben. Wählt man sie zu klein, dann ist vorne die Öffnung, um Zugriff in das Eckregal zu haben, zu klein. Wählt man sie zu groß, dann passt es optisch nicht zu den anderen Regalteilen und man kann die hintere Ecke nur schwer erreichen.

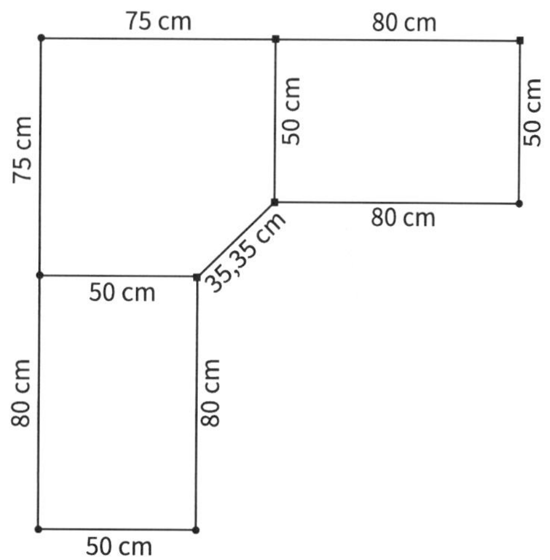

Wir wählen z. B. quadratische Bretter mit der Seitenlänge 75 cm. Die vorderen 25 cm sägt man dann diagonal ab, sodass die Regale mit 50 cm Tiefe direkt daran gestellt werden können und die Kante, die in den Raum zeigt, $\sqrt{(25\,\text{cm})^2 + (25\,\text{cm})^2} \approx 35{,}35\,\text{cm}$ lang ist.

4.3 Umkehrung des Satzes des Pythagoras

152 **Einstieg:**
Das Dreieck ist rechtwinklig.

153 **2.** **a)** (1) rechtwinklig (3) rechtwinklig (5) stumpfwinklig
(2) spitzwinklig (4) rechtwinklig (6) spitzwinklig
b) Siehe z. B. die Information im Schülerband auf Seite 153 oben.

3. Wegen $(20\,\text{m})^2 = (16\,\text{m})^2 + (12\,\text{m})^2$ ist bei B ein rechter Winkel.
Wegen $(20{,}50\,\text{m})^2 > (16\,\text{m})^2 + (12\,\text{m})^2$ ist der Winkel bei A größer als 90°.
Der Pfahl bei D steht also falsch.

4. **a)** Man wählt für die Seitenlängen des Dreiecks 3 Knoten, 4 Knoten und 5 Knoten. Wegen $3^2 + 4^2 = 5^2$ ist das Dreieck rechtwinklig.
b) Man wählt für die Seitenlängen des Dreiecks 5 Knoten, 12 Knoten und 13 Knoten. Wegen $5^2 + 12^2 = 13^2$ ist das Dreieck rechtwinklig.
c) Zum Beispiel kann man für die Seitenlängen des Dreiecks 9 Knoten, 12 Knoten und 15 Knoten wählen. Wegen $9^2 + 12^2 = 15^2$ ist das Dreieck rechtwinklig.

5. **a)** Das Dreieck ist wegen $(6\,\text{cm})^2 + (8\,\text{cm})^2 = 100\,\text{cm}^2 = (10\,\text{cm})^2$ rechtwinklig.
b) $9^2 + 12^2 = 15^2$; pythagoreisch
$15^2 + 20^2 = 25^2$; pythagoreisch
$5^2 + 12^2 = 13^2$; pythagoreisch
$7^2 + 18^2 \neq 19^2$; nicht pythagoreisch
c) $(8\,|\,15\,|\,17)$; $(16\,|\,30\,|\,34)$; $(24\,|\,10\,|\,26)$; $(14\,|\,48\,|\,50)$
d) –

6. Zum Beispiel mit dem Geodreieck, mit Zirkel und Lineal, mit dem Satz des Thales, mithilfe pythagoreischer Zahlen als Längen der Dreieckseiten.

4.4 Höhensatz und Kathetensatz des Euklid

154 **Einstieg:**

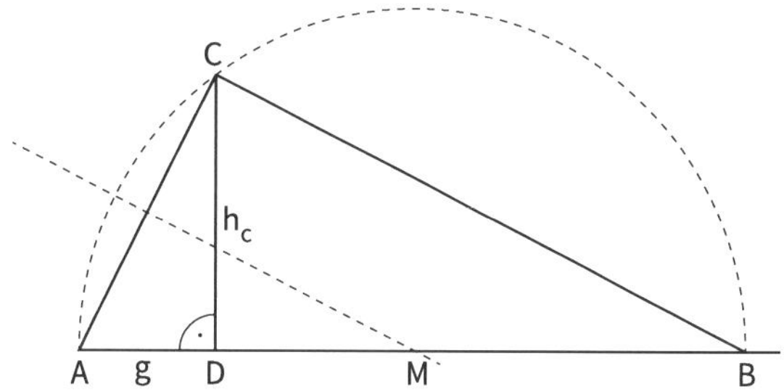

a) D ist der Höhenfußpunkt der Höhe h_c.

(1) Konstruiere das rechtwinklige Dreieck ADC.

(2) Verlängere die Seite $\overline{AD}$ über D hinaus.

(3) Konstruiere die Mittelsenkrechte zur Seite $\overline{AC}$.
Der Schnittpunkt der Mittelsenkrechten mit der Verlängerung der Seite $\overline{AD}$ ist der Mittelpunkt des Thaleskreises des gesuchten Dreiecks ABC.

(4) Zeichne den Thaleskreis über $\overline{AB}$ im Dreieck ABC.
Der Schnittpunkt des Thaleskreises mit der Verlängerung der Seite $\overline{AD}$ ist der Eckpunkt B.
ABC ist ein rechtwinkliges Dreieck mit dem rechten Winkel bei C.

b) Siehe den Höhensatz auf Seite 155 des Schülerbandes und den Kathetensatz auf Seite 156 des Schülerbandes.

155 **2.** Wie in der Lösung zu Aufgabe 1 auf Seite 154 wird die Formel parallel zur Rechnung entwickelt.

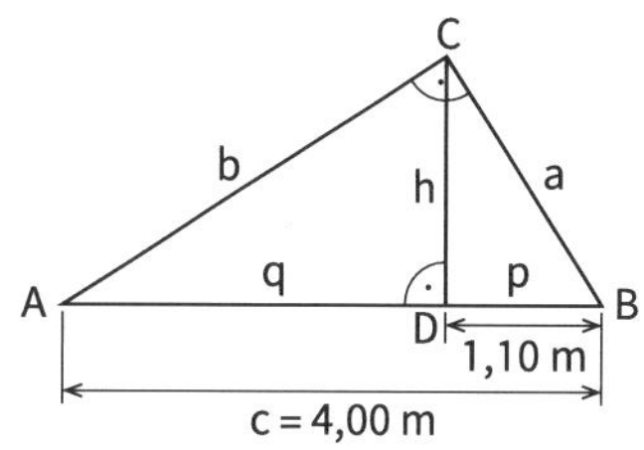

Im Dreieck ABC sind die Länge c der Hypotenuse sowie die Länge eines Hypotenusenabschnitts gegeben:
$c = 4{,}00\,m$; $p = 1{,}10\,m$
Gesucht sind die Längen der Katheten a und b.

(1) *Berechnen der einen Dachsparrenlänge a*
Wir wenden den Satz des Pythagoras auf die Teildreiecke DBC und ADC an.

(1) Dreieck DBC: $h^2 + (1{,}1\,m)^2 = a^2$ | $h^2 + p^2 = a^2$
(2) Dreieck ADC: $h^2 + (4\,m - 1{,}1\,m)^2 = b^2$ | $h^2 + q^2 = b^2$

Wir lösen beide Gleichungen nach h^2 auf:
$h^2 = a^2 - 1{,}21\,m^2$ | $h^2 = a^2 - p^2$
$h^2 = b^2 - 8{,}41\,m^2$ | $h^2 = b^2 - q^2$

Durch Gleichsetzen erhalten wir:
$a^2 - 1{,}21\,m^2 = b^2 - 8{,}41\,m^2$ | $a^2 - p^2 = b^2 - q^2$
$a^2 = b^2 - 7{,}2\,m^2$ | $a^2 = b^2 - q^2 + p^2$

155 **2.** (1) Fortsetzung:

Für das Dreieck ABC gilt nach dem Satz des Pythagoras:

$a^2 + b^2 = (4\,m)^2$	$a^2 + b^2 = c^2$
$b^2 = 16\,m^2 - a^2$	$b^2 = c^2 - a^2$

Durch Einsetzen erhalten wir:

$a^2 = 16\,m^2 - a^2 - 7{,}2\,m^2$	$a^2 = c^2 - a^2 - q^2 + p^2$
$2\,a^2 = 8{,}8\,m^2$	$2\,a^2 = c^2 - q^2 + p^2$
$a^2 = 4{,}4\,m^2$	Da $q = c - p$, gilt:
$a = \sqrt{4{,}4\,m^2}$	$2\,a^2 = c^2 - (c-p)^2 + p^2$
$a \approx 2{,}10\,m$	$2\,a^2 = c^2 - c^2 + 2\,c\,p - p^2 + p^2$
	$2\,a^2 = 2\,c\,p$
	$a^2 = c \cdot p$

Ergebnis: Der eine Dachsparren (die Kathete a) ist ungefähr 2,10 m lang.

(2) *Berechnen der anderen Dachsparrenlänge b*

Wir verwenden das Ergebnis von (1). Für das Dreieck ABC gilt nach dem Satz des Pythagoras:

$b^2 = (4\,m)^2 - 4{,}4\,m^2$	$a^2 = c^2 - a^2$
$b^2 = 16\,m^2 - 4{,}4\,m^2$	$b^2 = c^2 - c \cdot p$
$b^2 = 11{,}60\,m^2$	$b^2 = c\,(c - p)$
$b \approx 3{,}41\,m$	$b^2 = c \cdot p$

Ergebnis: Der andere Dachsparren (die Kathete b) ist ungefähr 3,41 m lang.

156 **3.** Ungefähr 2,24 cm.

4. **a)** $x \approx 3{,}8\,cm$ **b)** $x \approx 2{,}6\,cm$ **c)** $x \approx 14{,}9\,cm$ **d)** $x \approx 42{,}1\,cm$

5. **a)** $h \approx 10{,}8\,cm$, $A \approx 118{,}98\,m^2$
b) $q = 9{,}8\,cm$, $A = 51{,}8\,cm^2$
c) $p = 25\,cm$, $A = 410\,m^2$
d) $h = 12\,cm$, $A = 156\,cm^2$
e) $q \approx 11{,}8\,cm$, $A \approx 35{,}76\,m^2$

6. **a)** $h_b \approx 9{,}2\,cm$, $A \approx 87{,}07\,m^2$
b) $u \approx 32{,}3\,mm$, $A \approx 519{,}93\,m^2$
c) $u \approx 12{,}5\,m$, $A \approx 87{,}12\,m^2$

7. Abstand der Gitterstäbe: $0{,}8\,m : 8 = 0{,}1\,m$

(1) Material für die waagerechten Stäbe: $6 \cdot 0{,}1\,m = 0{,}6\,m$

(2) 7 senkrechte Stäbe werden jeweils oben und unten 5 cm in das Mauerwerk eingelassen: $7 \cdot (0{,}05 + 0{,}05)\,m = 0{,}7\,m$.

(3) Material für die sichtbaren senkrechten Gitterstäbe

$\left(2 \cdot \sqrt{0{,}1 \cdot 0{,}7} + 2 \cdot \sqrt{0{,}2 \cdot 0{,}6} + 2 \cdot \sqrt{0{,}3 \cdot 0{,}5} + \sqrt{0{,}4 \cdot 0{,}4}\right) m \approx 2{,}4\,m$

Gesamtmaterialverbrauch: $0{,}6\,m + 0{,}7\,m + 2{,}4\,m = 3{,}7\,m$

157 **8.** Ungefähr 247 m.

157

9. *Kathetensatz*

(1) $c^2 = b \cdot y$	$a^2 = b \cdot x$	
(2) $b^2 = a \cdot r$	$c^2 = a \cdot s$	
(3) Dreieck ABC:	$a^2 = c \cdot p$	$b^2 = c \cdot q$
Dreieck ADC:	$q^2 = b \cdot x$	$h^2 = b \cdot y$
Dreieck DBC:	$c^2 = a \cdot z$	$h^2 = a \cdot w$

Höhensatz

(1) $h^2 = x \cdot y$	
(2) $h^2 = r \cdot s$	
(3) Dreieck ABC:	$h^2 = p \cdot q$
Dreieck ADC:	$u^2 = x \cdot y$
Dreieck DBC:	$v^2 = w \cdot z$

10. Fenja: $a^2 = c \cdot q$; Gunnar: richtig; Hanna: $e = s + r$

11. a) $a \approx 4{,}9\,cm$; $b \approx 6{,}3\,cm$; $c = 8\,cm$ b) – c) $A \approx 15{,}5\,cm^2$

12.

a)	b)	c)
$a = 8\frac{1}{3}\,cm$	$a \approx 185{,}1\,mm$	$b \approx 9{,}5\,km$
$c = 6\frac{2}{3}\,cm$	$b \approx 181{,}6\,mm$	$c \approx 11{,}6\,km$
$s = 5\frac{1}{3}\,cm$	$r \approx 178{,}1\,mm$	$s = 9{,}0\,km$
$h = 4{,}0\,cm$	$h \approx 35{,}3\,mm$	$h \approx 7{,}3\,km$
$A = 16\frac{2}{3}\,cm^2$	$A \approx 3\,269\,mm^2$	$A \approx 55{,}1\,km^2$

13. $a = 7\,cm$; $b \approx 5{,}6\,cm$; $c \approx 4{,}2\,cm$

Im Blickpunkt: Kreiszahl π – Algorithmen zur Berechnung

158

1. Das regelmäßige Sechseck kann man aus sechs gleichseitigen Dreiecken zusammensetzen.
   (1) Das innenliegende Sechseck hat demzufolge die Seitenlänge r, also den Umfang 6 r.

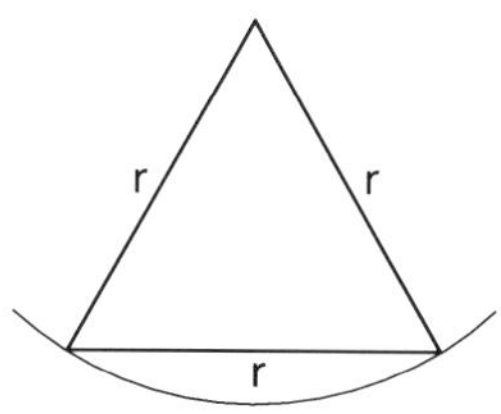

   (2) Für die Seitenlänge s des außenliegenden Sechsecks erhalten wir mithilfe des Satzes des Pythagoras:
   $r^2 + \left(\frac{s}{2}\right)^2 = s^2$
   also $r^2 = \frac{3}{4}s^2$,
   d. h. $s^2 = \frac{4}{3}r^2$.

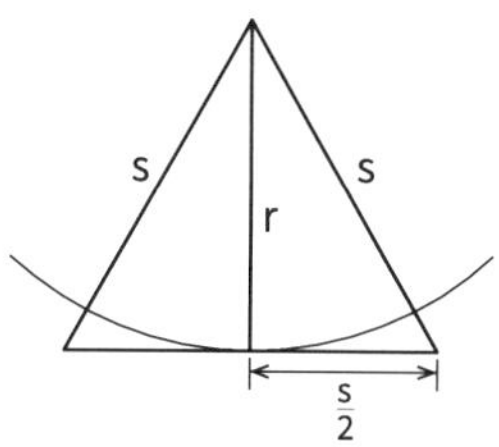

158 1. (2) Fortsetzung:

Daraus ergibt sich: $s = \frac{2}{\sqrt{3}} r = \frac{2\sqrt{3}}{3} r$

Der Umfang des außenliegenden Sechsecks beträgt also:

$u = 6 \cdot s = 6 \cdot \frac{2\sqrt{3}}{3} r = 4\sqrt{3}\, r$

Für den Kreisumfang u_K folgt:

$6r < u_K < 4\sqrt{3}r \approx 6{,}93r$ bzw. $3d < u_K < 2\sqrt{3}\,d \approx 3{,}46\,d$

Für die Kreiszahl ergibt sich daraus nach Division durch 2 r:

$3 < \pi < 2\sqrt{3}$, also $3 < \pi < 3{,}46$.

2. Mit den Werten aus Aufgabe 1 erhält man:

$A_{außen} = 6 \cdot \frac{s}{2} \cdot r = 3 \cdot s \cdot r = 3 \cdot \frac{2\sqrt{3}}{3} r \cdot r = 2\sqrt{3}\, r^2$

$A_{innen} = 6 \cdot \frac{r}{2} \cdot \frac{r}{2} \sqrt{3} = \frac{3}{2} \sqrt{3} \cdot r^2$

Für die Kreiszahl π ergibt sich daraus:

$1{,}5\sqrt{3} < \pi < 2\sqrt{3}$, also ungefähr $2{,}60 < \pi < 3{,}46$

3. Die Näherungswerte für p werden zunächst immer besser, dann aber ganz schlecht.

159 4. –

5. Die Kreiszahl p ist eine irrationale Zahl, die durch einen abbrechenden Dezimalbruch nur angenähert angegeben werden kann.

4.5 Aufgaben zur Vertiefung

160 1. Mit dem Satz des Pythagoras erhält man die Gleichung: $s = \sqrt{(R+h)^2 - R^2}$

a) 43 715 m b) $h \approx 785$ m c) 4 654 m d) –

2. a) Die Dreiecke ABC und DBC stimmen in dem rechten Winkel und dem Winkel bei B überein, sind also nach dem 1. Ähnlichkeitssatz ähnlich zueinander. Es gilt also $\frac{a}{p} = \frac{c}{a}$ und damit $a^2 = p \cdot c$.

[Die Dreiecke ABC und ADC stimmen in dem rechten Winkel und dem Winkel bei A überein, sind also nach dem 1. Ähnlichkeitssatz ähnlich zueinander. Es gilt also $\frac{b}{q} = \frac{c}{b}$ und damit $b^2 = q \cdot c$.]

b) Die Dreiecke ADC und DBC sind nach Teilaufgabe a) ähnlich zum Dreieck ABC, also sind auch die Dreiecke ADC und DBC ähnlich zueinander. Es gilt also $\frac{h}{p} = \frac{q}{h}$ und damit $h^2 = p \cdot q$.

160 **3. a)** (1) Konstruiere das in E rechtwinklige Dreieck AEC mit $|AC| = 3\,cm$ und $|AE| = 2\,cm$. Beginne mit $\overline{AC}$. Konstruiere den Thaleskreis über $\overline{AC}$.
Der Schnittpunkt des Kreisbogens mit dem Radius 2 cm um A ist der Eckpunkt E des Dreiecks AEC.

(2) Konstruiere in C an $\overline{CA}$ einen rechten Winkel. Der Schnittpunkt mit der Geraden AE ist der Eckpunkt B des rechtwinkligen Dreiecks ABC.

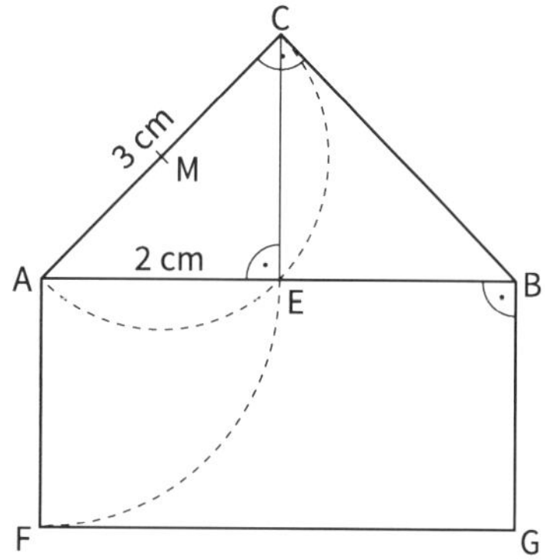

(3) Konstruiere das gesuchte Rechteck AFGB mit $|AF| = |AE| = 2\,cm$.

b) (1) Konstruiere das Rechteck AFGB mit $|AF| = 3{,}5\,cm$ und $|AB| = 5{,}5\,cm$.

(2) Konstruiere über $\overline{AB}$ den Thaleskreis.

(3) Konstruiere auf $\overline{AB}$ den Punkt E mit $|AF| = |AE|$.

(4) Konstruiere in E die Orthogonale zu $\overline{AB}$.
Der Schnittpunkt mit dem Thaleskreis aus (2) ist der Eckpunkt C des rechtwinkligen Dreiecks ABC.

(5) Konstruiere über $\overline{AC}$ ein Quadrat mit der Seitenlänge $\overline{AC}$.

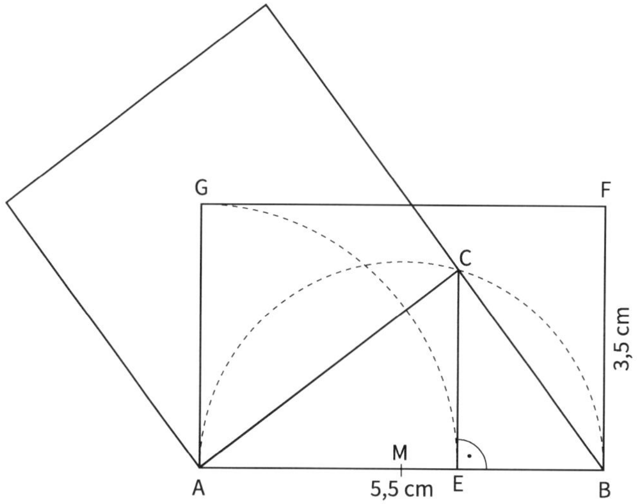

160 **3. c)** Konstruktion wie in 3 b) mit $|AF| = 3\,cm$ und $|AB| = 5\,cm$.

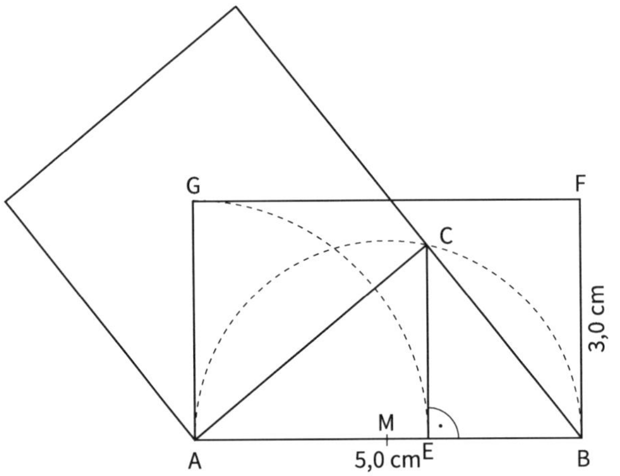

4. a) $A = 16{,}125$ FE (1 FE = 1 Flächeneinheit)

b) $a \approx 6{,}52$ LE; $b \approx 5{,}41$ LE; $c \approx 6{,}58$ LE (1 LE = 1 Längeneinheit)

c) Ansatz: Formel für Flächeninhalt nach der Höhe umstellen und Werte einsetzen.
$h_a \approx 4{,}95$ LE; $h_b \approx 5{,}96$ LE; $h_c \approx 4{,}90$ LE (1 LE = 1 Längeneinheit)

d) Jedes Dreieck lässt sich wie im Bild in ein Rechteck einbetten, dessen Seiten parallel zu den Achsen sind und ein Eckpunkt auch Eckpunkt des Dreiecks ist (im Bild der Punkt A). Die Koordinaten der Eckpunkte A, D, E, F des Rechtecks sind dann auch ganzzahlig.

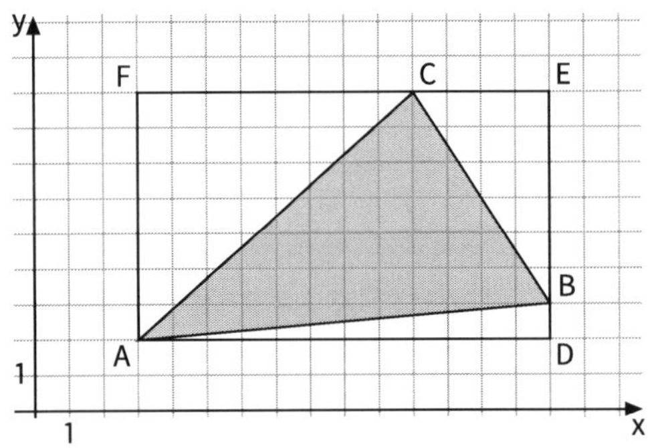

Für den Flächeninhalt des Dreiecks ABF gilt:

$$A_{ABC} = A_{ADEF} - A_{ADB} - A_{BEC} - A_{CFA}$$
$$= |AD| \cdot |DE| - \tfrac{1}{2}|AD| \cdot |DB| - \tfrac{1}{2}|BE| \cdot |EC| - \tfrac{1}{2}|CF| \cdot |FA|$$
$$= \tfrac{1}{2}(2 \cdot |AD| \cdot |DE| - |AD| \cdot |DB| - |BE| \cdot |EC| - |CF| \cdot |FA|)$$

Die Produkte in der Klammer sind jeweils ganzzahlig, der Flächeninhalt des Dreiecks also ein ganzzahliges Vielfaches von $\frac{1}{2}$.

160

5. Wir zeichnen die Parallele zur Geraden P_1P_2 durch den Mittelpunkt M_2. Die Parallele schneidet den Radius $\overline{M_1P_1}$ im Punkt Q. Es gilt $|P_1P_2| = |QM_2|$.
Nach dem Satz des Pythagoras gilt im Dreieck M_1M_2Q:

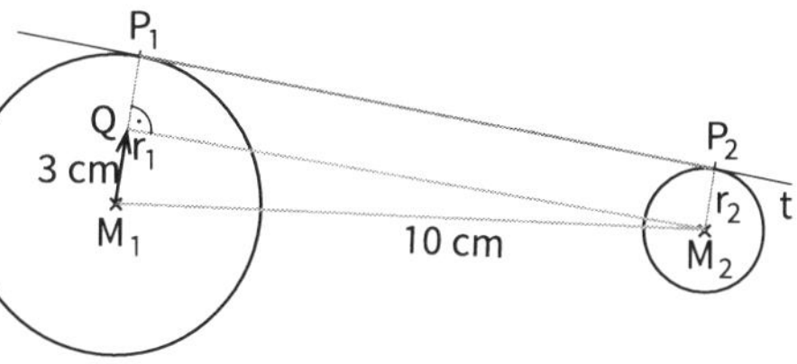

$$|QM_2| = \sqrt{(10\,\text{cm})^2 - (3\,\text{cm})^2}$$
$$= \sqrt{91\,\text{cm}^2} \approx 9{,}53\,\text{cm}$$

Der Tangentenabschnitt P_1P_2 ist ungefähr 9,5 cm lang.

5. Parabeln – Quadratische Funktionen und Gleichungen

Lernfeld: Keine Gerade, aber symmetrisch

164 In dem Lernfeld Parabel haben Schülerinnen und Schüler bei entsprechenden Sozialformen des Unterrichts Gelegenheit, wesentliche prozessbezogene Kompetenzen zu erlernen bzw. zu festigen.
Mathematisch zu argumentieren, zu modellieren und mathematisch zu kommunizieren ist hier besonders gefordert.
Die Schülerinnen und Schüler nutzen die CD „Mathematik interaktiv“ oder den eingeführten Rechner zur Darstellung und Erkundung mathematischer Zusammenhänge sowie zur Bestimmung von Ergebnissen, wählen Modelle zur Beschreibung überschaubarer Realsituationen und begründen ihre Wahl. Sie nutzen die Möglichkeiten einer sinnvollen Parametervariation, analysieren die Beobachtungen und verallgemeinern begründet.
Im ersten Lernfeld ist die Sozialform der Gruppenarbeit sinnvoll, aber nicht unbedingt notwendig, da hier auch eine Einzelarbeit möglich ist, z. B. als vorbereitende Hausaufgabe.
Im zweiten Lernfeld empfiehlt sich eine längere Phase von Gruppenarbeit, da durch die Aufgabenstellung einerseits eine Öffnung und andererseits eine Niveausteigerung vorgezeichnet ist.
Für das dritte Lernfeld, das eine Verallgemeinerung der bisherigen Beobachtungen einfordert, hat sich eine Langzeit-Hausaufgabe als besonders geeignet erwiesen. Hier haben die Schüler/innen Gelegenheit zu einem kleinen mathematischen Aufsatz.

1. Auftrag: Überall Quadrate: große und kleine
Arbeitsauftrag:
Die Schülerinnen und Schüler suchen Quadrate in ihrer Umgebung und finden z. B. die Rechenkästchen, Schokoladentafeln, Bodenfliesen, Lichtschalter, CD-Hülle, Kante eines Würfels, ... Sinnvollerweise erstellen sie dazu eine Tabelle, in der sie ihre Berechnungen festhalten. Wichtig ist hierbei, dass die Schülerinnen und Schüler auch sehr kleine Quadrate betrachten. In der Tabelle finden sich Quadrate, die in der Umgebung zu finden sein könnten:

Gegenstand	Seitenlänge (in cm)	Flächeninhalt (in cm^2)
Bodenfliese	30	900
Wandfliese	15	225
CD-Hülle	12,5	156,25
Lichtschalter	10	100
Schokoladentafel	8,4	70,56
Rechenkästchen	0,5	0,25
kleine Schokotafel	5	25

164 **1. Auftrag:** Fortsetzung
Anschließend zeichnen sie den zugehörigen Graphen, indem sie eine sinnvolle Einteilung der Achsen wählen. Es ergibt sich der Graph einer Parabel für die positiven x-Werte.

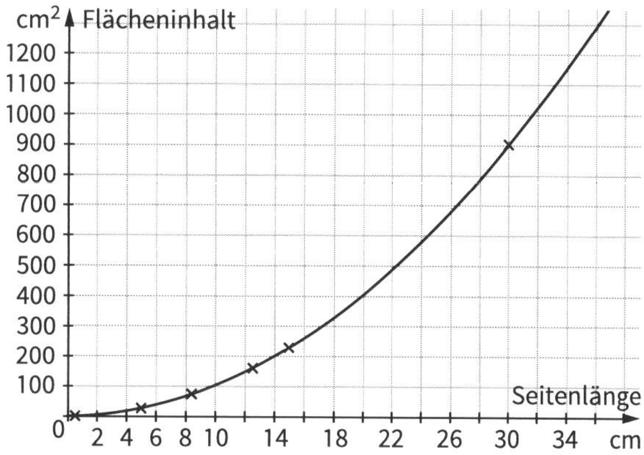

Möglicherweise werden sie die einzelnen Punkte mit dem Lineal verbinden, sodass ein Graph bestehend aus Polygonzügen entsteht. Dies sollte im Laufe des folgenden Kapitels thematisiert werden.

→ Die Beschreibung des Graphen könnte folgende Punkte beinhalten: Graph ist nicht gerade, sondern eher krumm; steigt (schnell) an, sodass nicht alle Werte eingetragen werden können, er beginnt im Ursprung, etc.

→ Für den Fall, dass die Schülerinnen und Schüler vor dem Zeichnen eine Wertetabelle erstellt haben, werden sie sicherlich keine Schwierigkeiten haben, diese entsprechend für negative Werte fortzusetzen. Bei der Berechnung der Funktionswerte ist bei einigen Schülerinnen und Schülern zu erwarten, dass sie falsch quadrieren, sodass das negative Vorzeichen bestehen bleibt.
Im Idealfall werden sie jedoch die entsprechenden Funktionswerte richtig berechnen und den Graphen um diese Punkte ergänzen, sodass die Parabel vollständig gezeichnet ist. Beobachtungen hierzu könnten dann sein, dass die Parabel achsensymmetrisch zur y-Achse ist, einen tiefsten Punkt hat, der Graph für die negativen x-Werte fällt und für die positiven x-Werte steigt.

2. Auftrag: Was passiert, wenn man den Funktionsterm variiert?
Hier wird etwa das angeführt, was die Schüler nach der Zusammenfindung in Expertengruppen zusammentragen sollten:

Zusammenfassung zu Teilthema 1:
Der Parameter a sorgt für eine Streckung bzw. Stauchung der Graphen. Wenn a vergrößert wird, wird der Graph enger und wenn a verkleinert wird, dann wird der Graph breiter. Wenn a negativ gewählt wird, dann wird der Graph an der x-Achse gespiegelt und die Parabel ist im Gegensatz zu einem positiven Parameter a dann nach unten geöffnet.

Zusammenfassung zu Teilthema 2:
Der Parameter d sorgt für eine Verschiebung der Graphen parallel zur x-Achse: Er verschiebt für $d < 0$ den Graphen nach rechts und für $d > 0$ den Graphen nach links.

164 **2. Auftrag:** Fortsetzung

Zusammenfassung zu Teilthema 3:

Der Parameter e sorgt für eine Verschiebung der Graphen parallel zur y-Achse: Er verschiebt für $e < 0$ den Graphen nach unten und für $e > 0$ den Graphen nach oben.

Nullstellen:

Eine Parabel hat entweder keine, eine oder zwei Nullstellen. Die Normalparabel hat jeweils genau eine Nullstelle. Eine Rechts- oder Linksverschiebung hat keinen Einfluss auf die Anzahl der Nullstellen, sondern nur auf deren Lage. Eine Spiegelung an der x-Achse hingegen hat zur Folge, dass die Anzahl der Nullstellen entweder bei 1 bleibt, oder sich von 0 auf 2 bzw. von 2 auf 0 ändert. Auch eine Veränderung des Parameters e und damit die Höhe der Funktion hat einen Einfluss auf die Anzahl der Nullstellen der Funktion.

Höchster Punkt:

Wenn zwei Nullstellen vorliegen, dann liegt der höchste Punkt exakt in der Mitte der beiden Nullstellen.

5.1 Quadratische Funktionen – Definition

165 **Einstieg:**

Wir kennzeichnen die gesuchten Seitenlängen mit x und y.

Dann gilt wegen Länge des Drahtes $x + y = 6$ und somit $y = 6 - x$.

Für den Flächeninhalt erhalten wir:

$A = x(6 - x) = -x^2 + 6x$.

Wir zeichnen den Graphen.

Der höchste Punkt ergibt sich für $x = 3$, woraus auch $y = 3$ folgt. Somit wird der Auslauf für ein Quadrat mit der Seitenlänge 3 m am größten. Der Flächeninhalt beträgt dann $9\,m^2$.

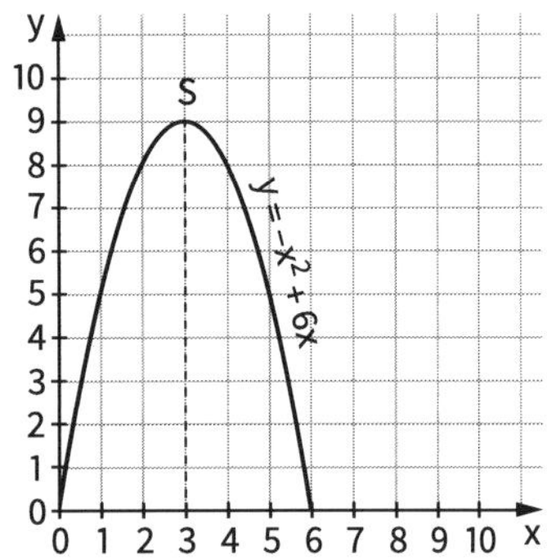

167 **3.**

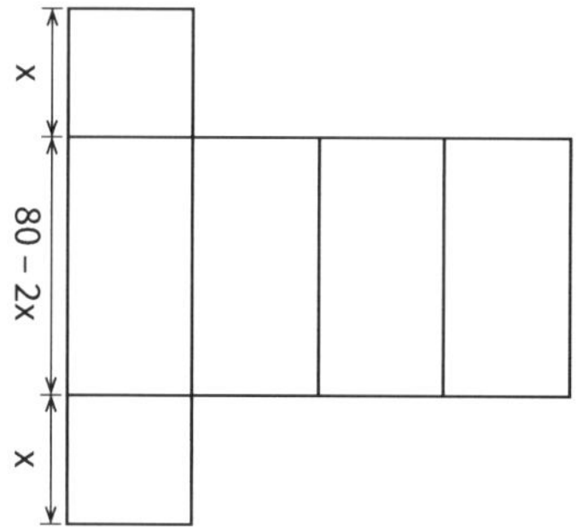

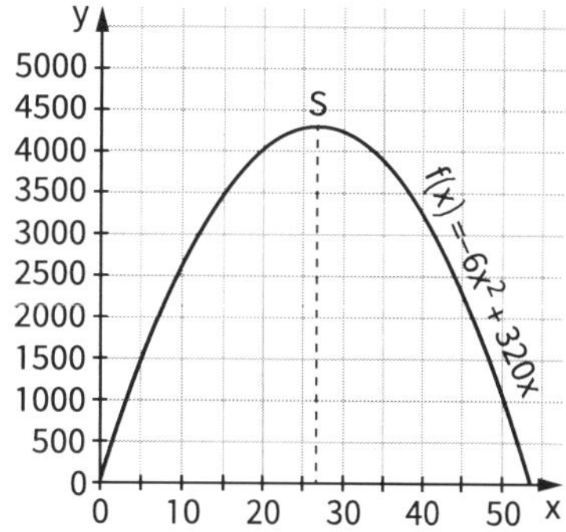

Wir erhalten für den Oberflächeninhalt den Term
$2x^2 + (80 - 2x) \cdot 4x = -6x^2 + 320x$ und zeichne den Graphen. Der höchste Punkt liegt bei $x = 26\frac{2}{3}$ cm. Für einen Würfel mit der Seitenlänge $x \approx 26{,}67$ cm ergibt sich die größtmögliche Oberfläche. Der Oberflächeninhalt beträgt dann $4\,266{,}67\ \text{cm}^2$.

4.

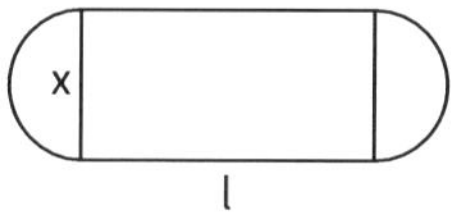

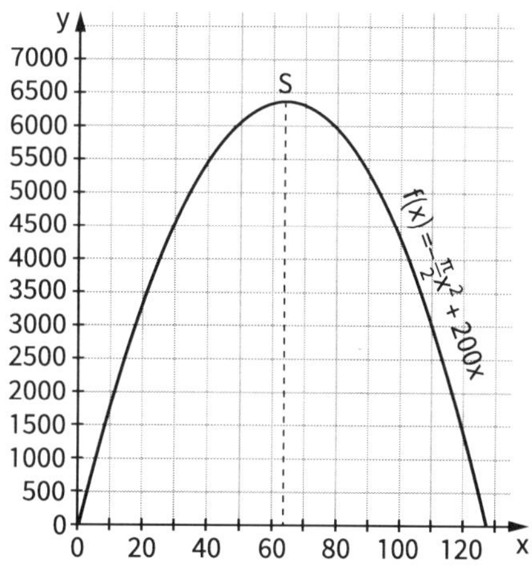

Die beiden Halbkreise ergeben zusammen einen Kreis mit dem Durchmesser x. Es gilt: $2l + \pi x = 400$, also $l = 200 - \frac{\pi}{2}x$. Für den Flächeninhalt des Spielfeldes erhalten wir den Term $\left(200 - \frac{\pi}{2}x\right) \cdot x = -\frac{\pi}{2}x^2 + 200x$ und zeichnen den Graphen. Der höchste Punkt liegt bei $x \approx 63{,}66$.

$l = 100$ m, $x = 63{,}66$ m, $A = 6366\ \text{m}^2$

167 5.

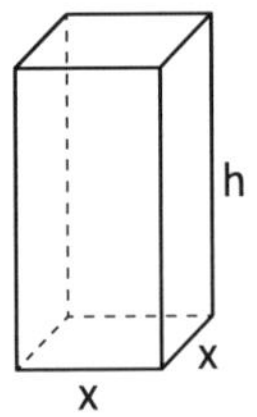

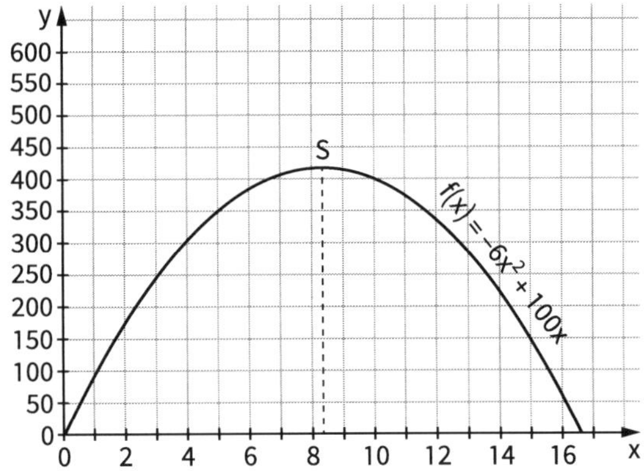

Für die Länge der Kanten erhalten wir (in cm); $8x + 4h = 100$, also $h = -2x + 25$
Für den Oberflächeninhalt erhalten wir den Term:
$2x^2 + 4x \cdot (-2x + 25) = 2x^2 - 8x^2 + 100x = -6x^2 + 100x$.
Der höchste Punkt liegt bei $x = 8\frac{1}{3}$, also $h = 8\frac{1}{3}$. Dies ist ein Würfel mit der Seitenlänge 8,33 cm. Der Oberflächeninhalt beträgt dann 416,67 cm^2.

5.2 Quadratfunktion – Normalparabel – Gleichungen der Form $x^2 = r$

168 **Einstieg:**
Das Mädchen hat Recht. Man kann den Graphen für positive x-Werte dann an der y-Achse spiegeln.
Auch der Junge hat Recht, denn dann kann man den Graphen im Bereich zwischen 0 und 1 besser zeichnen.
Begründung für die Symmetrie zur y-Achse ist, dass x^2 auch für negative x-Werte positiv ist, also $x^2 = (-x)^2$. Daher ist der Scheitelpunkt auch bei $x = 0$.

169 2. (1) $L = \{-2{,}5; 2{,}5\}$ (2) $L = \{0\}$ (3) $L = \{\ \}$

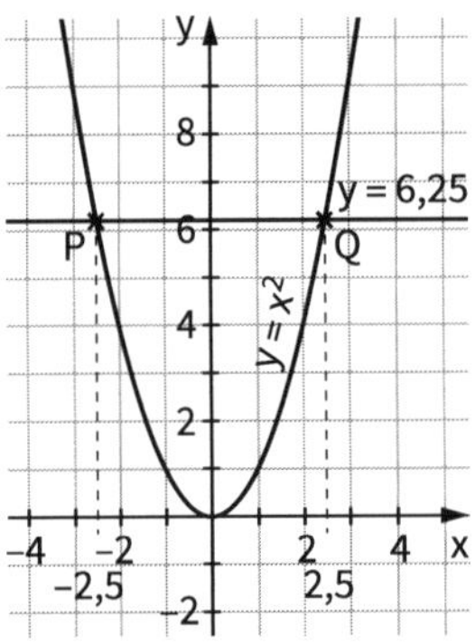

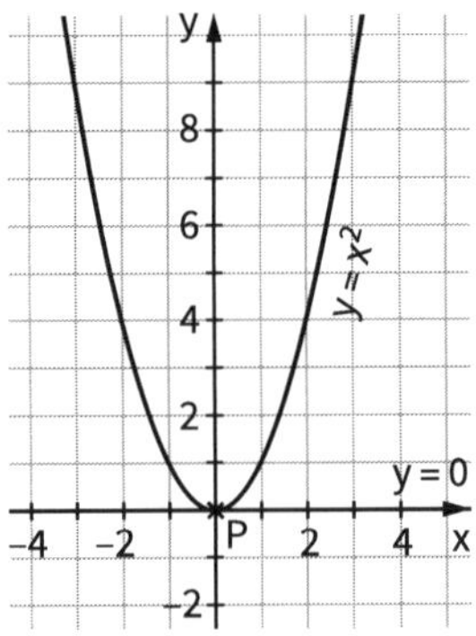

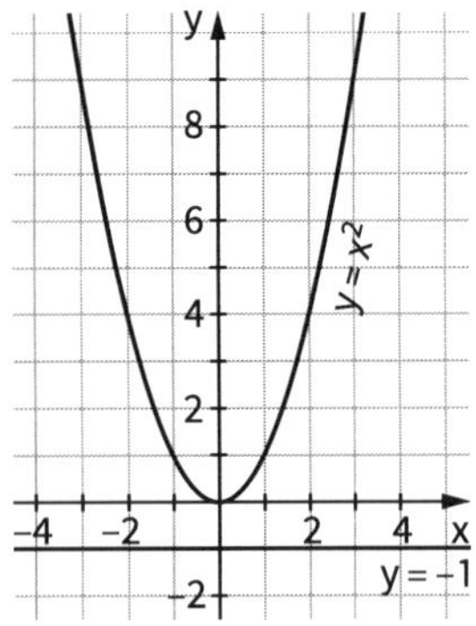

170 **3.** **a)** Eigenschaften siehe Satz oben auf Seite 169 des Schülerbandes.

b) und **c)** $f(0{,}7) = 0{,}49$; $f(1{,}3) = 1{,}69$; $f(2{,}6) = 6{,}76$; $f(-0{,}4) = 0{,}16$; $f(-1{,}7) = 2{,}89$; $f(-2{,}1) = 4{,}41$

4. 0,36; 1,96; 6,25; 0,09; 2,56; 7,84

5. –

6. 1,44; 6,76; –1,5 oder 1,5; 0; 1,96; –0,9 oder 0,9

7. **a)** **(1)** $L = \{-2; 2\}$ **(3)** $L = \{-3{,}5; 3{,}5\}$ **(5)** $L = \{\ \}$

(2) $L = \left\{-\frac{1}{2}; \frac{1}{2}\right\}$ **(4)** $L = \{0\}$

b) $\{-\sqrt{r}; \sqrt{r}\}$ für $r > 0$; $\{0\}$ für $r = 0$; keine Lösung für $r < 0$

8. Die Normalparabel hat keine Ecken. Der Verlauf ist ansonsten ungefähr richtig.

9. **a)** $(-2 \cdot 0{,}5)^2 = (-1)^2 = 1$

Die Parabel wird schmaler. Der Abstand jedes Funktionswertes zur y-Achse halbiert sich.

Der Funktionswert für jede Stelle vervierfacht sich.

b) Der Funktionswert vervielfacht sich um den Faktor 9, 16, ...

Begründung: $f(-3x) = (-3x)^2 = (-3)^2 x^2 = 9x^2$

171 **10.** **a)** **(1)** Der Flächeninhalt vervierfacht sich.

(2) Der Flächeninhalt verneunfacht sich.

(3) Der Flächeninhalt versechzehnfacht sich.

b) $2a^2 = (a \cdot x)^2$

$x = \sqrt{2}$

Die Seitenlängen müssen mit dem Faktor $\sqrt{2}$ multipliziert werden.

11. Der Preis sollte sich auf 31,92 € vervierfachen, da sich das Volumen vervierfacht.

12. **a)** **(1)** $y = 2(x+1) + 1$ **(2)** $y = -3(x+1) - 2$ **(3)** $y = -\frac{1}{4}(x+1) - 2$

$y = (2x+1) + 2$ $y = (-3x-2) - 3$ $y = \left(-\frac{1}{4}x - 2\right) - \frac{1}{4}$

b) $f(x+1) = m(x+1) + b = mx + b + m = f(x) + m$

Der Graph verschiebt sich um eine Einheit nach links.

c) Der Graph der Parabel verschiebt sich um eine Einheit nach links.

171 **12. d)** Die Vermutung lässt sich aus folgender Tabelle ablesen:

x	f(x)	f(x + 1)
−1	1	0
0	0	1
1	1	4
2	4	9
3	9	16

13. (1) Graphen darstellen lassen und Lösung am Graphen ablesen.
(2) Lösung in der Funktionstabelle ablesen.
(3) Lösung berechnen lassen.

14. a) $L = \{-1; 1\}$ **b)** $L = \{-2{,}5; 2{,}5\}$ **c)** $L = \{-1{,}5; 1{,}5\}$ **d)** $L = \{\ \}$ **e)** $L = \{0\}$

15. a) $L = \{-3; 3\}$ **b)** $L = \{-\sqrt{13}; \sqrt{13}\}$ **c)** $L = \{\ \}$ **d)** $L = \{0\}$ **e)** $L = \{-\sqrt{5}; \sqrt{5}\}$

16. a) $x^2 = 81$ **b)** $x^2 = 2{,}25$ **c)** $x^2 = 11$ **d)** $x^2 = 12$ **e)** $x^2 = 0$

17. Für alle $0 < x < 1$ gilt die Behauptung. Der Graph der Normalparabel verläuft genau in diesem Intervall unterhalb des Graphen zu $y = x$.

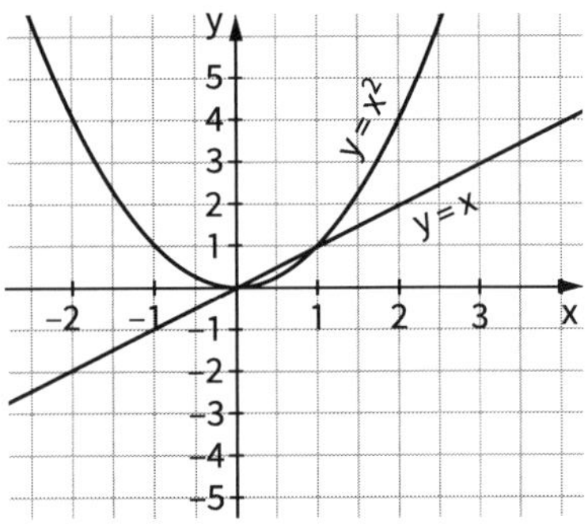

Das kann ich noch!

A) $x^2 + h^2 = v^2$
$v^2 + w^2 = y^2$
$h^2 + u^2 = w^2$

B) $u \approx 5{,}4\,\text{cm} + 7{,}3\,\text{cm} + 5{,}8\,\text{cm} = 18{,}5\,\text{cm}$

5.3 Verschieben der Normalparabel

5.3.1 Verschieben der Normalparabel parallel zur y-Achse

172 **Einstieg**

a) Der Graph wird um $|e|$ Einheiten in Richtung der y-Achse verschoben, für $e > 0$ nach oben und für $e < 0$ nach unten.

b) Den Wert für e kann man am Schnittpunkt der Parabel mit der y-Achse ablesen.

c) Siehe Merksatz auf Seite 173 des Schülerbandes.

d) –

173 **2.** Der gesuchte Funktionsterm lautet $f(x) = x^2 - 3$.

3. **a)** (1) $L = \{-2; 2\}$
(2) $L = \{-\sqrt{6}; \sqrt{6}\}$
(3) $L = \{\,\}$

b) (1) $-\sqrt{7}$ und $\sqrt{7}$
(2) -3 und 3
(3) $-\sqrt{2}$ und $\sqrt{2}$

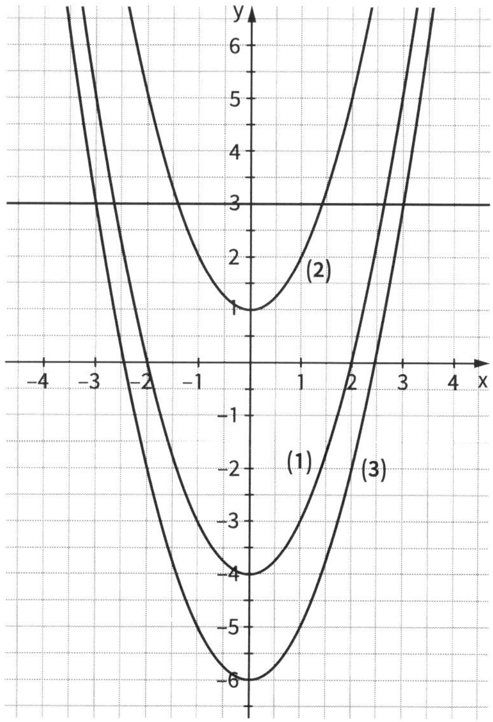

174 **4.** Die Graphen ergeben sich aus der Normalparabel durch Verschieben in Richtung der y-Achse (siehe auch Satz im Schülerband auf Seite 173 oben).

5. **a)** (1) $S(0|-6)$, $P_1(2{,}45|0)$, $P_2(-2{,}45|0)$ (gerundet)
(2) $S(0|3{,}5)$
(3) $S\left(0\middle|-\frac{1}{4}\right)$, $P_1\left(\frac{1}{2}\middle|0\right)$, $P_2\left(-\frac{1}{2}\middle|0\right)$
(4) $S(0|-3)$, $P_1(1{,}73|0)$, $P_2(-1{,}73|0)$

b) Für $e > 0$ hat die Funktion keine Nullstellen. In allen anderen Fällen wohl.

6. **a)** $f(x) = x^2 + 8$; $S(0|8)$
b) $f(x) = x^2 - 4{,}41$; $S(0|-4{,}41)$
c) $f(x) = x^2 + 1$; $S(0|1)$
d) $f(x) = x^2 - 6$; $S(0|-6)$

7. $y = x^2 - 6{,}25$; Nullstellen bei $x = -2{,}5$ und $x = 2{,}5$.

8. **a)** $f(x) = x^2 + 65{,}8$ **b)** $f(x) = x^2 - 49$ **c)** $f(x) = x^2 - 5$ **d)** –

175 9. (1) $L = \{\ \}$
(2) $L = \{0\}$
(3) $L = \{-1; 1\}$

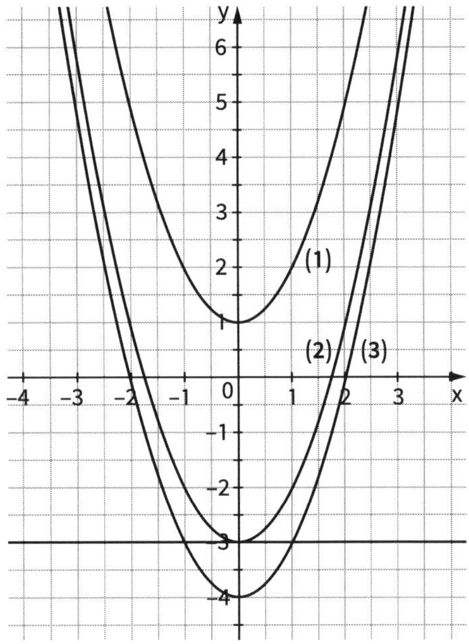

10. a) $L = \{-3; 3\}$
b) $L = \{-3,5; 3,5\}$
c) $L = \{-\sqrt{10}; \sqrt{10}\}$
d) $L = \{-\sqrt{7}; \sqrt{7}\}$
e) $L = \{\ \}$
f) $L = \{-\sqrt{2}; \sqrt{2}\}$
g) $L = \{\ \}$
h) $L = \{0\}$

5.3.2 Verschieben der Normalparabel parallel zur x-Achse – Gleichungen der Form $(x + d)^2 = r$

Einstieg:
Keine Lösungen

176 2. (1) $f(x) = (x + 4)^2$
(2) $x = -4$
(3) Der Graph fällt für $x \le -4$ und steigt für $x \ge -4$.
(4) $f(x) = x^2 + 8x + 16$

3. Um 2,4 Einheiten nach rechts.

4. a) $L = \{3\}$
b) $L = \{-3 - \sqrt{5};\ -3 + \sqrt{5}\} \approx \{-5,24; -0,76\}$
c) (1) $L = \{-4 - \sqrt{5};\ -4 + \sqrt{5}\} \approx \{-6,24; -1,76\}$
(2) $L = \{-1; 5\}$
(3) $L = \{1\}$
(4) $L = \{\ \}$

177 5. a) $f(x) = x^2 - 10x + 25$
b) $f(x) = x^2 + 4x + 4$

177

6. **a)** S(2|0); x = 2
b) S(−5|0); x = −5
c) S(1,2|0); x = 1,2
d) S(−2,5|0); x = −2,5
e) S(−1|0); x = −1
f) S(0,5|0); x = 0,5
g) $S\left(-\frac{4}{5}\middle|0\right)$; $x = -\frac{4}{5}$
h) S(3|0); z = 3

7. **(1)** richtig
(2) bis **(4)** Jeweils in die falsche Richtung verschobener Graph der Normalparabel.

8. **(1)** $f(x) = (x + 87)^2$
(2) $f(x) = (x - 37,5)^2$
(3) $f(x) = (x + 250)^2$
(4) $f(x) = (x + 10)^2$

9. $f(x) = (x - 1,5)^2$; S(1,5|0)

10. Zwei Lösungen: $f_1(x) = (x + 1)^2$; $f_2(x) = (x - 3)^2$

11. **a)** $f(x) = (x - 2)^2$; S(2|0) $f(x) = (x + 2)^2$; S(−2|0)
b) keine Lösung
c) $f(x) = (x + 3)^2$; S(−3|0) $f(x) = (x - 5)^2$; S(5|0)

12. Um 1 nach rechts verschobene Normalparabel:

$y = (x - 1)^2$	
x	y
−2	9
−1	4
0	1
1	0
2	1
3	4
4	9

Um 2 nach rechts verschobene Normalparabel:

$y = (x - 2)^2$	
x	y
−1	9
0	4
1	1
2	0
3	1
4	4
5	9

Normalparabel

$y = (x - 1)^2$	
x	y
−2	9
−1	4
0	1
1	0
2	1
3	4
4	9

Um 4 nach unten verschobene Normalparabel.

$y = x^2 - 4$	
x	y
−3	5
−2	0
−1	−3
0	−4
1	−3
2	0
3	5

177

12. Fortsetzung

Um 3 nach links verschobene Normalparabel.

$y = (x+3)^2$	
x	y
−6	9
−5	4
−4	1
−3	0
−2	1
−1	4
0	9

Um 3 nach oben verschobene Normalparabel.

$y = x^2 + 3$	
x	y
−3	12
−2	7
−1	4
0	3
1	4
2	7
3	12

178

13. a) um 4,5 Einheiten nach rechts

b) um 5,5 Einheiten nach links

c) um 0,1 Einheiten nach rechts

d) um $\frac{1}{2}$ Einheit nach rechts

e) um $\frac{1}{6}$ Einheit nach links

f) um $\frac{6}{5}$ Einheiten nach links

14. a) $L = \{-7; 3\}$
b) $L = \{-1; 7\}$
c) $L = \{-13; -1\}$
d) $L = \{3; 5\}$
e) $L = \{-2\}$
f) $L = \{3; 7\}$
g) $L = \{\ \}$
h) $L = \{-0{,}9; 2{,}1\}$
i) $L = \{-2{,}1; -0{,}3\}$
j) $L = \{1{,}2; 2{,}8\}$
k) $L = \{-3-\sqrt{2};\ -3+\sqrt{2}\}$
l) $L = \{2-2\sqrt{3};\ 2+2\sqrt{3}\}$

15. a) Kein Element für $r < 0$; ein Element für $r = 0$; zwei Elemente für $r > 0$.
b) Die Lösungsmenge hat zwei Elemente.

16. Der Term links wird mithilfe der 1. binomischen Formel umgeformt. Jetzt kann die Gleichung als reinquadratische Gleichung aufgefasst und gelöst werden. Abschließend wird nach x aufgelöst.

17. a) (1) $x^2 + 8x + 16$
(2) $x^2 - 14x + 49$
(3) $x^2 + 5x + \frac{25}{4}$
(4) $z^2 - \frac{7}{2}z + \frac{49}{16}$

b) (1) $(x+6)^2$
(2) $(x-2{,}5)^2$
(3) $(y-3{,}5)^2$
(4) $\left(z-\frac{2}{5}\right)^2$

c) (1) 9
(2) 16
(3) $\frac{9}{4}$
(4) $\frac{1}{9}$

d) –

18. a) $L = \{-3; 9\}$
b) $L = \{-11; 3\}$
c) $L = \{4\}$
d) $L = \{0{,}4; 1{,}4\}$
e) $L = \{-7; 2\}$
f) $L = \{-0{,}7; 1{,}7\}$
g) $L = \{-8-\sqrt{7};\ -8+\sqrt{7}\}$
h) $L = \{1{,}5-\sqrt{5};\ 1{,}5+\sqrt{5}\}$
i) $L = \{2{,}5-2\sqrt{2};\ 2{,}5+2\sqrt{2}\}$

178 19. a) Die Seitenlänge betrug vorher 19 m.

b) $(x-4)^2 = 225$; z. B. Die Seitenlänge eines quadratischen Feldes muss um 4 m verkürzt werden, um die Größe von 225 m² zu erreichen.

5.3.3 Verschieben der Normalparabel in beliebiger Richtung – Scheitelpunktform – Quadratische Gleichungen der Form $x^2 + px + q = 0$

179 **Einstieg:**

a) $f(x) = (x+2)^2 - 1$ b) – c) –

181 3. a) $f(x) = x^2 - 6{,}4x + 8{,}84$

b) $f(x) = x^2 - 2ux + u^2 + v$; $p = -2u$, $q = u^2 + v$

4. a) Wenn der Term auf der linken Seite der Gleichung als Quadrat geschrieben werden kann, kann man die quadratische Gleichung lösen. Da das hier nicht der Fall ist, ergänzt man auf beiden Seiten der Gleichung einen Term, sodass das möglich ist.

b) (1) $x^2 - 8x + 16 = 0$
$(x-4)^2 = 0$
$L = \{4\}$

(2) $x^2 + 5x + 7 = 0$
$(x+2{,}5)^2 = -0{,}75$
$L = \{\ \}$

5. a) $f(x) = (x-4)^2 + 3 = x^2 - 8x + 19$

b) $f(x) = (x+4)^2 - 3 = x^2 + 8x + 13$

c) $f(x) = (x-2{,}5)^2 - 1 = x^2 - 5x + 5{,}25$

d) $f(x) = (x+1{,}5)^2 + 2 = x^2 + 3x + 4{,}25$

6. a) $S(3\,|\,4)$; $x = 3$

b) $S(-2\,|\,-1)$; $x = -2$

c) $S(-2{,}5\,|\,-4)$; $x = -2{,}5$

d) $S(-1\,|\,1)$; $x = -1$

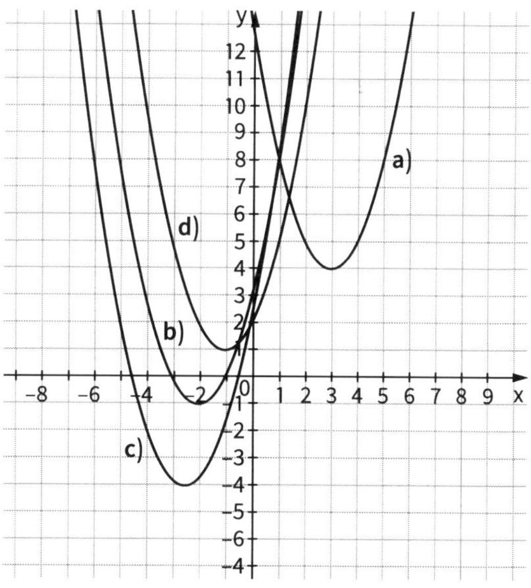

181 **6.** **e)** $S\left(\frac{1}{2}\middle|-3\right)$; $x=\frac{1}{2}$

f) $S\left(3{,}5\middle|\frac{5}{2}\right)$; $x=3{,}5$

g) $S\left(\frac{3}{5}\middle|-2{,}4\right)$; $x=\frac{3}{5}$

h) $S\left(-\frac{11}{2}\middle|\frac{1}{2}\right)$; $t=-\frac{11}{2}$

Hinweis: Hier müssen die Achsen mit t und s beschriften werden.

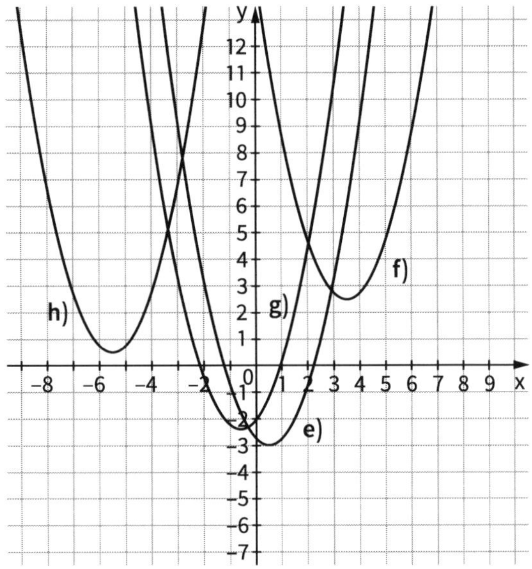

182 **7.**

Lage von S	e > 0	e = 0	e < 0
d < 0	1. Quadrant	x-Achse	4. Quadrant
d = 0	y-Achse	Koordinatenursprung	x-Achse
d > 0	2. Quadrant	x-Achse	3. Quadrant

8. **a)** P_2, P_4, P_5

b) **(1)** $L=\{-1; 5\}$ **(2)** $L=\{0; 4\}$

182

9. a) $f(x) = (x + 2)^2 - 1$
   $S(-2|-1)$
   b) $f(x) = (x - 1)^2 - 9$
   $S(1|-9)$
   c) $f(x) = (x - 2)^2 - 4$
   $S(2|-4)$

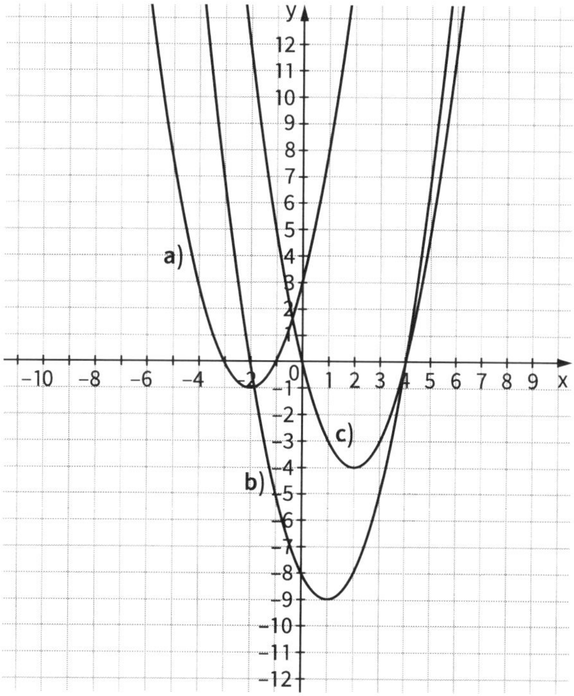

   d) $f_1(x) = (x + \sqrt{3})^2 - 3$
   $S(-1{,}73|-3)$
   $f_2(x) = (x - \sqrt{3})^2 - 3$
   $S(\approx 1{,}73|-3)$
   e) $f(x) = (x - 1)^2 + 3$
   $S(1|3)$

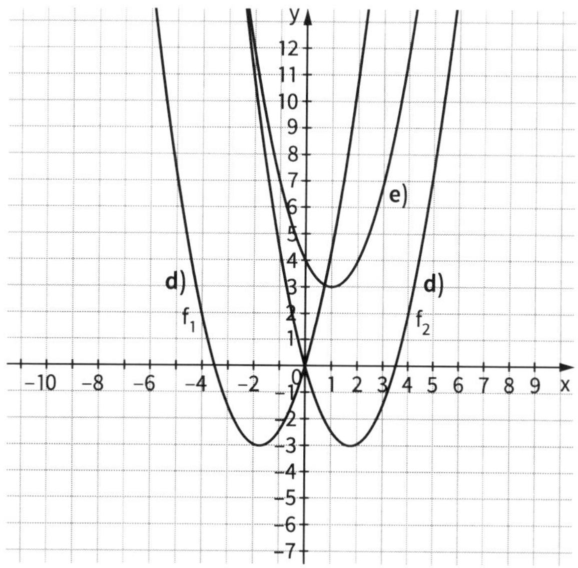

10. –

11. a) $f(x) = x^2 + 6x + 7 = (x + 3)^2 - 2$
   Verschiebung der Normalparabel mit neuem Scheitelpunkt $S(-3|-2)$.
   b) –

182 12. Abdul: Falsch, richtig ist S(1,5 | −4,25).
Bo: Falsch, richtig ist S(−2 | −6), denn $x^2 + 4x - 2 = (x + 2)^2 - 6$.

13. a) Verschieben um 2 nach rechts und um 9 nach unten; S(2 | −9).
Der Graph fällt für $x \leq 2$ und steigt für $x \geq 2$.
b) Verschieben um 3 nach links und um 4 nach unten; S(−3 | −4).
Der Graph fällt für $x \leq -3$ und steigt für $x \geq -3$.
c) Verschieben um 2,5 nach rechts und um 1,25 nach unten; S(2,5 | −1,25).
Der Graph fällt für $x \leq 2{,}5$ und steigt für $x \geq 2{,}5$.
d) Verschieben um 4 nach links und um 9 nach unten; S(−4 | −9).
Der Graph fällt für $x \leq -4$ und steigt für $x \geq -4$.
e) Verschieben um 1 nach rechts und um 1 nach unten; S(1 | −1).
Der Graph fällt für $x \leq 1$ und steigt für $x \geq 1$.
f) Verschieben um $\frac{3}{2}$ nach links und um $\frac{7}{4}$ nach oben; $S\left(-\frac{3}{2} \middle| \frac{7}{4}\right)$.
Der Graph fällt für $x \leq -\frac{3}{2}$ und steigt für $x \geq -\frac{3}{2}$.
g) Verschieben um $\frac{1}{2}$ nach rechts und um $\frac{3}{4}$ nach unten; $S\left(\frac{1}{2} \middle| -\frac{3}{4}\right)$.
Der Graph fällt für $x \leq \frac{1}{2}$ und steigt für $x \geq \frac{1}{2}$.
h) Verschieben um $\frac{2}{3}$ nach rechts und um 1 nach unten; $S\left(\frac{2}{3} \middle| -1\right)$.
Der Graph fällt für $x \leq \frac{2}{3}$ und steigt für $x \geq \frac{2}{3}$.

14. a) $f(x) = x^2 - 3x + 2{,}75$ b) $f(x) = x^2 + 2x$ c) $f(x) = x^2 - 6x + 7{,}5$

183 15. a) $f(x) = x^2 + 200x + 10\,034$
b) $f(x) = x^2 + 68x + 1\,171$
c) $f(x) = x^2 - 40x + 400 - p; \quad p > 0$

16. Alle Graphen sind Normalparabeln mit verschobenem Scheitelpunkt: Alle Scheitelpunkte liegen bei S(3 | −y). Die Funktionen $f_1(x)$; $f_5(x)$ und $f_6(x)$ lassen sich durch Umformen ineinander überführen.

$f_1(x) = (x - 3)^2 - 25 = x^2 - 6x + 9$ S(3 | −25)
$f_2(x) = x^2 - 6x - 15 = x^2 - 6x + 9 - 24$ S(3 | −24)
$f_3(x) = (x - 3)^2 - 5$ S(3 | −5)
$f_4(x) = x^2 - 6x = x^2 - 6x + 9 - 9$ S(3 | −9)
$f_5(x) = x^2 - 6x - 16 = x^2 - 6x + 9 - 25$ S(3 | −25)
$f_6(x) = (x - 8)(x + 2) = x^2 - 6x - 16$ S(3 | −25)

17. –

18. a) ■ = 4
L = {−7; 3}
b) ■ = 16
L = {−3; 11}
c) ■ = 30,25
L = {1; 10}
d) ■ = 2,25
L = {−1,5}
e) ■ = 6,25
L = {−4,5; 9,5}
f) ■ = 12,25
L = {−7,5; 0,5}

183 **19.** a) $L = \{0; 8\}$
b) $L = \{-8; 0\}$
c) $L = \{-7; 1\}$
d) $L = \{-9; 1\}$
e) $L = \{-1; 3\}$
f) $L = \{-1; 5\}$
g) $L = \{-4; -1\}$
h) $L = \{\ \}$
i) $L = \{-2; 10\}$
j) $L = \{-8; 2\}$
k) $L = \{\ \}$
l) $L = \{-5; 1\}$

20. a) Fehler bei der quadratischen Ergänzung. Man hätte auf beiden Seiten 2,25 addieren müssen. Richtig ist: $L = \{-2{,}8; 5{,}8\}$
b) Die Lösungsmenge wurde falsch abgeschrieben. Richtig ist: $L = \{1; 2\}$
c) Julia hat durch $4x$ geteilt, das ist für $x = 0$ verboten. Richtig ist: $L = \{0; 2\}$

21. a) $L = \{-18; -2\}$
b) $L = \{-10\}$
c) $L = \{\ \}$
d) $L = \{-25; 5\}$
e) $L = \{1; 6\}$
f) $L = \{\ \}$
g) $L = \{-0{,}5; 11{,}5\}$
h) $L = \{-6 - \sqrt{3}; -6 + \sqrt{3}\}$
i) $L = \{-20; -1\}$
j) $L = \{1{,}5 - \sqrt{2}; 1{,}5 + \sqrt{2}\}$
k) $L = \{-10; 2\}$
l) $L = \{-4\}$

22. $(x + 3)^2 - 3^2 = 567$ mit $x \geq 0$, $L = \{21\}$ $x = 21$ m

5.4 Strecken und Spiegeln der Normalparabel

184 **Einstieg**

a) –
b) Siehe Merksatz auf Seite 186 des Schülerbandes.
c) –

186 **3.** *Beschreibung der Eigenschaften:*
Alle Graphen sind symmetrisch zur y-Achse. Die Graphen zu f_2 und f_4 haben den Scheitelpunkt als höchsten Punkt, die Graphen zu f_1 und f_3 haben den Scheitelpunkt als tiefsten Punkt. Die Graphen zu f_1 und f_3 sind nach oben, die zu f_2 und f_4 nach unten geöffnet. Die Graphen zu f_1 und f_3 fallen für $x \leq 0$ und steigen für $x \geq 0$, während die Graphen zu f_2 und f_4 für $x \leq 0$ steigen und für $x \geq 0$ fallen.
Die Graphen f_1 und f_2 sind steiler als die Normalparabel bzw. als die gespiegelte Normalparabel. Die Graphen f_3 und f_4 sind flacher als die Normalparabel bzw. als die gespiegelte Normalparabel.

187 **4.** Eine Fliese ist ungefähr 227 cm² groß, also ungefähr 225 cm². Das ist ein Quadrat mit der Seitenlänge 15 cm.
Gleichung: $22x^2 = 5\,000$ (x Seitenlänge in cm; $0{,}5\,m^2 = 5\,000\,cm$)

$$x^2 = \frac{5\,000}{22} \approx 227{,}3$$

$$x \approx \sqrt{227{,}3} \approx 15{,}1 \approx 15$$

187 **5.** Die Graphen werden jeweils mit dem Faktor a gestreckt. Der Scheitelpunkt ist S(0|0).

a), b), c)

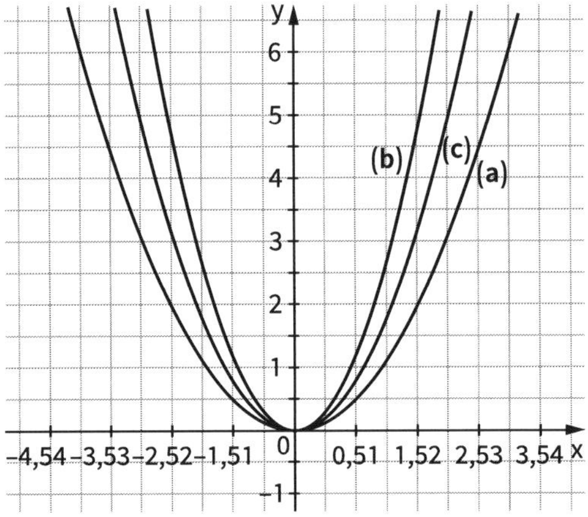

d), e)

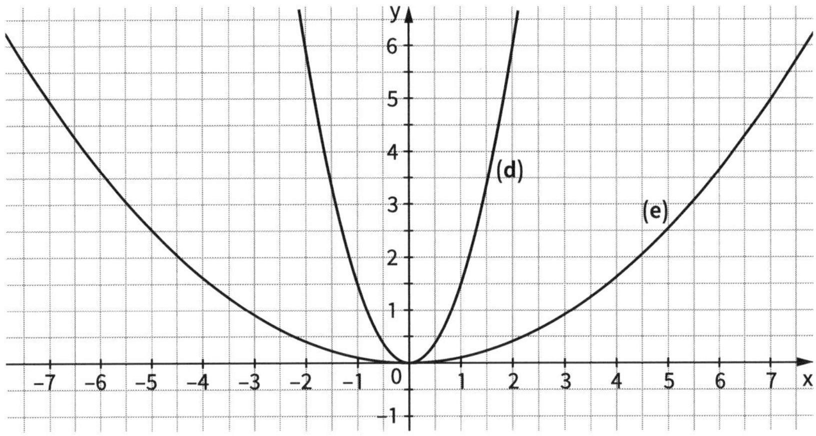

6. a) Es werden die Funktionswerte für x an der Stelle 0, 1, −1, 2, −2 berechnet und markiert. Anschließend wird eine Kurve durch diese Punkte gelegt.

b)

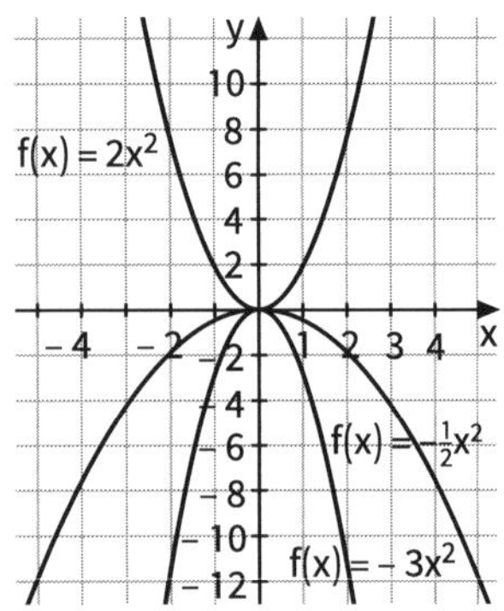

187 7. Streckung der Normalparabel mit dem Streckfaktor:

a) $-2{,}5$ b) $0{,}8$ c) $-0{,}7$ d) $1{,}8$

Eigenschaften der Graphen:

a) und **c)**: Der Graph ist nach unten geöffnet, er steigt an im 3. Quadranten und fällt im 4. Quadranten.

b) und **d)**: Der Graph ist nach oben geöffnet, er fällt im 2. Quadranten und steigt im 1. Quadranten.

8. a) (1) P_1, P_3 (2) $\pm 0{,}5$ $[-; \pm 0{,}75; -; 0]$
   b) (1) P_1, P_5 (2) – $[\pm 2; -; \pm 3; 0]$
   c) (1) P_1, P_2 (2) – $\left[\pm \frac{2}{3}; -; \pm 1; 0\right]$
   d) (1) P_1 (2) $\pm \frac{5}{3}$ $[-; \pm 2{,}5; -; 0]$

9. a) -1 b) 5 c) $-\frac{1}{15}$ d) $-\frac{1}{4}$

188 10. a) $f(x) = 1{,}5 \cdot x^2$ b) $f(x) = -0{,}5 \cdot x^2$ c) $f(x) = \frac{3}{4}x^2$ d) $f(x) = -x^2$

11. a) $y = 1{,}5\,x^2$ c) $y = -\frac{5}{8}x^2$ e) $y = -1{,}5\,x^2$
    b) $y = 0{,}75\,x^2$ d) $y = 0{,}5\,x^2$ f) $y = -\frac{1}{4}x^2$

12. Der gelbe Graph gehört zu g(x).
    Der rote Graph gehört zu l(x).
    Der nach oben geöffnete blaue Graph gehört zu m(x).
    Der grüne Graph gehört zu f(x).
    Der nach unten geöffnete blaue Graph gehört zu k(x).

Das kann ich noch!

A) 1) $x \approx 6{,}33$ cm 2) $x = 3{,}3$ cm 3) $x \approx 4{,}03$ cm

189 13. a) 1,25 m; 5 m; 11,25 m; 20 m; 31,25 m; 45 m
    b) 7,16 s; 5,67 s; 8 s; 11,24 s; 8,54 s; 10,4 s; 9,4 s; 12,87 s
    (Werte gerundet)

189 **14.** Nullstellen bei −80 und +80: Scheitelpunkt S(0|69).

$f(x) = a x^2 + 69$; $f(80) = 0$

$0 = a \cdot 80^2 + 69$, also $a = -\frac{69}{6400}$

$f(x) = -\frac{69}{6400}x^2 + 69$

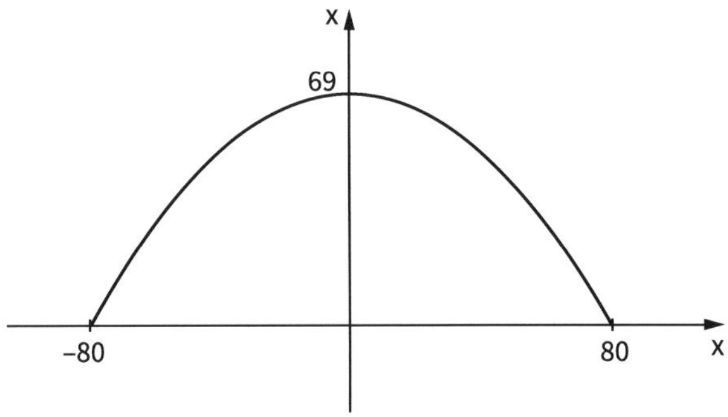

15. a) 0,25 m; 1 m; 2,25 m; 4 m; 6,25 m

b) **(1)** 1 s; **(2)** 1,73 s; **(3)** 3,16 s; **(4)** 4,9 s
(Werte gerundet)

190 **16. a)** Z.B. $f(x) = 2x^2$

b) Z.B. $f(x) = -0{,}5x^2$

c) $f(x) = 0{,}2x^2$

d) Z.B. $f(x) = -2x^2$

17. $f(x) = g(x)$, beide entsprechen der Normalparabel.
$h(x)$ entspricht der Spiegelung der Normalparabel an der x-Achse

18. Strecken in Richtung der y-Achse mit dem Faktor $\frac{1}{4}$;
$f(x) = \frac{1}{4}x^2$

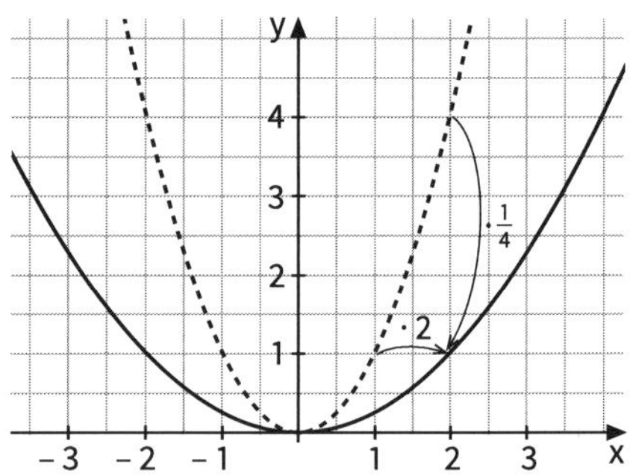

19. a) $L = \{-2{,}5; 2{,}5\}$

b) $L = \{-0{,}2; 0{,}2\}$

c) $L = \{-10; 10\}$

d) $L = \{0\}$

e) $L = \{-1{,}5; 1{,}5\}$

f) $L = \{\ \}$

g) $L = \{-3\sqrt{10}; 3\sqrt{10}\}$

h) $L = \{-1; 1\}$

i) $L = \{-4; 4\}$

20. $s = 3t^2$; $s = (3500 - 700)\,m = 2800\,m$; $t = 30{,}55\ldots\,s$
Die Fallzeit beträgt ungefähr 30 Sekunden. Wenn man hier auf 31 Sekunden rundet, wird der Fallschirm eventuell etwas zu spät geöffnet.

5.5 Strecken und Verschieben der Normalparabel – Gleichungen der Form $a x^2 + b x + c = 0$

191 **Einstieg:**

a) $f(x) = 0{,}5\,(x+1)^2 - 1{,}2$

b) –

c) –

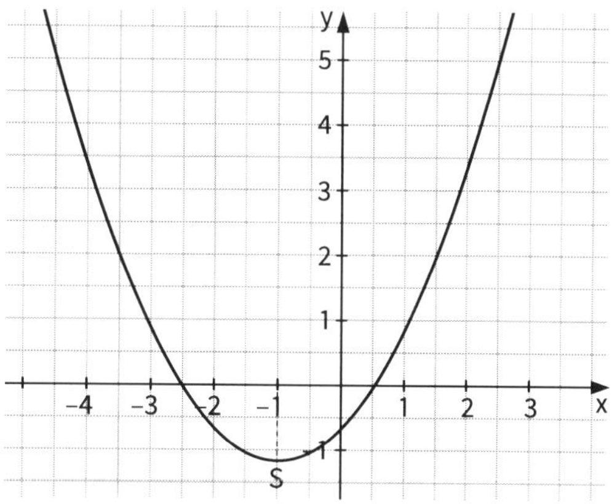

192 2. a) $f(x) = 3\,(x-1)^2 + 3$; $S(1\,|\,3)$; $x = 1$

Verschieben um 1 nach rechts, Strecken in Richtung der y-Achse mit dem Faktor 3, Verschieben um 3 nach oben.

b) $f(x) = -\frac{1}{4}\left(x - \frac{1}{2}\right)^2 - \frac{15}{16}$; $S\left(\frac{1}{2}\,\middle|\,-\frac{15}{16}\right)$; $x = \frac{1}{2}$

Verschieben um $\frac{1}{2}$ nach rechts, Strecken in Richtung der y-Achse mit dem Faktor $\left(-\frac{1}{4}\right)$, Verschieben um $\frac{15}{16}$ nach unten.

c) $f(x) = a\left(x + \frac{b}{2a}\right)^2 + c - \frac{b^2}{4a}$; $S\left(-\frac{b}{2a}\,\middle|\,c - \frac{b^2}{4a}\right)$; $x = -\frac{b}{2a}$

Verschieben um $-\frac{b}{2a}$ in Richtung der x-Achse, Strecken in Richtung der y-Achse mit dem Faktor a, Verschieben in Richtung der y-Achse um $c - \frac{b^2}{4a}$.

193 3. a)

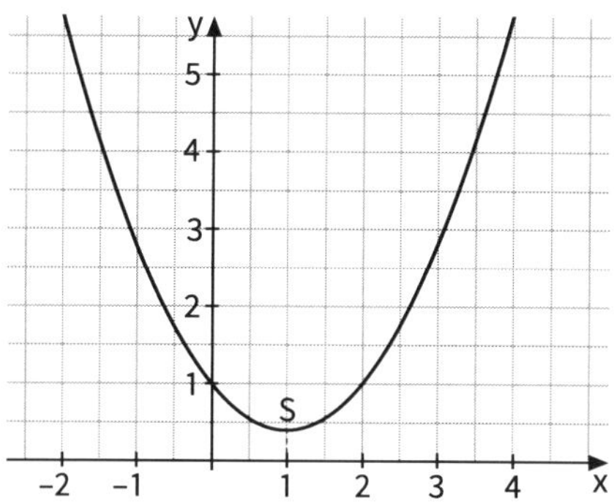

$f_1(x) = 0{,}6\,(x-1)^2 + 0{,}4$

$S(1\,|\,0{,}4)$

193 **3.** **a)** Fortsetzung

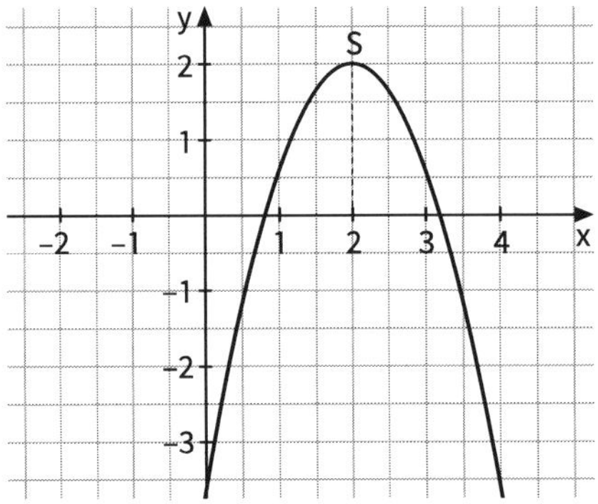

$f_2(x) = -1{,}4(x-2)^2 + 2$
$S(2|2)$

b) Wenn $a > 0$ ist, ist die Parabel nach oben geöffnet, also ist $S(-d|e)$ dann der tiefste Punkt.
Wenn $a < 0$ ist, ist die Parabel nach unten geöffnet und $S(-d|e)$ ist der höchste Punkt.

4. $x^2 - 5x - 14 = 0 \quad L = \{-2; 7\}$

5. **a)** $S(4|-4{,}5)$;
$f(x) = -2(x-4)^2 - 4{,}5$

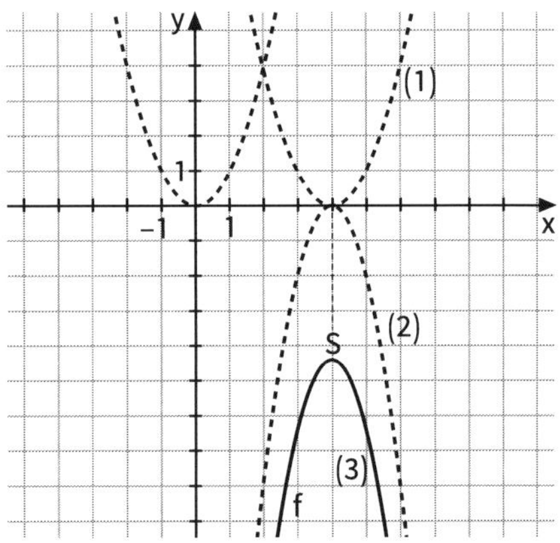

b) $S(-2{,}5|5)$;
$f(x) = -0{,}3(x+2{,}5)^2 + 5$

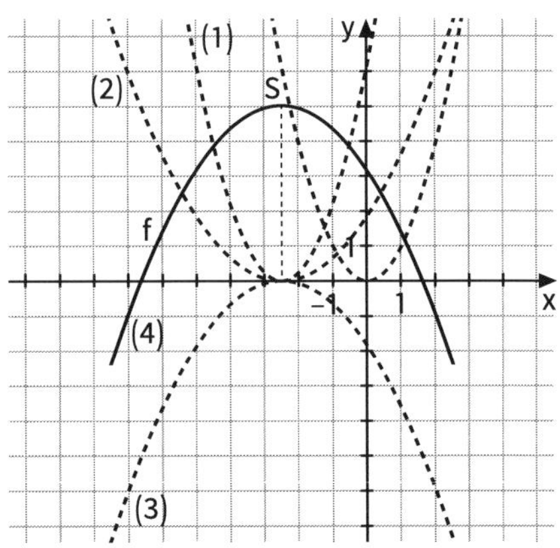

193 6. a) $f(x) = -1{,}5x^2 - 3x + 2{,}5$; $S(-1|4)$; $x = -1$

b) (1) $f(x) = -1{,}5x^2 - 3x - 7{,}5$; $S(-1|-6)$; $x = -1$

(2) $f(x) = -1{,}5x^2 - 3x - 7{,}5$; $S(-1|-6)$; $x = -1$

(3) $f(x) = -1{,}5x^2 - 3x - 7{,}5$; $S(-1|-6)$; $x = -1$

(4) $f(x) = -1{,}5x^2 - 3x + 2{,}5$; $S(-1|4)$; $x = -1$

(5) $f(x) = -1{,}5x^2 - 3x - 2{,}5$; $S(-1|-1)$; $x = -1$

194 7. Vertauschbar sind die Paare: (1) und (2); (1) und (3); (1) und (4)
Nicht vertauscht werden dürfen: (2) und (3); (3) und (4)

8. a) (1) Verschieben um 2,5 nach rechts.

(2) Strecken in Richtung der y-Achse mit dem Faktor 3.

(3) Verschieben um 4,5 nach unten.

$f(x) = 3x^2 - 15x + 14{,}25$

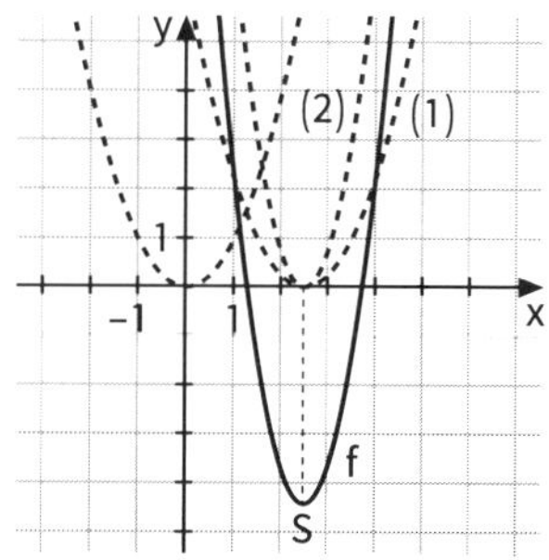

b) (1) Verschieben um 3 nach links.

(2) Strecken in Richtung der y-Achse mit dem Faktor (−0,2).

(3) Verschieben um 1 nach oben.

$f(x) = -0{,}2x^2 - 1{,}2x - 0{,}8$

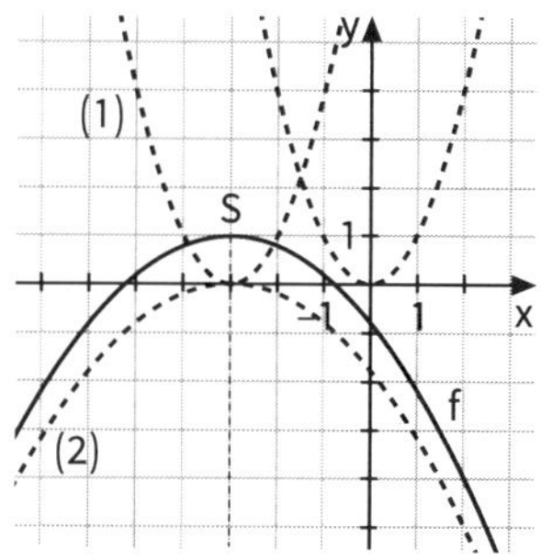

c) (1) Strecken in Richtung der y-Achse mit dem Faktor (−1,5).

(2) Verschieben um 2 nach unten.

$f(x) = -1{,}5x^2 - 2$

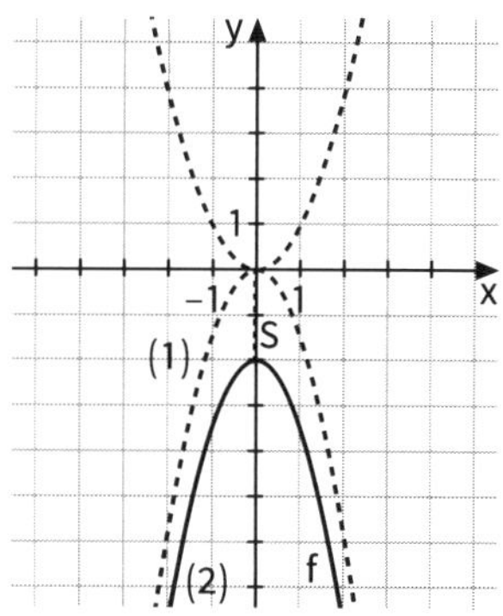

194 9. a) Wie Aufgabe 6 a) Seite 187 aber ausgehend vom Scheitelpunkt $S(3|-1)$.

b) (1) $g(x) = 2(x+1)^2 + 3$

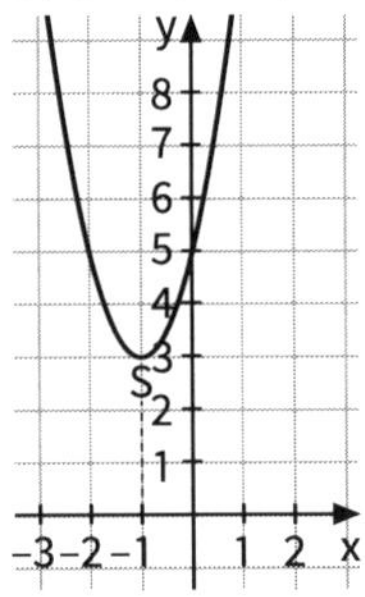

(3) $k(x) = -(x+1)^2 - 2$

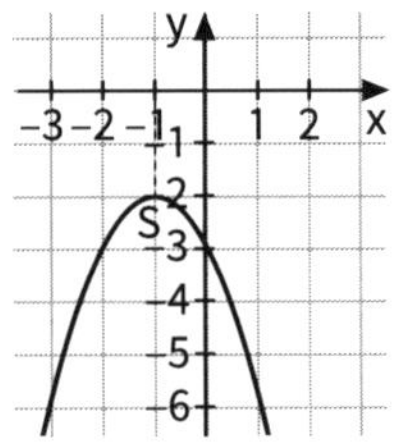

(2) $h(x) = -\frac{3}{2}(x+4)^2 - 3$

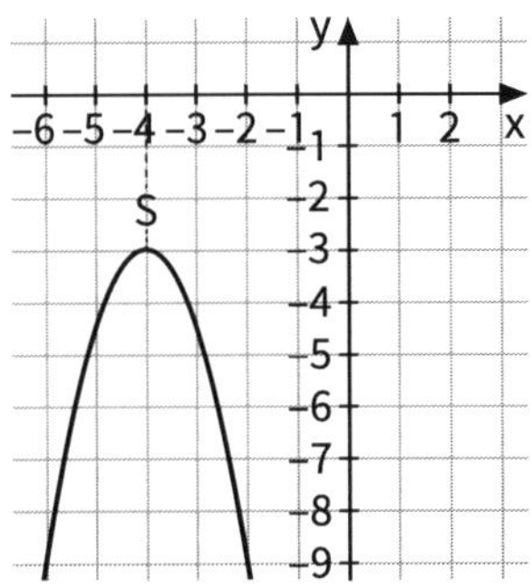

(4) $l(x) = -\frac{1}{2}(x+2)^2 + 1$

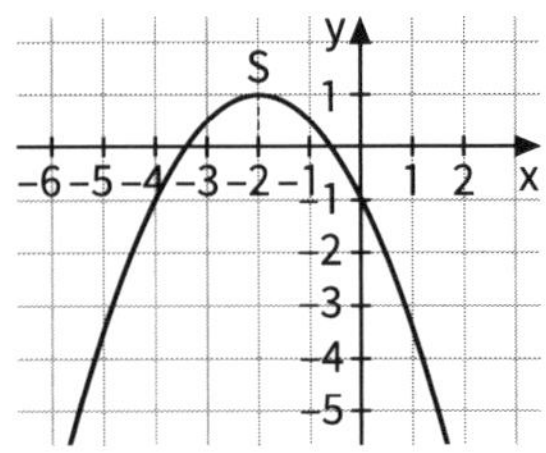

10. a) $f(x) = 1{,}5x^2 - 9x + 12{,}5$; S ist tiefster Punkt.
   b) $f(x) = -0{,}64x^2 - 3{,}2x - 1$; S ist höchster Punkt.
   c) $f(x) = \frac{x^2}{16} - \frac{3}{16}x + \frac{9}{64}$; S ist tiefster Punkt.

11. a) $f(x) = \frac{1}{2}(x-5)^2 - \frac{9}{2}$; $S(5|-4{,}5)$; nach oben geöffnet
   b) $f(x) = -2(x-1{,}5)^2 + 2$; $S(1{,}5|2)$; nach unten geöffnet
   c) $f(x) = \frac{3}{2}\left(x - \frac{8}{3}\right)^2 - \frac{49}{6}$; $S\left(\frac{8}{3}\middle|-\frac{49}{6}\right)$; nach oben geöffnet
   d) $f(x) = -3(x+1)^2 + 12$; $S(-1|12)$; nach unten geöffnet
   e) $f(x) = -3(x-1)^2 + 8$; $S(1|8)$; nach unten geöffnet
   f) $f(x) = \frac{1}{2}(x+5)^2 - \frac{25}{2}$; $S\left(-5\middle|-\frac{25}{2}\right)$; nach oben geöffnet
   g) $f(x) = (x-2)^2 - 0{,}5$; $S(2|-0{,}5)$; nach oben geöffnet
   h) $f(x) = -\left(x - \frac{1}{6}\right)^2 + \frac{1}{36}$; $S\left(\frac{1}{6}\middle|\frac{1}{36}\right)$; nach unten geöffnet
   i) $f(z) = -1{,}5(z+2)^2 - 1{,}5$; $S(-2|-1{,}5)$; nach unten geöffnet

12. Achmed: falsch, richtig ist $S(-1|0)$
   Ben: falsch, richtig ist $S(2|-10)$
   Chin: richtig
   Dana: falsch, richtig ist $S(-2|13)$

195 **13. a)** $S(1|2)$; P_1, P_3, P_4 **b)** $S(2|1)$; P_2, P_4, P_5 **c)** $S\left(-\frac{1}{6}\middle|-\frac{1}{24}\right)$; P_3, P_5, P_6

14. Faktor $a = \frac{1}{4}$; $f_1(x) = \frac{1}{4}(x+2)^2$

15. a) $f(x) = x^2 + 1$
b) $f(x) = x^2 + 0{,}5$
c) $f(x) = (x+1)^2(-1) = -x^2 - 2x - 1$
d) $f(x) = (-1)(x-1)^2 + 3 = -x^2 + 2x + 2$
e) $f(x) = (x-1)^2 - 1 = x^2 - 2x$
f) $f(x) = -\frac{14}{45}(x-3)^2 + 2{,}8 = -\frac{14}{45}x^2 + \frac{28}{15}x$

16. a) Z. B. $f(x) = -2 \cdot (x-4)^2 - 4$
b) Z. B. $f(x) = 0{,}5(x-12)^2 + 8$
c) Z. B. $f(x) = 4(x+9{,}8)^2 + 4$
d) Z. B. $f(x) = (x-4)^2$

17. $f_1(x) = -\frac{1}{2}(x+3{,}5)^2 + 4{,}5$
$f_2(x) = -\frac{1}{2}(x-3{,}5)^2 + 4{,}5$

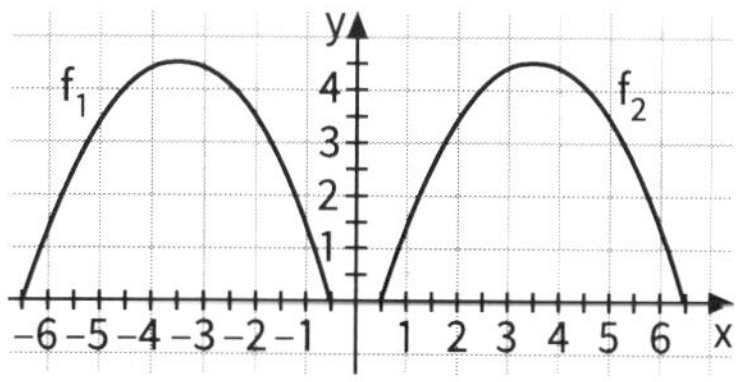

196 **18.** $f(x) = x^2 - 4x + 5$

19. –

20. a) $L = \{-7; -1\}$
b) $L = \{-3; 2\}$
c) $L = \{-14; 2\}$
d) $L = \{-6; -4\}$
e) $L = \left\{\frac{1}{3}; \frac{7}{3}\right\}$
f) $L = \{6; 9\}$

21. a) $L = \{2; 12\}$
b) $L = \{1; 3\}$
c) $L = \{-20; 5\}$
d) $L = \{4; 10\}$
e) $L = \{-17; 2\}$
f) $L = \{0{,}6; 1\}$
g) $L = \{\ \}$
h) $L = \{-1{,}4\}$
i) $L = \{1; 2{,}4\}$

22. a) Bei ungefähr $107\,\frac{\text{km}}{\text{h}}$ beträgt der Benzinverbrauch 7 ℓ pro 100 km.
b) Die Geschwindigkeit muss um $10\,\frac{\text{km}}{\text{h}}$ gesenkt werden.

23. Der Wasserstrahl reicht ungefähr 7,2 m weit.

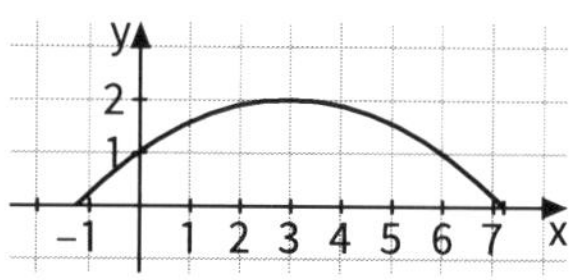

24. a)

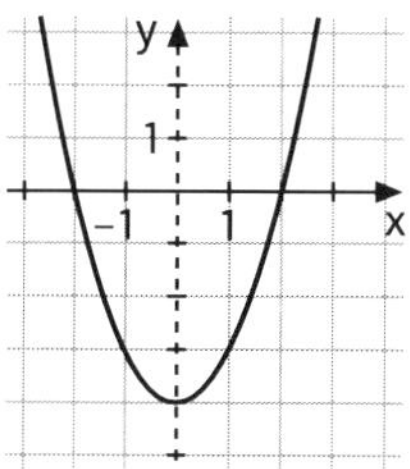

Nullstellen: –2; 2

b)

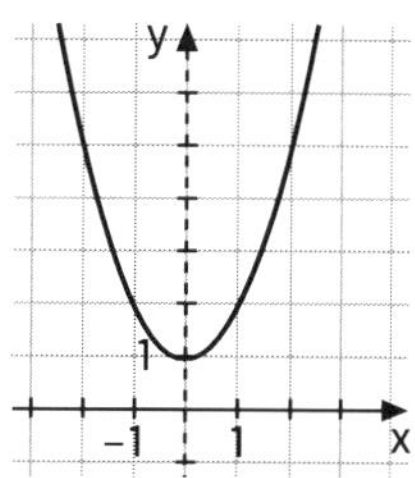

keine Nullstelle

196 **24.** c)

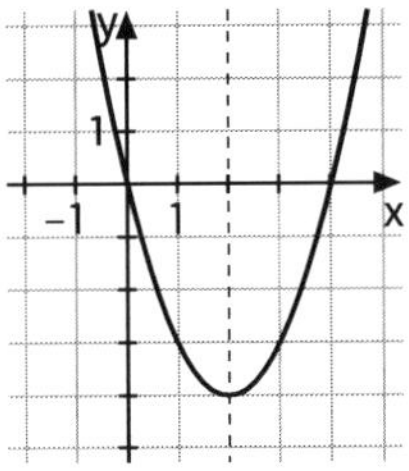

Nullstellen: 0; 4

d)

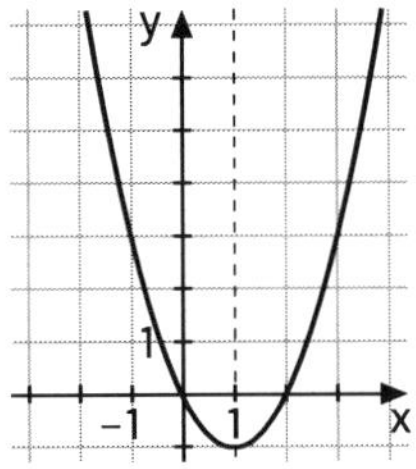

Nullstellen: 0; 2

e)

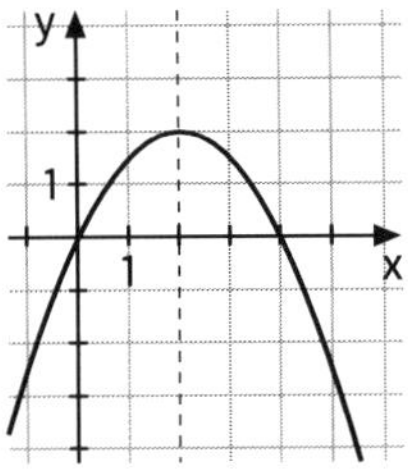

Nullstellen: 0; 4

f)

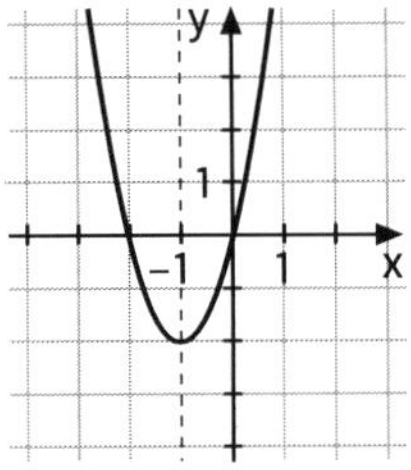

Nullstellen: −2; 0

g)

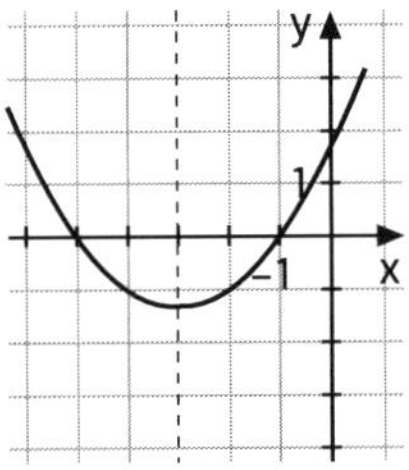

Nullstellen: −5; −1

h)

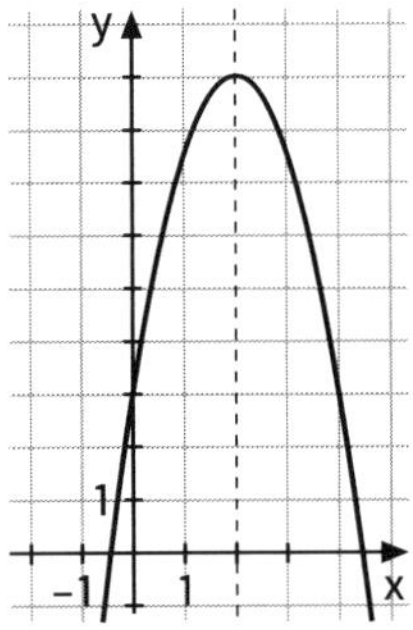

Nullstellen: $2-\sqrt{6}\approx -0{,}45$;
$2+\sqrt{6}\approx 4{,}45$

i)

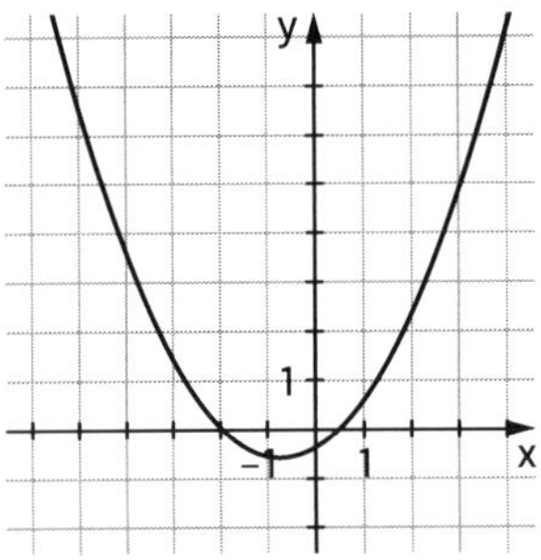

Nullstellen: −2; 0,5

196 **25. a)** Nullstellen: $x=9$ und $x=1$

(1) $x=5$

(2) nach oben geöffnet; tiefster Punkt $S(5|-16)$

(3) $P_1(0|9)$ und $P_2(10|9)$

b) Nullstelle: $x=-3$

(1) $x=-3$

(2) nach oben geöffnet; tiefster Punkt $S(-3|0)$

(3) $P_1(0|9)$ und $P_2(-6|9)$

c) Nullstellen: $x=-6$ und $x=-2$

(1) $x=-4$

(2) nach oben geöffnet; tiefster Punkt $S(-4|-3)$

(3) $P_1(0|9)$ und $P_2(-8|9)$

d) Nullstellen: $x=2{,}5$ und $x=0{,}5$

(1) $x=1{,}5$

(2) nach unten geöffnet; höchster Punkt $S(1{,}5|2)$

(3) $P_1(0|-2{,}5)$ und $P_2(3|-2{,}5)$

e) Nullstellen: $x=2{,}7$ und $x=-0{,}3$

(1) $x=1{,}2$

(2) nach oben geöffnet; tiefster Punkt $S(1{,}2|-2{,}25)$

(3) $P_1(0|-0{,}81)$ und $P_2(2{,}4|-0{,}81)$

f) Nullstellen: $t=0$ und $t=4$

(1) $t=2$

(2) nach oben geöffnet; tiefster Punkt $S(2|-1)$

(3) $P_1(0|0)$ und $P_2(4|0)$

197 **26. a)** $r<16$ **b)** $r=16$ **c)** $r>16$

27. a) Der Graph steigt für $x \geq 1$ und fällt für $x \leq 1$.
Der Graph liegt oberhalb der x-Achse für $x<-5$ oder $x>7$;
er liegt unterhalb der x-Achse für $-5<x<7$.

b) Der Graph steigt für $x \leq -2{,}5$ und fällt für $x \geq -2{,}5$.
Der Graph liegt oberhalb der x-Achse für $-3{,}5<x<-1{,}5$;
er liegt unterhalb der x-Achse für $x<-3{,}5$ oder $x>-1{,}5$.

c) Der Graph steigt für $x \leq -10$ und fällt für $x \geq -10$.
Der Graph liegt oberhalb der x-Achse für $-12{,}5<x<-7{,}5$;
er liegt unterhalb der x-Achse für $x<-12{,}5$ oder $x>-7{,}5$.

d) Der Graph steigt für $x \leq 22{,}5$ und fällt für $x \geq 22{,}5$.
Der Graph liegt oberhalb der x-Achse für $20<x<25$;
er liegt unterhalb der x-Achse für $x<20$ oder $x>25$.

e) Der Graph steigt für $x \leq -2$ und fällt für $x \geq -2$.
Der Graph liegt oberhalb der x-Achse für $-2-\sqrt{5}<x<-2+\sqrt{5}$;
er liegt unterhalb der x-Achse für $x<-2-\sqrt{5}$ oder $x>-2+\sqrt{5}$.

f) Der Graph steigt für $x \geq 5$ und fällt für $x \leq 5$.
Der Graph liegt überall oberhalb der x-Achse.

197

28. a) –

b) –

c) (1) $S(-3{,}25 \mid -44{,}12)$; $x_1 \approx 1{,}45$; $x_2 \approx -7{,}95$; der Graph fällt für $x < -3{,}25$ und steigt für $x > -3{,}25$; $x = -3{,}25$.

(2) $S(-69{,}56 \mid -123{,}50)$; $x_1 \approx 3{,}71$; $x_2 \approx -142{,}84$; der Graph fällt für $x < -69{,}56$ und steigt für $x > -69{,}56$; $x = -69{,}56$.

(3) $S(0{,}057 \mid 0{,}743)$; $x_1 \approx 0{,}17$; $x_2 \approx -0{,}06$; der Graph steigt für $x < 0{,}057$ und fällt für $x > 0{,}057$; $x = 0{,}057$.

(4) $S(0{,}06 \mid 106{,}16)$; es gibt keine Schnittpunkte; der Graph fällt für $x < 0{,}06$ und steigt für $x > 0{,}06$; $x = 0{,}06$.

29. a) Ungefähr 537 m.

b) (1) Ungefähr 759 m $\left(\approx 537 \cdot \sqrt{2}\right)$

(2) Ungefähr 1073 m $(\approx 759 \cdot 2)$

Doppelte Geschwindigkeit verdoppelt die Entfernung.
Doppelte Höhe erhöht die Entfernung nur um den Faktor $\sqrt{2} \approx 1{,}4$.

30. –

Im Blickpunkt: Bremsen und Anhalten von Fahrzeugen

198

1. a) Bremsweg jeweils in Meter.

	$25\,\frac{km}{h}$	$50\,\frac{km}{h}$	$100\,\frac{km}{h}$	$130\,\frac{km}{h}$
trocken: 8	3,0	12,0	48,1	81,3
nass: 6	4,0	16,0	64,1	108,3
schneebedeckt: 3	8,0	32,1	128,2	216,6
vereist: 2	12,0	48,1	192,3	325,0
Pkw: 8	3,0	12,0	48,1	81,3
Lkw: 5	4,8	19,2	76,9	130,0
Motorrad: 10	2,4	9,6	38,5	85,0
Fahrrad: 3	8,0	32,1	–	–
Faustformel	3,125	12,5	50,0	84,5

b) Der Bremsweg vervierfacht sich bei Verdoppelung der Geschwindigkeit:

$$s_B = \frac{(2 \cdot v)^2}{26 \cdot a} = \frac{4 \cdot v^2}{26 \cdot a} = 4 \cdot \frac{v^2}{26 \cdot a}$$

199

2. Die Faustformel entspricht etwa der Bremsweglänge für trockene Fahrbahnen. Die Bremswege für Fahrbahnen mit schlechteren Wetterbedingungen sind alle länger, zum Teil erheblich länger.

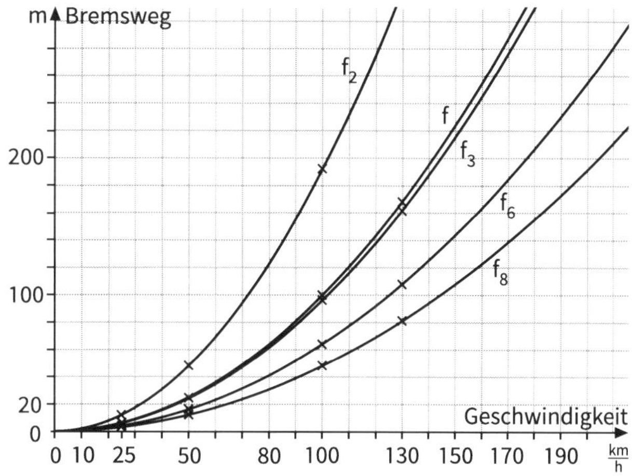

3. a)

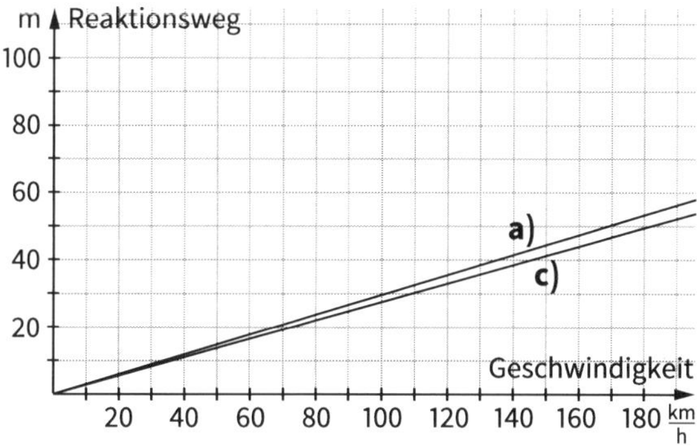

b) 13,89 m

c) $S_R\,(\text{in m}) = v\,\frac{\text{km}}{\text{h}} \cdot 1\,\text{s} = v\,\frac{1\,000\,\text{m}}{3\,600\,\text{s}} \cdot 1\,\text{s} = \left(\frac{1\,000}{3\,600} \cdot v\right)\text{m}$

$S_R\,(\text{in m}) = \left(\frac{1}{3{,}6} \cdot v\right)$ [in m]

S_R ist der Weg, den man bei einer Geschwindigkeit von $v\left(\text{in } \frac{\text{km}}{\text{h}}\right)$ in einer Sekunde zurücklegt, d. h. $S_R = v\left(\text{in } \frac{\text{km}}{\text{h}}\right) \cdot 1$ (in s).

Nun muss man km pro Stunde in Meter pro Sekunde umrechnen und man erhält $S_R\,(\text{in m}) = \frac{v\left(\text{in } \frac{\text{km}}{\text{h}}\right)}{3{,}6}$.

4. a) Für den Reaktionsweg gilt: $S_R\,(\text{in m}) = \frac{v\left(\text{in } \frac{\text{km}}{\text{h}}\right)}{3{,}6}$

Für den Bremsweg gilt: $S_B\,(\text{in m}) = \frac{\left(v \text{ in } \frac{\text{km}}{\text{h}}\right)^2}{a \cdot 26} = b \cdot \left(v \text{ in } \frac{\text{km}}{\text{h}}\right)^2$ mit $b = \frac{1}{26 \cdot a}$

Damit folgt für den Anhalteweg:

$S_A\,(\text{in m}) = S_R\,(\text{in m}) + S_B\,(\text{in m}) = \frac{1}{3{,}6}\left(v \text{ in } \frac{\text{km}}{\text{h}}\right) + b \cdot \left(v \text{ in } \frac{\text{km}}{\text{h}}\right)^2$ wobei $b = \frac{1}{26 \cdot a}$

Graph siehe Lösung zu Teilaufgabe c).

199

4. b) **(1)** $a = 8$; $b = \frac{1}{26 \cdot 8}$ $f_1(v) = \frac{1}{3{,}6}v + \frac{1}{26 \cdot 8} \cdot v^2$

(2) $a = 6$; $b = \frac{1}{26 \cdot 6}$ $f_2(v) = \frac{1}{3{,}6}v + \frac{1}{26 \cdot 6} \cdot v^2$

c) $f(v) = \frac{1}{3{,}6} \cdot v + \frac{1}{26 \cdot a} \cdot v^2$

Fahrrad:
$a = 3$
$v = 15\,\frac{km}{h}$
$f(v) \approx 7{,}1\,m$

Motorrad:
$a = 10$
$v = 25\,\frac{km}{h}$
$f(v) \approx 9{,}3\,m$
$v = 50\,\frac{km}{h}$
$f(v) \approx 23{,}5\,m$

Pkw:
$a = 8$
$v = 80\,\frac{km}{h}$
trocken:
$f(v) \approx 53{,}0\,m$
nass: $f(v) \approx 63{,}2\,m$
$v = 100\,\frac{km}{h}$
trocken:
$f(v) \approx 75{,}9\,m$
nass: $f(v) \approx 91{,}9\,m$
$v = 130\,\frac{km}{h}$
trocken:
$f(v) \approx 117{,}4\,m$
nass: $f(v) \approx 144{,}4\,m$

Graph zu b) und c):

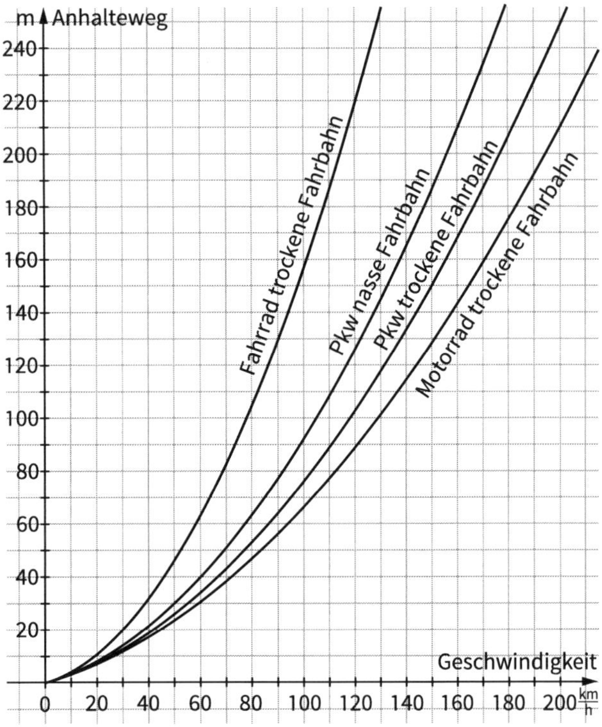

d) Der Anteil des Reaktionsweges wird mit steigender Geschwindigkeit immer geringer.

5. a) Für den Pkw muss man den Bremsweg berechnen, für das Fahrrad den Anhalteweg.

$S_{B_{Pkw}} = \frac{15^2}{26 \cdot 8}\,m \approx 1{,}1\,m$; $S_{A_{Fahrrad}} = \frac{15}{3{,}6}\,m + \frac{1}{26 \cdot 3} \cdot 15^2\,m \approx 7{,}1\,m$

Der Fahrradfahrer benötigt also mindestens 6 m Sicherheitsabstand.

b) Für den Pkw muss man den Bremsweg berechnen, für das Motorrad den Anhalteweg.

$S_{B_{Pkw}} = \frac{50^2}{26 \cdot 8}\,m \approx 12{,}0\,m$; $S_{A_{Fahrrad}} = \frac{50}{3{,}6}\,m + \frac{1}{26 \cdot 10} \cdot 50^2\,m \approx 23{,}5\,m$

Der Motorradfahrer benötigt also mindestens 11,5 m Sicherheitsabstand.

5.6 Strategien zum Lösen quadratischer Gleichungen

200 **Einstieg:**
Jan hat richtig gerechnet.
Felix durfte für $x = 0$ nicht durch x dividieren. Dadurch hat er die Null nicht als Lösung erhalten. Carina hat richtig gerechnet; allerdings ist der Weg von Jan einfacher.

202 **2.** a) $L = \{4; 2\}$ c) $L = \{4{,}414; 1{,}586\}$ e) $L = \{7\}$
b) $L = \{0{,}5; -1\}$ d) $L = \{0; -9\}$ f) $L = \{\ \}$

3. a) kein Element: $r < 0$; ein Element: $r = 0$; zwei Elemente: $r > 0$
b) kein Element: $r < 0$; ein Element: $r = 0$; zwei Elemente: $r > 0$
c) kein Element: $r < 0$; ein Element: $r = 0$; zwei Elemente: $r > 0$

4. a) $L = \{17; -11\}$ f) $L = \{4{,}2; -15\}$ k) $L = \{\ \}$
b) $L = \{1{,}2; -3{,}75\}$ g) $L = \{4; 3\}$ l) $L = \{\ \}$
c) $L = \{8\}$ h) $L = \left\{\frac{-(\sqrt{33}+5)}{2}; \frac{\sqrt{33}-5}{2}\right\}$ m) $L = \{0; -7\}$
d) $L = \{4; -13\}$ i) $L = \{-6{,}5; 8\}$ n) $L = \{0; -2{,}8\}$
e) $L = \{0; -4\}$ j) $L = \left\{\frac{8}{3}; -1{,}2\right\}$ o) $L = \{2{,}4\}$

5. Falsch: Er versucht die Gleichung wie eine des Typs $T_1 \cdot T_2 = 0$ zu lösen, da dieser Typ nicht vorliegt, ist der Ansatz falsch. Teile der Ausführung ebenso.
Richtig: $L = \{-\sqrt{5} + 2; \sqrt{5} + 2\}$.

6. a) $L = \left\{\frac{1}{2}; -\frac{1}{2}\right\}$ e) $L = \{5; -11\}$ i) $L = \left\{7; -\frac{13}{3}\right\}$
b) $L = \left\{0; -\frac{16}{9}\right\}$ f) $L = \{2; -2\}$ j) $L = \{8; 3\}$
c) $L = \{15; 2\}$ g) $L = \left\{\frac{12}{5}; 0\right\}$ k) $L = \left\{\frac{5}{2}; -2\right\}$
d) $L = \left\{-\frac{7}{2}; -4\right\}$ h) $L = \{8; 1\}$ l) $L = \left\{\frac{7}{2}; -\frac{2}{7}\right\}$

7. –

203 **8.** a) Vorzeichenfehler $-\left(-\frac{3}{2}\right) = \frac{3}{2}$ als Lösung der Gleichung ergibt sich: $L = \{4; -1\}$.
b) Die Gleichung wurde nicht auf die Form $x^2 + px + q = 0$ gebracht. Daraus ergibt sich ein Fehler im Wurzelterm. Dieser müsste lauten $\sqrt{\left(\frac{3}{2}\right)^2 - 10}$.
Die richtige Lösung der Gleichung ist $L = \{\ \}$.
c) Beim Anwenden der pq-Formel wurden p und q in der Gleichung vertauscht. Als richtige Lösung ergibt sich: $L = \{-3\sqrt{2} - 5; 3\sqrt{2} - 5\}$.

203 9. gesuchte Zahl: x

a) $x^2 - 5x = 14$; $L = \{7; -2\}$ Die gesuchten Zahlen sind 7 und −2.

b) $[x](x+6) = 7$; $L = \{1; -7\}$; Die gesuchten Zahlen sind 1 und −7.
$[x](x+6) = -9$; $L = \{-3\}$; Die gesuchte Zahl ist −3.
$[x](x+6) = -10$; $L = \{\ \}$; Die gesuchte Zahl existiert nicht.

c) $9x^2 = (x+25)^2$; $L = \{-6{,}25; 12{,}5\}$
Die gesuchten Zahlen sind −6,25 und 12,5.

10. *Voraussetzungen:*

- Die Gleichung muss die Form $x^2 - px + q = 0$ haben.
- $\left(\frac{p}{2}\right)^2 - q$ muss größer 0 sein.

11. Beim Teilen einer Gleichung durch die Variable muss auch der Fall, dass die Variable 0 ist, untersucht werden. Somit bietet sich 0 als zweite Lösung an. Dies wurde bei der Hausaufgabe vergessen. Die richtige Lösung der Gleichung ist: $L = \left\{\frac{2}{7}; 0\right\}$.

Das kann ich noch!

A) 1) $x = 2\,cm$ 2) $x = 4\,cm$ 3) $x = 2{,}5\,cm$

B) 1)

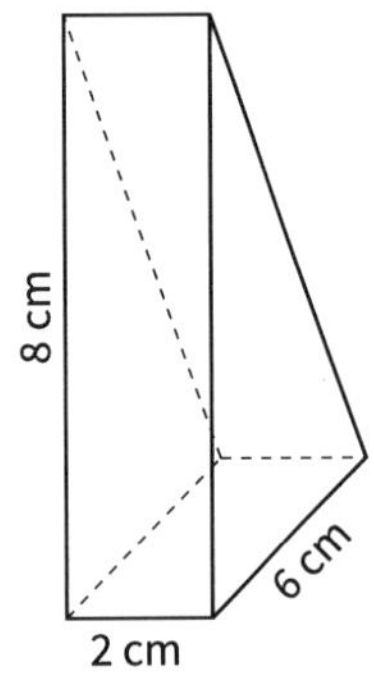

2) $O = 96\,cm^2$ $V = 48\,cm^3$

5.7 Schnittpunkte von Parabeln und Geraden

204 **Einstieg:**

Der rechnerische Ansatz $-x^2 - 4x = 4 + x$ führt zu den beiden Schnittpunkten $P(-4\,|\,0)$ und $Q(-1\,|\,3)$. Möglich sind die folgenden drei Fälle:

1. Es gibt zwei Schnittpunkte, z. B. für $y = 4 + x$
2. Es gibt genau einen Schnittpunkt. Die Gerade berührt die Parabel in einem Punkt z. B. für $y = 6{,}25 + x$

204 **Einstieg:** Fortsetzung

3. Es gibt keinen Schnittpunkt, z. B. für $y = 8 + x$.

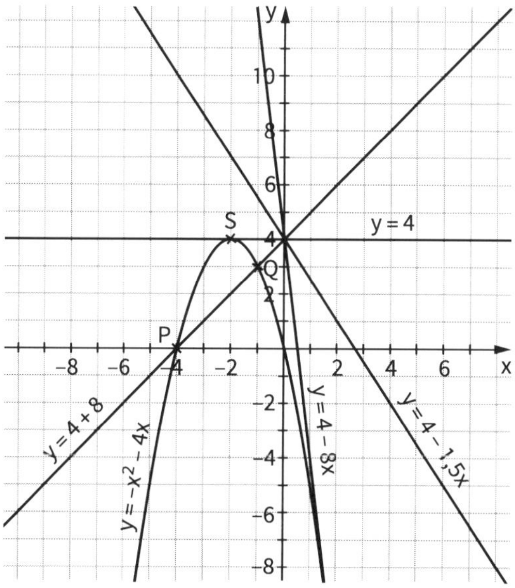

205 **2. a)** –

b) **(1)** $x \approx -2{,}30$ $x \approx 1{,}30$

(2) $x \approx 0{,}56$ und $x \approx -3{,}56$

(3) $x = 2$

(4) $L = \{\ \}$

3. a) Ja, es gibt gemeinsame Schnittpunkte bei $P(2\,|\,0)$ und $Q(-3\,|\,-5)$.

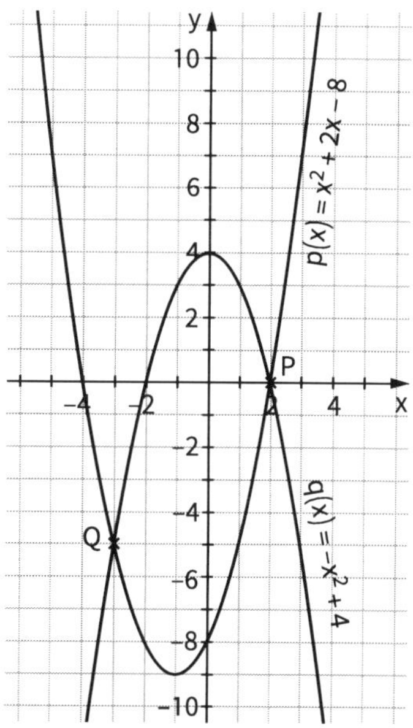

205 **3.** **b)** siehe Information auf Seite 205 des Schülerbandes

1 Schnittpunkt

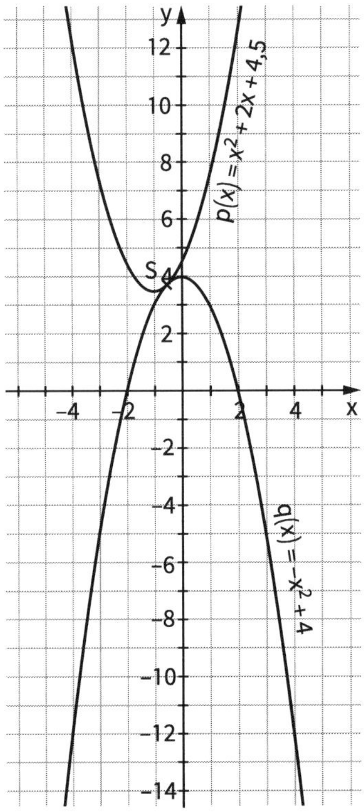

Kein Schnittpunkt

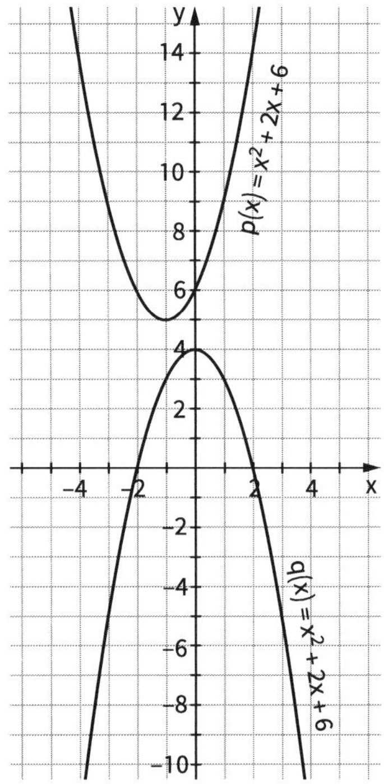

4. **a)** P(−0,5 | 0,25) und Q(2 | 4)

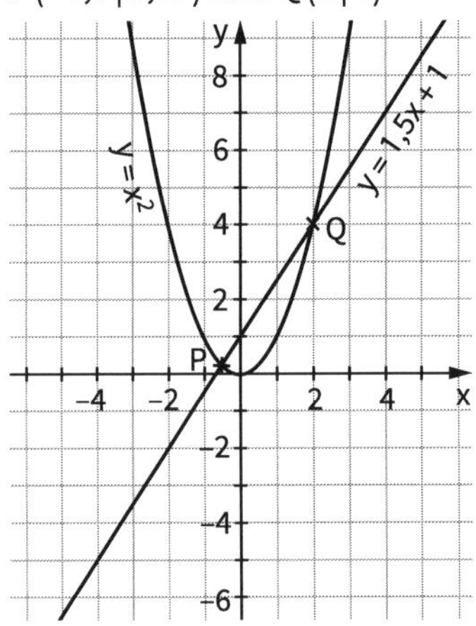

b) L = { }

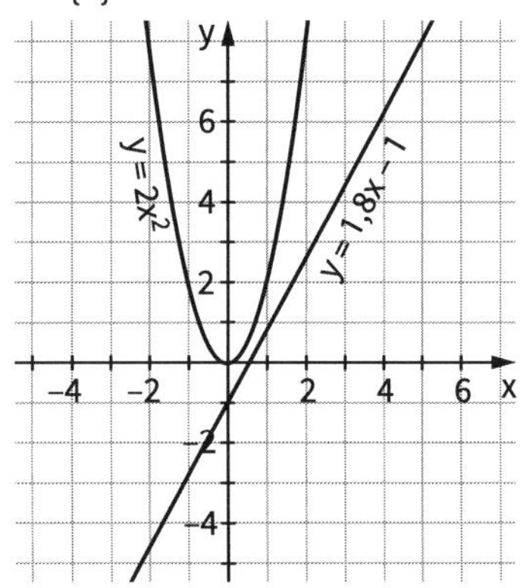

205 **4. c)** L = { }

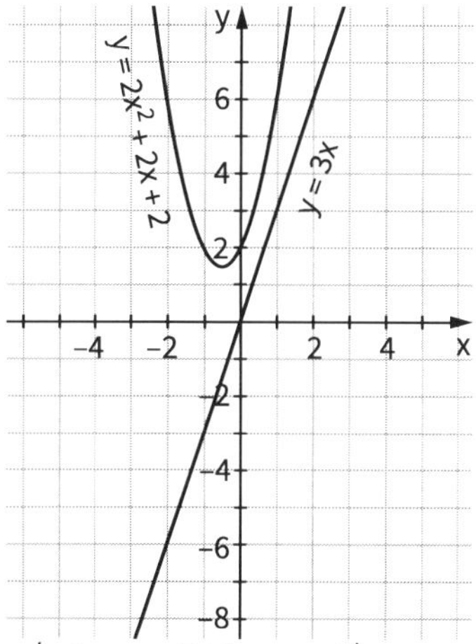

d) L = { }

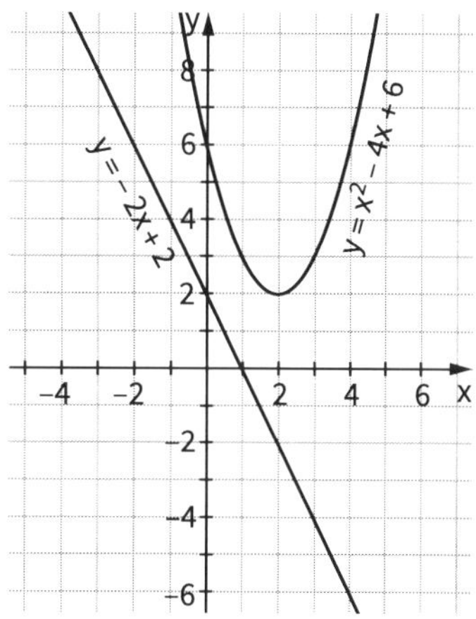

e) $P\left(-\frac{1}{2}\sqrt{13}-\frac{7}{2}\middle|\frac{1}{2}\sqrt{13}-\frac{1}{2}\right)$ und
$Q\left(\frac{1}{2}\sqrt{13}-\frac{7}{2}\middle|-\frac{1}{2}\sqrt{13}-\frac{1}{2}\right)$
$P(\approx -5{,}3 \mid \approx 1{,}3)$ und
$Q(\approx -1{,}70 \mid \approx -2{,}30)$

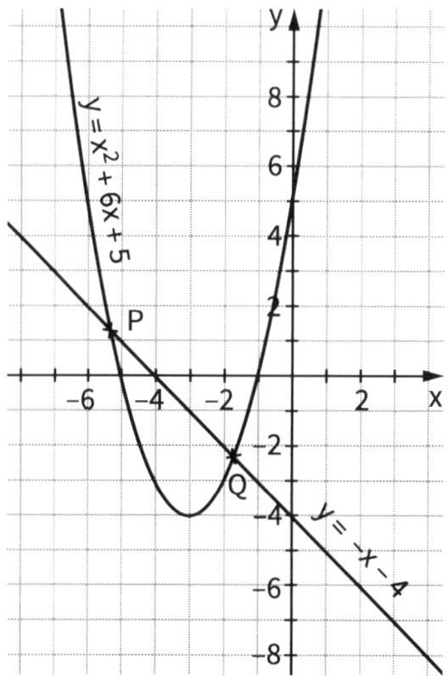

f) $P(-2 \mid -2)$ und $Q(4 \mid 10)$

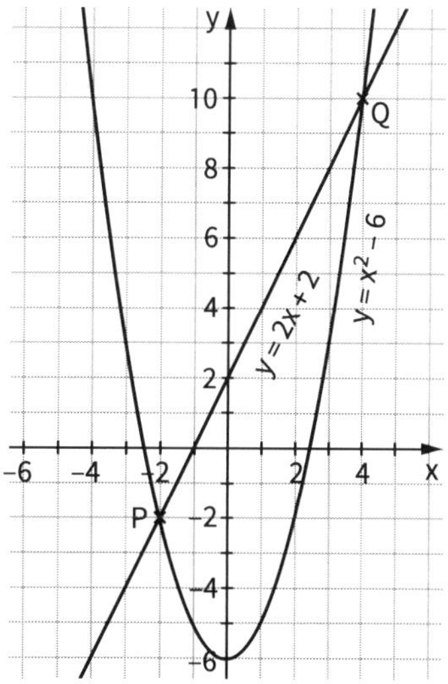

206 **5. a)** $x^2 - 0{,}5x - 1{,}5 = 0$ L = {−1; 1,5}
b) $x^2 + 2x + 1{,}5 = 0$ L = { }
c) $x^2 - 2x + 1 = 0$ L = {1}

206

6. a) P(−2,83 | 4) und Q(2,83 | 4)

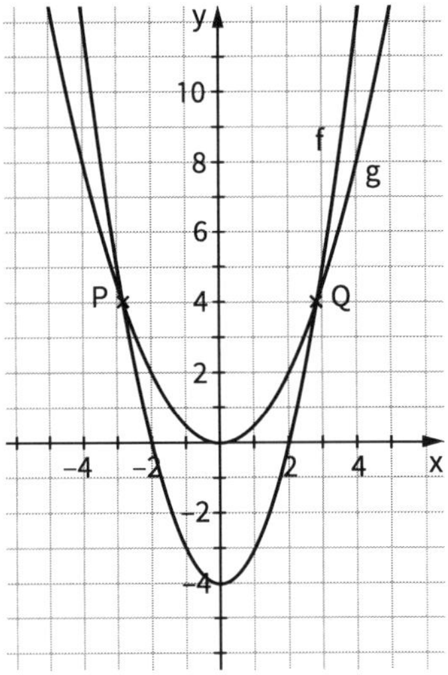

b) P(−1 | 3)

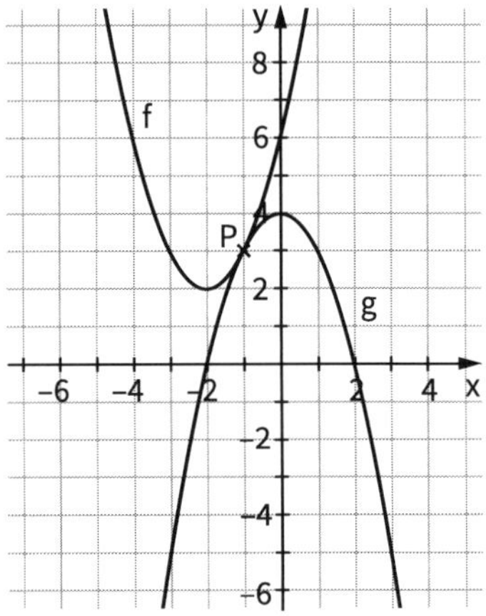

c) P(−2 | −4) und Q(−6 | 12)

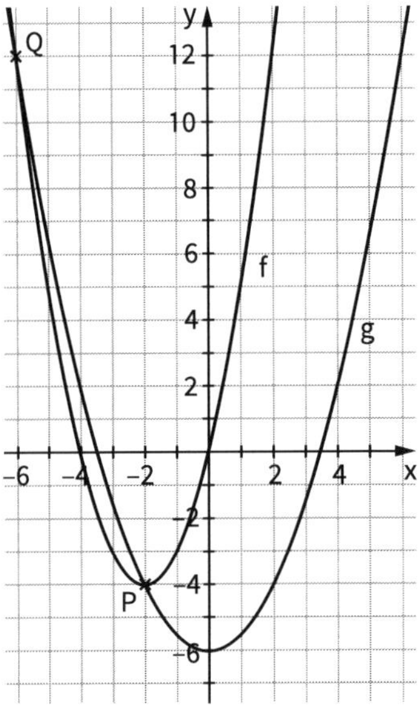

d) P(0 | 2) und Q(6 | 50)

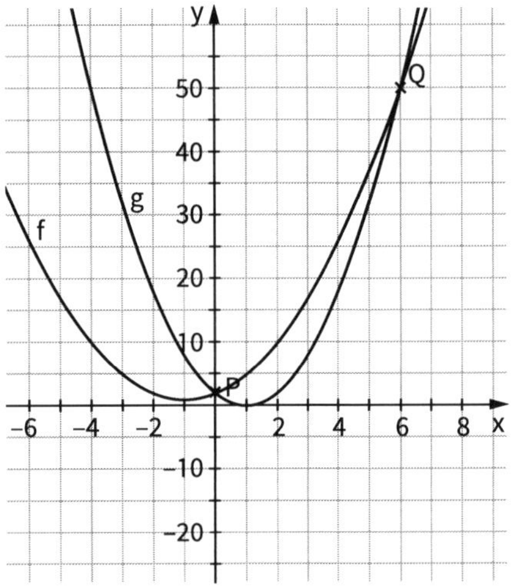

206 7. a) (1) P(−2 | 1)

(2) Q(−3 | 4) und $R\left(\frac{1}{3}\,\middle|\,1\frac{7}{9}\right)$

(3) kein Schnittpunkt

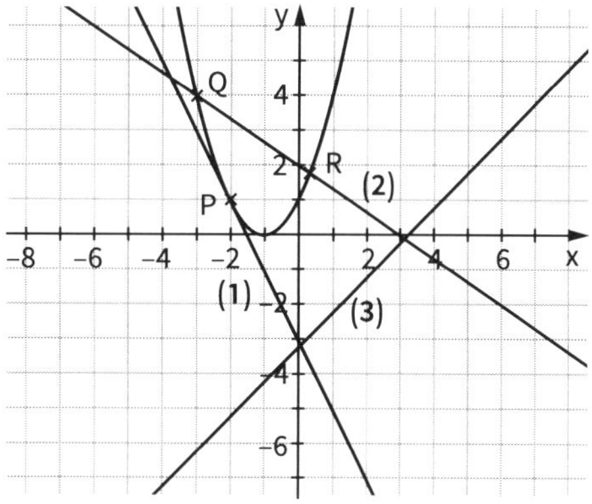

b) (1) kein Schnittpunkt

(2) $P\left(2\frac{1}{3}\,\middle|\,\frac{4}{9}\right)$ und Q(3 | 0)

(3) R(3,5 | 0,25)

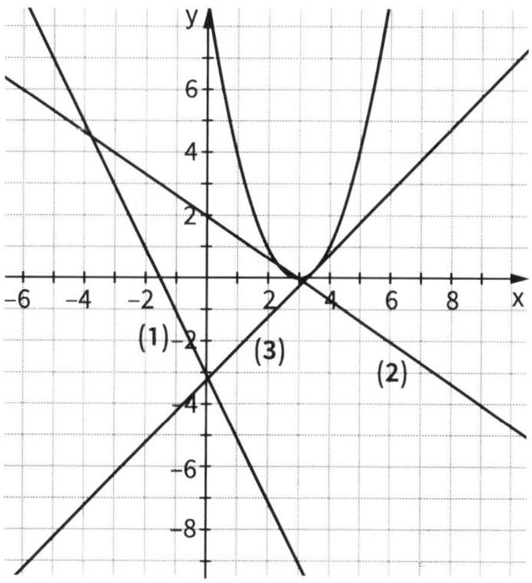

8. *Beispiele:*

a) (1) g(x) = 0,5x − 2

(2) g(x) = 0

(3) g(x) = −x + 8

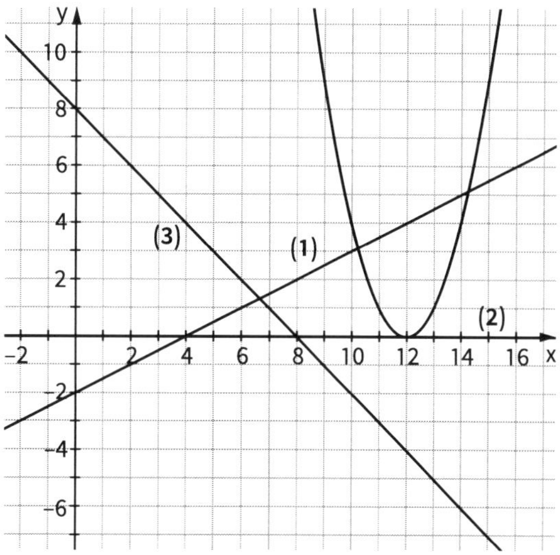

206

8. b) (1) $g(x) = 0{,}5x + 4$
(2) $g(x) = 0$
(3) $g(x) = x$

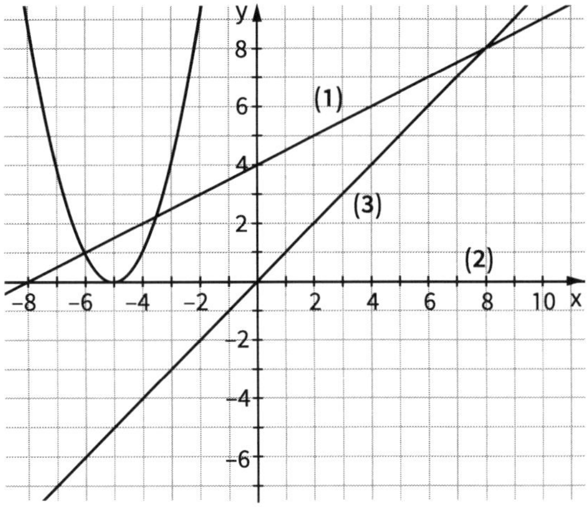

c) (1) $g(x) = 0{,}5 + 2$
(2) $g(x) = -3$
(3) $g(x) = -0{,}25x - 5$

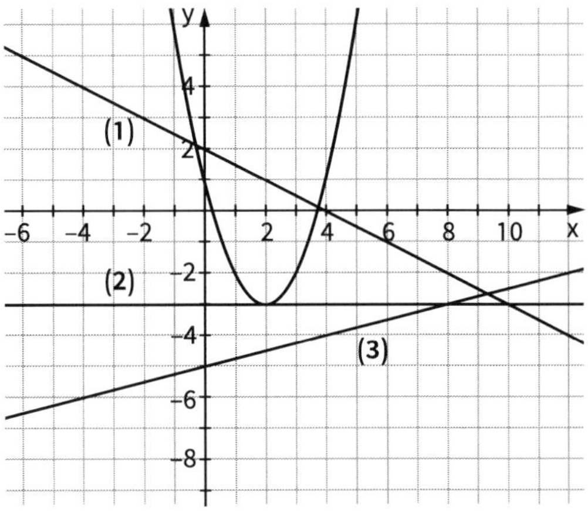

d) (1) $g(x) = -0{,}5x + 2$
(2) $g(x) = -2$
(3) $g(x) = x - 3$

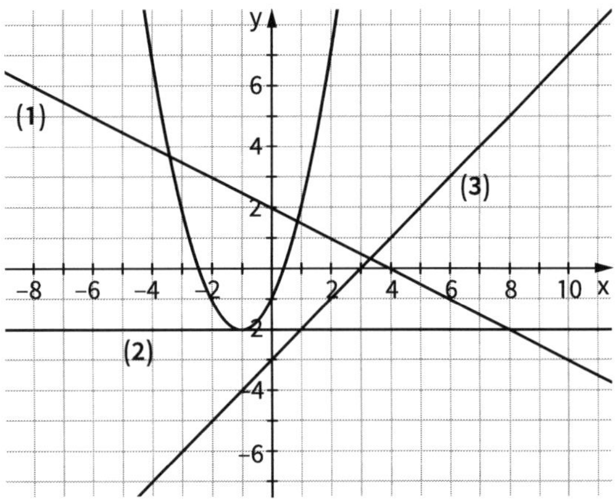

206 **9. a)** Die Funktionen werden den Bildern von oben links beginnend bis unten rechts zugeordnet.
Dann ergibt sich die Reihenfolge: (4), (1), (2), (3), (6), (5) d. h. Zum Bild oben links gehört Funktion (4), zum Bild daneben Funktion (1), usw.

b) Die Schnittstellen und damit die Lösungen der Gleichungen sind immer $x = -6$ und -2. Das liegt daran, dass sich alle Gleichungen in eine Form bringen lassen: $x^2 + 8x + 12 = 0$.
Lediglich die y-Koordinaten des Schnittpunktes sind voneinander verschieden:
(1) $P(-6\,|\,4)$ und $Q(-2\,|\,4)$
(2) $P(-2\,|\,4)$ und $Q(-6\,|\,36)$
(3) $P(-6\,|-12)$ und $Q(-2\,|-12)$
(4) $P(-6\,|\,48)$ und $Q(-2\,|\,16)$
(5) $P(-6\,|\,0)$ und $Q(-2\,|\,0)$
(6) $P(-6\,|\,1)$ und $Q(-2\,|\,1)$

Im Blickpunkt: Goldener Schnitt

207 **1.** –

2. –

3. $x \approx 34{,}38$; $90 - x \approx 55{,}62$

208 **4. a)** **(1)** $x \approx 6{,}18\,cm$; $y \approx 3{,}82\,cm$
(2) $s \approx 12{,}94\,cm$; $y \approx 4{,}94\,cm$
(3) $s \approx 7{,}85\,cm$; $x \approx 4{,}85\,cm$

b) $\frac{s-x}{x} = \frac{x}{s}$ mit $x > 0,\ s > 0$
$0 = x^2 + 5x - s^2$
$x = \frac{s}{2}\cdot\left(-1 + \sqrt{5}\right)$ daraus folgt: $\frac{s}{x} = \frac{2}{\sqrt{5}-1} = \frac{\sqrt{5}+1}{2}$

c) –

5. Wir wählen $|BH| = 1$.
Nach Konstruktion ist $|AB| = 2\cdot|BH| = 2$.
Daher ist für $|AH| = \sqrt{2^2 + 1} = \sqrt{5}$.
$|HF| = |BH| = 1$, damit gilt $|AF| = |AH| - |HF| = \sqrt{5} - 1$, daraus folgt
$\frac{|AB|}{|AD|} = \frac{2}{\sqrt{5}-1} = \frac{\sqrt{5}+1}{2}$; das Verhältnis des goldenen Schnittes.

6. –

5.8 Modellieren – Anwenden von quadratischen Gleichungen

210 **1.** $x^2 = 1{,}8\,(2 - x)$ mit $0 < x < 1{,}8$;
$L = \{-3;\ 1{,}2\}$
Die Quadratseite ist 1,2 cm lang.

210

2. a) $\frac{1}{2}x(x-3)=44$ mit $x>0$; $L=\{-8; 11\}$
[$\frac{1}{2}x(x-3)=35$ mit $x>0$; $L=\{-7; 10\}$]
[$\frac{1}{2}x(x-3)=135$ mit $x>0$; $L=\{-15; 18\}$]
Das Vieleck hat 11 [10; 18] Seiten.
b) $\frac{1}{2}x(x-3)+x=120$ mit $x>0$; $L=\{-15; 16\}$

3. a) $(x+1)^3=x^3+127$ mit $x>0$; $L=\{-7; 6\}$
Die ursprüngliche Seitenlänge betrug 6 cm.
b) $6(2x+1)^2=6x^2+576$ mit $x>0$; $L=\left\{-\frac{19}{3}; 5\right\}$
Die ursprüngliche Seitenlänge betrug 5 cm.

4. a) $(6-x)(5-x)=\frac{2}{3}\cdot 6\cdot 5$ mit $0<x<5$; $L=\{1; 10\}$
[$(6+x)(5+x)=3\cdot 6\cdot 5$ mit $x>0$; $L=\{-15; 4\}$]
Die neuen Seitenlängen sind 5 cm und 4 cm [10 cm und 9 cm].
b) $2(6+x)+2(5+y)=2\cdot 6+2\cdot 5+1$, also $y=\frac{1}{2}-x$
Für den Flächeninhalt erhält man: $(6+x)(5+y)=30$, also
$(6+x)\left(\frac{11}{2}-x\right)=30$; $L=\{-2; 1{,}5\}$
Man kann die längere Seite um 2 cm verkürzen und die kürzere Seite um 2,5 cm verlängern, oder man kann die längere Seite um 1,5 cm verlängern und die kürzere um 1 cm verkürzen.
In beiden Fällen erhält man für die neuen Seitenlängen 4 cm und 7,5 cm.
[$2(6+x)+2(5+y)=2\cdot 6+2\cdot 5+\frac{1}{3}$, also $y=\frac{1}{6}-x$
Für den Flächeninhalt erhält man: $(6+x)(5+y)=30$, also $(6+x)\left(\frac{31}{6}-x\right)=30$; $L=\left\{-1{,}5; \frac{2}{3}\right\}$
Man kann die längere Seite um 1,5 cm verkürzen und die kürzere um $\frac{5}{3}$ cm verlängern, oder man kann die längere Seite um $\frac{2}{3}$ cm verlängern und die kürzere um $\frac{1}{2}$ cm verkürzen.
In beiden Fällen erhält man für die neuen Seitenlängen 4,5 cm und $6\frac{2}{3}$ cm].

5. a) (1) $x^2=5x+14$ mit $x>0$; $L=\{-2; 7\}$
Die Seitenlänge der Grundfläche beträgt 7 cm.
(2) $x^2=5x+24$ mit $x>0$; $L=\{-3; 8\}$
Die Seitenlänge der Grundfläche beträgt 8 cm.
b) (1) $2x^2+20x=48$ mit $x>0$; $L=\{-12; 2\}$
(2) $2x^2+20x=288$ mit $x>0$; $L=\{-18; 8\}$
(3) $2x^2+20x=112$ mit $x>0$; $L=\{-14; 4\}$
Antwort: Die Seitenlänge der Grundfläche beträgt 2 cm [8 cm; 4 cm].

210 6. a) $x\left(\frac{23}{2}-x\right)=30$; $L=\{4; 7{,}5\}$ $x>0$
Die Seitenlängen sind 4 cm und 7,5 cm.
b) $x(x-1{,}2)=17{,}28$; $L=\{-3{,}6; 4{,}8\}$ $x>0$
Die Seitenlängen sind 4,8 cm und 3,6 cm lang.

7. $2x(x-5)=x^2+24$ mit $x>0$; $L=\{-2; 12\}$
Die Seitenlänge beträgt 12 cm.

8. Anzahl der Teilnehmer: x
Anzahl der Handklatscher: $1+2+3+\ldots+(x-1)=\frac{x(x-1)}{2}$
Für $\frac{x(x-1)}{2}=325$ erhält man $L=\{-25; 26\}$
Da $x>0$ ist, folgt $x=26$
Es sind 26 Teilnehmer.

211 9. $x^2+(4-x)(3-x)=7$; $L=\{1; 2{,}5\}$
Die Quadratseite kann entweder 1 m oder 2,5 m lang sein. Da aber die Quadratseite kürzer als die Rechteckseite sein soll ($x<4-x$ und $x<3-x$) kommt nur $x=1$ m als Lösung in Frage.

10. a) $(5-x)^2+x^2=17{,}62$; $L=\left\{\frac{9}{10}; \frac{41}{10}\right\}$
b) $(5-x)^2+2x^2=17{,}32$; $L=\left\{\frac{6}{5}; \frac{32}{15}\right\}$
c) $(5-2x)^2+4x^2=14{,}92$; $L=\left\{\frac{7}{10}; \frac{9}{5}\right\}$

11. $\frac{1}{2}n(n-1)=78$ mit $n>0$; $L=\{-12; 13\}$
Die Anzahl der Geraden beträgt 13.

12. $u\cdot v=50$; $u^2=2a^2$ und $v^2=2(10-a)^2$, also $10a-a^2=25$; $L=\{5\}$
P halbiert die Seite des Quadrats.
[$u\cdot v=25$; $u^2=2a^2$ und $v^2=2(10-a)^2$, also $10a-a^2=12{,}5$;
$L=\left\{5+\sqrt{12{,}5}; 5-\sqrt{12{,}5}\right\}$
P ist ungefähr 1,5 cm von A entfernt.]
Die Seitenlängen betragen $u=\sqrt{50}$ cm $\approx 7{,}1$ cm und $v=\sqrt{50}$ cm $\approx 7{,}1$ cm.
[$u=\left(75-20\sqrt{12{,}5}\right)$ cm $\approx 2{,}1$ cm; $v=\left(75+20\sqrt{12{,}5}\right)$ cm $\approx 12{,}1$ cm]

13. a) $119-x=x\cdot\left(1+\frac{119-x}{100}\right)$
$x\approx 43{,}14$
Das Pferd hat ungefähr 43 Reichsthaler gekostet.
b) $(p\cdot 10p)\cdot\frac{2p}{100}\cdot\frac{1}{100}\cdot 2\frac{2}{9}=p$
$p=15$
Es sind 15 Kaufleute.

5.9 Optimierungsprobleme bei quadratischen Funktionen – Lösungsstrategien

212 **Einstieg:**

Sei $f(x) = (8 - 0{,}5x)(200 + 20x)$ die Funktion, die welche die Einnahmen in Abhängigkeit der Anzahl der Besucher beschreibt.
Ein genaues Verfahren zur Ermittlung dieser Gleichung wird analog in Bezug auf einen anderen Sachkontext auf der Seite 212 im Schülerband vorgestellt.
Eine genauere Untersuchung ergibt, dass diese Funktion bei $x = 3$ und $f(x) = 1690$ ein Maximum aufweist. Bezogen auf den vorliegenden Sachkontext bedeutet dies, dass eine Senkung des Eintrittspreises um 1,50 Euro auf 6,50 Euro zur Folge hätte, dass 60 Besucher mehr kämen, also 260. Somit steigt die Gesamteinnahme dann auf $6{,}50\,€ \cdot 260 = 1690\,€$.

214 2. a) –
b) (1) Kleinster Funktionswert: $y = -3{,}125$
(2) Größter Funktionswert: $y = \frac{1}{3}$
(3) Größter Funktionswert: $y = 4$
(4) Kleinster Funktionswert: $y = -7{,}25$
(5) Größter Funktionswert: $y = 11$
(6) Kleinster Funktionswert: $y \approx -3{,}15$

3. Die Funktion, die in Abhängigkeit von der Preisänderung in Euro den Prozess beschreibt, lautet $f(x) = (50 - x)(600 + 20x)$. Sie hat das Maximum bei $x = 10$ und $y = 32\,000$. Also ist der optimale Preis 40 Euro und die maximalen Einnahmen betragen 32 000 €.

4. Die Funktion, die diesen Prozess beschreibt, lautet:
$f(x) = (60 - x)(5\,000 + 200x) - 20\,000 - 10(5\,000 + 200x)$
Ihr Maximum liegt bei $x = 12{,}5$ und $y = 261\,250$.
Der für den Verlag günstigste Preis wäre 47,50 Euro.

215 5. a) z. B. $f(x) = x^2$, $f(x) = x^2 - 9$
b) z. B. $f(x) = x^2 + 30$

6. a) $4{,}25 = (9 - x)x$, also $x = 8{,}5$
b) $11{,}25 = (9 - x)x$, also $x = 1{,}5$ und $x = 7{,}5$.
Die Seitenlängen müssen zwischen 1,5 und 7,5 cm liegen.
c) Das Maximum liegt bei $x = 4{,}5\,\text{cm}$. Dann liegt ein Quadrat vor.

7. Für die Zahl 0,25 ist der Term $x \cdot (2x - 1)$ minimal.

8. Term $f(x) = 40 - 4 \cdot \frac{(8 - x)x}{2}$.
Maximum bei $x = 4$ und $y = 8$.

215 9. Die gesuchte Seitenlänge beträgt $\frac{1}{\sqrt{2}} \cdot a$.
Der Flächeninhalt des inneren Quadrates beträgt dann genau $\frac{1}{2} \cdot a^2$.

10. Betrachtet wird die Funktion für den Flächeninhalt des Rechteckes, dessen Größe maximal werden soll: $f(x) = x\left(-\frac{6}{5}x + 4\right)$.
Diese hat ihr Maximum bei $x = 1\frac{2}{3}$.
Der gesuchte Punkt ist daher $P\left(1\frac{2}{3}\middle|2\right)$.

11. Dazu wird die Differenzfunktion $f_2(x) - f_1(x)$ gebildet:
$d(x) = x^2 - 4x + 7 - 2x - 3 = x^2 - 6x - 4$
Die Differenzfunktion hat ihr Minimum an der Stelle $x = 3$. Dies ist die Stelle, an der sich die Funktionswerte am wenigsten voneinander unterscheiden. Sie unterscheiden sich dort um $f_2(3) - f_1(3) = 4 - 3 = 1$.

12. Hier wird erneut eine Differenzfunktion $f_1(x) - f_2(x)$ verwendet:
$d(x) = -0{,}1x^2 + x - 0{,}5x = -0{,}1x^2 + 0{,}5x$
Diese hat ihr Maximum an der Stelle $x = 2{,}5$. Die gesuchte Parallele zur y-Achse hat also die Gleichung $x = 2{,}5$.

Auf den Punkt gebracht: Näherungslösungen und exakte Lösungen

216 1. –

217 2. –

3. –

5.10 Satz von Vieta und seine Anwendungen

218 **Einstieg:**
Es ist auffällig, dass p in allen Fällen die Gegenzahl von der Summe der beiden Lösungen ist und dass q in allen Fällen das Produkt der beiden Lösungen ist.

a) $L = \{-6; -4\}$
b) $L = \left\{-\frac{1}{3}\right\}$
c) $L = \{-7; -5\}$
d) $L = \left\{-\frac{4}{5}; 2\right\}$
e) $L = \{-7; -2\}$
f) $L = \left\{\frac{1}{2}; \frac{3}{2}\right\}$
g) $L = \{-3; 5\}$
h) $L = \left\{\frac{1}{3}; \frac{1}{2}\right\}$

219 1. a) $x^2 - 8x + 15 = 0$
b) $x^2 - 5x - 24 = 0$
c) $x^2 + 8x + 16 = 0$
d) $x^2 + 9x + 14 = 0$
e) $x^2 + 6x = 0$
f) $x^2 = 0$

2. a) nein; $x^2 - 6x - 16 = 0$
b) ja
c) ja
d) nein; $x^2 + 5x + 6 = 0$ bzw. $2x^2 + 10x + 12 = 0$

220

3. a)

$x_1 \cdot x_2$	x_1	x_2	$-(x_1 + x_2)$
−12	1	−12	11
−12	−1	12	−11
−12	2	−6	4
−12	−2	6	−4
−12	3	−4	1
−12	−3	4	−1
−12	4	−3	−1
−12	−4	3	1
−12	6	−2	−4
−12	−6	2	4
−12	12	−1	−11
−12	−12	1	11

$L = \{-3; 4\}$

b)

$x_1 \cdot x_2$	x_1	x_2	$-(x_1 + x_2)$
−16	1	−16	15
−16	−1	16	−15
−16	2	−8	6
−16	−2	8	−6
−16	4	−4	0
−16	−4	4	0

$D = \left(\frac{p}{2}\right)^2 - q$; $D = 41$; Es gibt zwei Lösungen, aber keine ganzzahlige;

$L = \{-5 - \sqrt{41};\ -5 + \sqrt{41}\}$

4. a) $x^2 - 2x - 15 = 0$

$x^2 + 2x - 15 = 0$

b) $x^2 + 11x + 28 = 0$

$x^2 - 11x + 28 = 0$

c) $x^2 + 10x + 25 = 0$

$x^2 - 2\sqrt{3}\,x + 3 = 0$

d) $x^2 + x + \frac{6}{25} = 0$

$x^2 - 3{,}6x + 0{,}68 = 0$

e) $x^2 - 2x - 2 = 0$

$x^2 + 6x + 7 = 0$

5. a) $x^2 - 2x - 35 = 0$; $L = \{-5; 7\}$

b) $x^2 - 2x - 99 = 0$; $L = \{-9; 11\}$

c) $x^2 - 2x - 1{,}25 = 0$; $L = \{-0{,}5; 2{,}5\}$

d) $x^2 - 2x + 0{,}96 = 0$; $L = \{0{,}8; 1{,}2\}$

e) $x^2 - 2x + 0{,}36 = 0$; $L = \{0{,}2; 1{,}8\}$

6. a) $p = -\frac{16}{2} = -8$; $q = 15$; $x^2 - 8x + 15 = 0$; $L = \{3; 5\}$

Die Seiten sind 3 cm und 5 cm lang.

b) $p = -\frac{30}{2} = -15$; $q = 55{,}25$; $x^2 - 15x + 55{,}25 = 0$; $L = \{6{,}5; 8{,}5\}$

Die Seiten sind 6,5 dm und 8,5 dm lang.

220

7. a) nein; $L = \{-7; -3\}$
   b) ja
   c) ja
   d) nein; $L = \{1{,}2; 5\}$
   e) ja
   f) ja
   g) nein; $2y^2 + 29{,}6y = 6$
   h) nein; $z^2 + 5z + \frac{25}{4} = 0$
   i) ja

8. a) $p = -\frac{3}{2}$; $x_2 = -\frac{5}{2}$
   b) $p = \frac{20}{3}$; $x_2 = -6$
   c) $p = \frac{1}{12}$; $x_2 = \frac{3}{4}$
   d) $p = -\frac{1}{2}$; $x_2 = \frac{4}{5}$
   e) $q = -\frac{31}{48}$; $x_2 = \frac{31}{36}$
   f) $q = -\frac{1}{2}$; $x_2 = -\frac{3}{4}$

9. a) $L = \{-1; 9\}$
   b) $L = \{2; 19\}$
   c) $L = \{-5; -1\}$
   d) $L = \{-4; 7\}$
   e) $L = \{-5; 2\}$
   f) $L = \{1; 10\}$
   g) $L = \{-6; -3\}$
   h) $L = \{-5; 8\}$

10. (1) Aus $q = x_1 \cdot x_2 > 0$ folgt entweder $x_1 > 0$ und $x_2 > 0$ oder $x_1 < 0$ und $x_2 < 0$. Die Lösungen sind also beide positiv und beide negativ.
    (2) Aus $q = x_1 \cdot x_2 < 0$ folgt entweder $x_1 < 0$ und $x_2 > 0$ oder $x_1 > 0$ und $x_2 < 0$. Die Lösungen haben also verschiedene Vorzeichen.
    (3) Aus $p = -(x_1 + x_2) > 0$, also $x_1 + x_2 < 0$ folgt, dass entweder x_1 und x_2 beide negativ sind, oder die Lösung mit dem größeren Betrag negativ ist.
    In beiden Fällen ist also die Lösung mit dem größeren Betrag negativ.
    (4) Aus $p = -(x_1 + x_2) < 0$, also $x_1 + x_2 > 0$ folgt, dass entweder x_1 und x_2 beide positiv sind, oder die Lösung mit dem größeren Betrag positiv ist.
    In beiden Fällen ist also die Lösung mit dem größeren Betrag positiv.

5.11 Methode der Substitution – Biquadratische Gleichungen

221

Einstieg:

x = Länge einer Kathete

$x^2 + \left(\frac{240}{x}\right)^2 = 26^2$

$x = 24$ oder $x = 10$ oder $x = -10$ oder $x = -24$

Die Katheten sind 24 cm und 10 cm lang.

222

1. a) $(x^2 - 5)^2 = 16$: $L = \{-3; -1; 3; 1\}$
   $(x^2 - 4)^2 = 16$: $L = \{-2 \cdot \sqrt{2};\ 0;\ 2 \cdot \sqrt{2}\}$
   $(x^2 - 3)^2 = 16$: $L = \{-\sqrt{7}; \sqrt{7}\}$
   $(x^2 + 4)^2$: $L = \{0\}$
   $(x^2 + 5)^2$: $L = \{\ \}$
   b) Jede biquadratische Gleichung kann durch Substitution in eine quadratische Gleichung umgewandelt werden. Diese hat höchstens zwei Lösungen. Aus jeder ihrer Lösungen erhält man beim Resubstituieren höchstens zwei Lösungen der biquadratischen Gleichungen, also insgesamt höchstens $2 \cdot 2 = 4$ Lösungen.

222

2. a) $L = \{-10; 10\}$; $L = \{-0,3; 0,3\}$
   b) $L = \{0\}$; $L = \{-1; 0; 1\}$
   c) $L = \{-1; -5\}$; $L = \{-5\}$
   d) $L = \{0\}$; $L = \{4; 0; -4\}$

3. a) $L = \{5; 0; -5\}$; $L = \{0,2; 0; -0,2\}$
   b) $L = \{-3; -1; 1; 3\}$; $L = \{-\sqrt{15}; -1; \sqrt{15}; 1\}$
   c) $L = \{-3; -2; 2; 3\}$; $L = \{\ \}$
   d) $L = \{-5; 5\}$; $L = \{-5; -1; 1; 5\}$

4. a) biquadratisch: $L = \{-3; 0; 3\}$
   b) nicht biquadratisch: $L = \{-1,886; 1,32\}$
   c) nicht biquadratisch: $L = \{-2; 0; 3\}$
   d) biquadratisch: $L = \{-2; -1; 1; 2\}$

5.12 Quadratwurzelfunktion – Umkehrfunktion

223

Einstieg:

(1)

Seitenlänge	Flächeninhalt
1	1
2	4
3	9
4	16
5	25
6	36
7	49
8	64
9	81
10	100

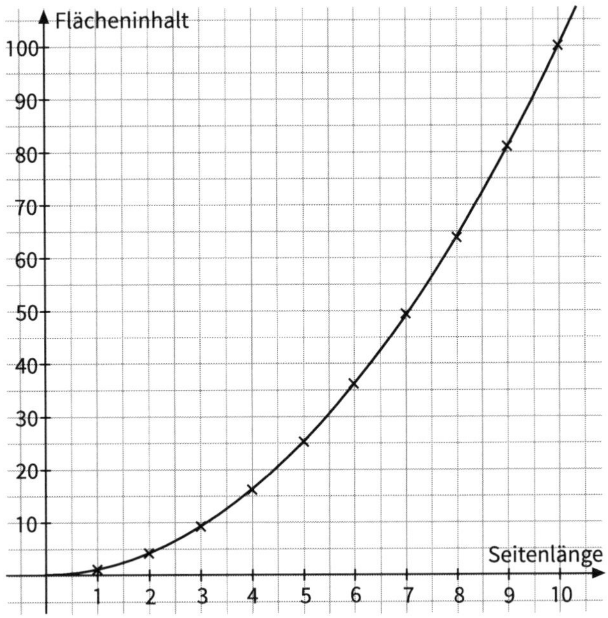

223 **Einstieg:** Fortsetzung

(2)

Flächen-inhalt	Seiten-länge
100	10
81	9
64	8
49	7
36	6
25	5
16	4
9	3
4	2
1	1

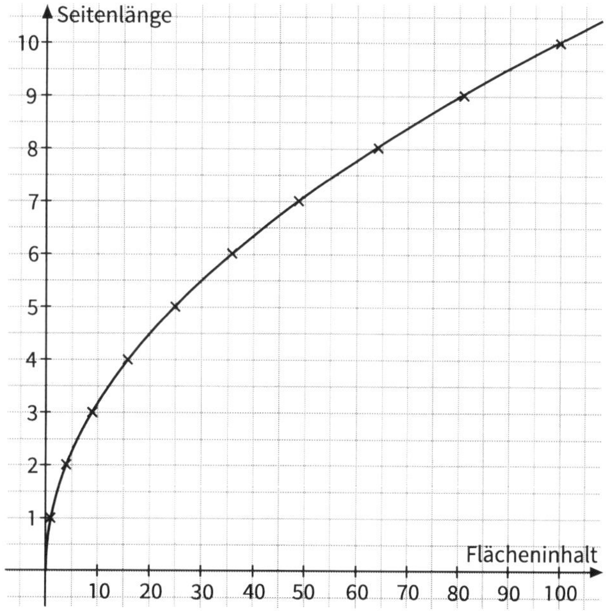

Die Funktionen **(1)** und **(2)** entstehen auseinander durch Spiegelung an der Winkelhalbierenden (bei gleicher Achseneinteilung) mit der Gleichung $y = x$.

227 **3.** a)

$x \left(\text{in } \frac{km}{h}\right)$	$y_{(1)}$ (in m)	$y_{(2)}$ (in m)	$y_{(3)}$ (in m)
10	0,9	1,3	0,8
20	3,6	5,2	3,2
30	8,1	11,7	7,2
40	14,4	20,8	12,8
50	22,5	32,5	20,0
60	32,4	46,8	28,8
70	44,1	63,7	39,2
80	57,6	83,2	51,2

b) **(1)** $47{,}1\,\frac{km}{h}$ $\left[52{,}7\,\frac{km}{h};\, 57{,}7\,\frac{km}{h}\right]$ (gerundet)

(2) $39{,}2\,\frac{km}{h}$ $\left[43{,}9\,\frac{km}{h};\, 48\,\frac{km}{h}\right]$ (gerundet)

(3) $50\,\frac{km}{h}$ $\left[55{,}9\,\frac{km}{h};\, 61{,}2\,\frac{km}{h}\right]$ (gerundet)

4. Umkehrbar sind nur die Funktionen zu den Graphen in a) und in b), da nur hier zu jedem y-Wert genau ein x-Wert gehört.

5. Graph wie auf Seite 226, roter Kasten.

a) **(1)** 0,7 **(2)** 1,30 **(3)** 1,70 **(4)** 2,05 **(5)** 2,63

b) **(1)** 0,25 **(2)** 1,44 **(3)** 3,24 **(4)** 5,29 **(5)** 8,41

227

6. Der Graph ist ähnlich. Die Quadratwurzelfunktion wurde gestreckt mit Faktor 0,5 (2 und 4).

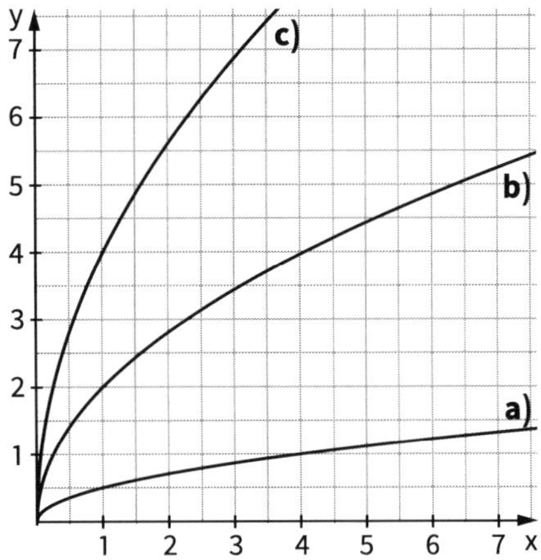

7. Da der Streckfaktor kleiner 0 ist, ist der Graph zusätzlich zur Streckung an der x-Achse gespiegelt.

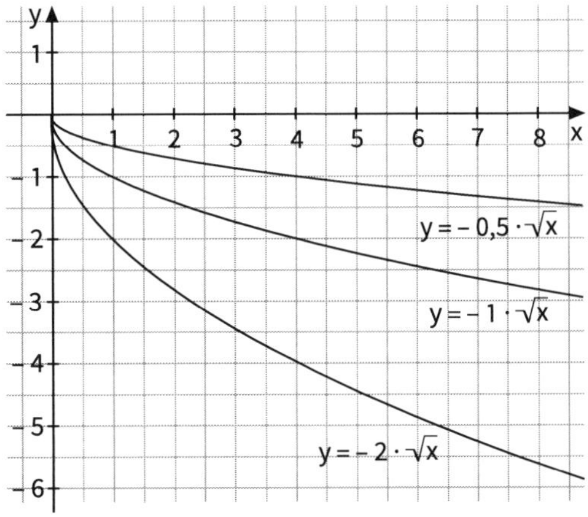

8. **a)** $t = \sqrt{\frac{s}{4,9}}$

b) s = 99,225 m
≈ 100 m

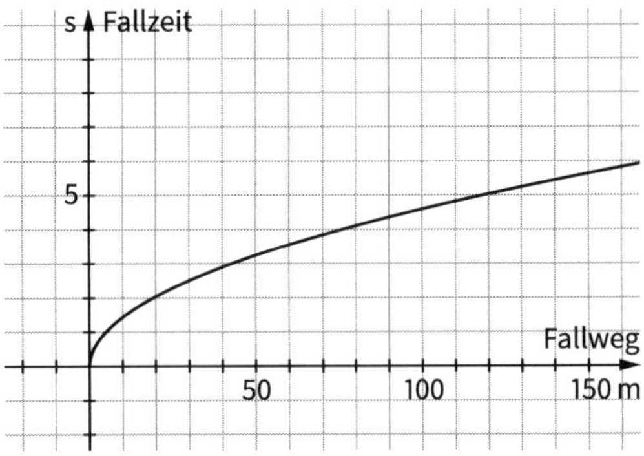

9. **a)** **(1)** 0,84 **(2)** 1,24 **(3)** 1,56 **(4)** 1,68 **(5)** 1,88 **(6)** 2,02
b) **(1)** 1 **(2)** 2,20 **(3)** 4,91 **(4)** 3 **(5)** 8

227

10. a) Definitionsmenge:
$x \geq 3$
Umkehrfunktion:
$f_1^*(x) = 3 + \sqrt{x}$
Definitionsmenge:
$x \leq 3$
Umkehrfunktion:
$f_2^*(x) = 3 - \sqrt{x}$

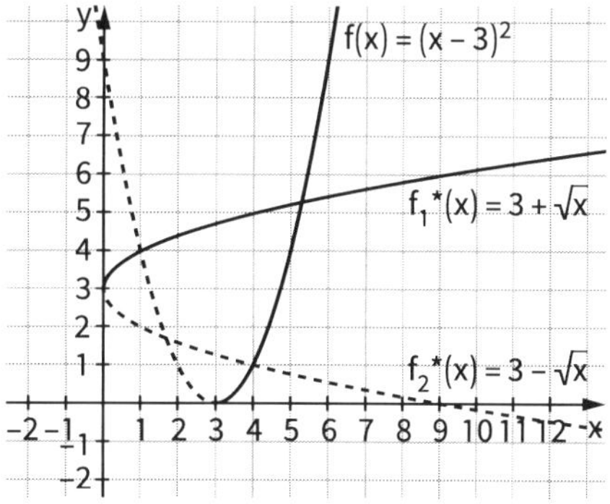

b) Definitionsmenge:
$x \geq -0{,}5$
Umkehrfunktion:
$f_1^*(x) = -1 + \sqrt{x+1}$
Definitionsmenge:
$x \leq -0{,}5$
Umkehrfunktion:
$f_2^*(x) = -1 - \sqrt{x+1}$

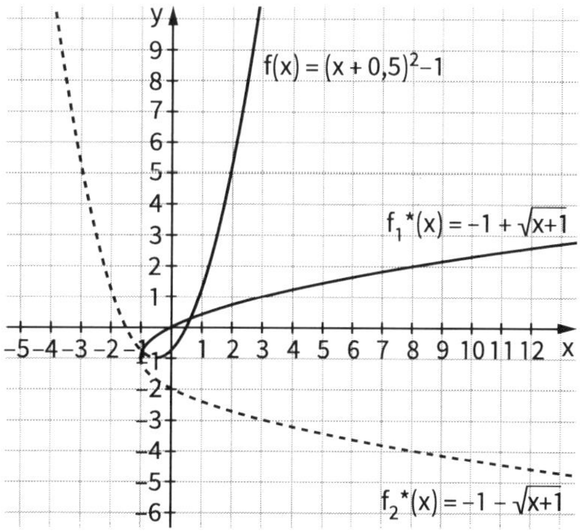

227 **10. c)** Definitionsmenge: $x \geq -3$
Umkehrfunktion: $f_1^*(x) = -3 + \sqrt{x+1}$
Definitionsmenge: $x \leq -3$
Umkehrfunktion: $f_2^*(x) = -3 - \sqrt{x+1}$

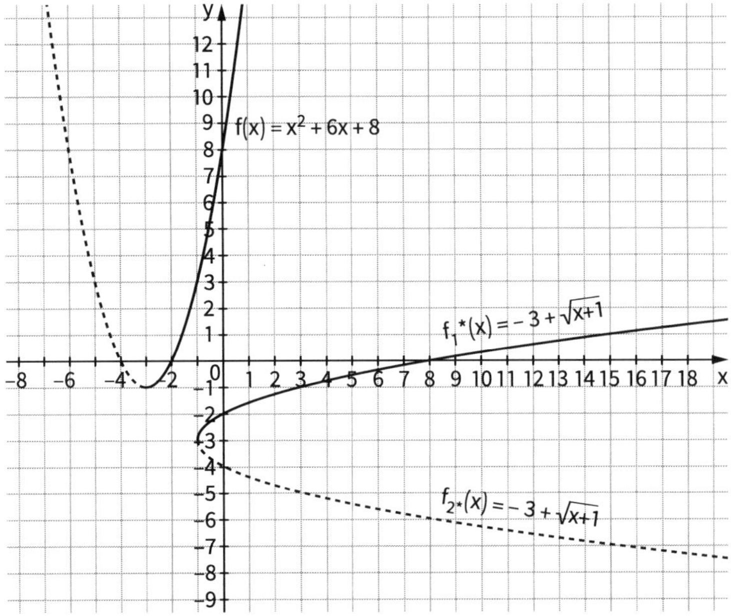

5.13 Aufgaben zur Vertiefung

228 **1. a)** $y = 0{,}0025 \cdot (x - 60)^2$

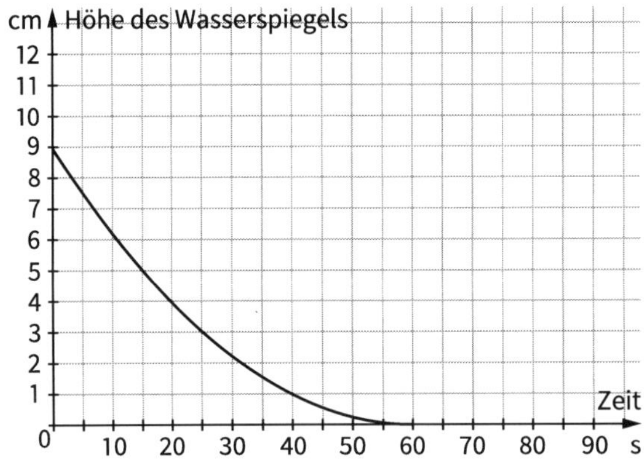

b) $0{,}0025 \cdot (0 - 90)^2 = 20{,}25$, also 20,25 cm.

2. a) 124,8 m; 6,24 s **b)** 5,12 s; 131,072 m **c)** 1,09 s; 9,15 s (gerundet)

228 3. Für das mittlere Koordinatensystem ergeben sich folgende Parabelgleichungen:

für 2 m (Normallage):	$f_1(x) = -0{,}001472\,x^2 + 2$
für 6,50 m (Mittellage):	$f_2(x) = -0{,}004784\,x^2 + 6{,}5$
für 11 m (Hochlage):	$f_3(x) = -0{,}008096\,x^2 + 11$